计算机科学与技术丛书·新形态教材

Java Web应用开发技术

Java EE 8 +Tomcat 9

第2版·微课视频版

肖海鹏　王荣芝◎主编

张天怡　王化宇　周洪翠◎副主编

清華大學出版社

北京

内 容 简 介

本书基于 Java EE 8 规范，结合 Tomcat 9 Web 服务器，全面系统地讲解了 Java Web 开发技术。本书作者具有多年教学经验和项目开发经验，因此书中着重强调实用性技术，对于不常用技术只进行简单介绍。书中采用了大量的项目案例讲解相关复杂理论，并用企业级项目进行了项目实战演示，浅显易懂。

本书共 16 章，第 1 章是 Java EE 技术背景介绍，第 2～5 章是 Java EE 的核心技术，第 6～9 章是 Java EE 的高级应用，第 10、11 章是客户端异步和 Web 服务器异步技术，第 12 章是 Java Web 企业项目实战，第 13、14 章是 Java EE 8 的特性介绍，第 15 章是比较冷门的 JSF 技术入门，第 16 章是 JDBC 访问数据库技术。

本书可作为高等院校相关专业的 Java 教材，也可作为培训机构教材，还可作为各种层次的 Java 学习者和工作者的参考书。

图书在版编目(CIP)数据

Java Web 应用开发技术：Java EE 8 ＋Tomcat 9：微课视频版/肖海鹏，王荣芝主编. —2 版. —北京：清华大学出版社，2023.2 (2025.1 重印)
(计算机科学与技术丛书)
新形态教材
ISBN 978-7-302-62615-2

Ⅰ. ①J… Ⅱ. ①肖… ②王… Ⅲ. ①JAVA 语言－程序设计－教材 Ⅳ. ①TP312.8

中国国家版本馆 CIP 数据核字(2023)第 022845 号

责任编辑：刘 星
封面设计：吴 刚
责任校对：李建庄
责任印制：刘 菲

出版发行：清华大学出版社
网　　址：https://www.tup.com.cn，https://www.wqxuetang.com
地　　址：北京清华大学学研大厦 A 座　　**邮　　编**：100084
社 总 机：010-83470000　　**邮　　购**：010-62786544
投稿与读者服务：010-62776969，c-service@tup. tsinghua. edu. cn
质量反馈：010-62772015，zhiliang@tup. tsinghua. edu. cn
课件下载：https://www.tup.com.cn，010-83470236
印 装 者：三河市龙大印装有限公司
经　　销：全国新华书店
开　　本：186mm×240mm　　**印　张**：18　　**字　　数**：406 千字
版　　次：2020 年 9 月第 1 版　2023 年 4 月第 2 版　　**印　　次**：2025 年 1 月第 3 次印刷
印　　数：9001～10000
定　　价：59.80 元

产品编号：099222-01

前言

PREFACE

本书自2020年出版以来，得到了广大读者的喜爱，同时根据大家的建议，特进行改版，即新增了部分章节，同时修订了部分原有内容。

Java Web开发技术是整个Java平台最核心的技术之一，也是开发Java企业级大型项目的必备知识技能。学习本书前，需要掌握Java SE、HTML、JavaScript、关系数据库等基础知识。掌握Java Web开发技术后，即可在此基础上学习SSM框架等高级知识。

经常有人问：到底是学习Python还是学习Java？哪个更有前途？过几年，Java平台会不会被其他开发平台代替？

要回答这些问题，就需要了解软件的应用市场和这些开发语言的应用方向，应该可以非常明确地说："软件最大的应用市场是企业应用，就是大中型企业买软件，不论是国内还是国外，企业应用永远是第一大市场。接下来的第二大市场可能是电子商务、政府或个人移动应用，也可能是物联网嵌入式应用。"

Python的主要应用是AI(Artificial Intelligence，人工智能)领域，C语言的定位是系统级开发，Java的明确目标就是企业应用。这三个开发平台定位不同，不是竞争者。应该说Java多年来在软件应用开发中独占鳌头，和它的平台定位是密不可分的，而且至少目前，没有看到Java的"挑战者"。在企业级开发市场，Java一枝独秀，这种局面至少10年内看不出变化趋势。因此可以肯定地说，学习Java EE技术，既不落伍，也不会被淘汰，从事Java领域工作的每年就业人数远远高于其他开发语言。

关于学习方法，我推荐采用图书与视频结合的学习模式。因为图书与视频的表现力完全不同，各有优点。另外，一定要多动手练习、多思考。掌握Java EE架构思想，远比简单掌握基本应用更有意义！

配套资源

- 程序代码、教学课件(PPT)、教学大纲、电子教案、习题答案等，扫描下方二维码或者到清华大学出版社官方网站本书页面下载。

配套资源

- 微课视频(1100分钟，76集)，扫描正文中各章节相应位置的二维码观看。

限于编著者的水平和经验，加之时间比较仓促，书中疏漏之处在所难免，敬请读者批评指正，联系邮箱见配套资源。

肖海鹏

2022年11月于北京

微课视频清单

视 频 名 称	对应书中位置
Java EE 8 规范下载	1.1.1 节
Tomcat 9 下载	1.1.3 节
Eclipse 集成 Tomcat	1.2 节
基于 MVC 的 Hello 项目	2.1 节
Servlet 生命期	2.2 节
Servlet 初始化参数	2.3 节
用户登录示例	2.4 节
接收 HTTP 的请求参数	2.5 节
转发与重定向	2.6 节
Servlet 输出字符流	2.6.2 节
Servlet 输出字节流	2.6.3 节
动态输出文件	2.6.4 节
ServletException	2.7.1 节
IOException	2.7.2 节
MVC 架构异常处理	2.7.3 节
AJAX 异常与错误页配置	2.7.4 节
JSP 与 Servlet 的关系	3.1 节
JSP 指令	3.2 节
JSP 中的 Java 元素	3.3 节
JSP 内置对象 request 与 response	3.4 节
JSP 内置对象 pageContext	3.4.2 节
JSP 动作 userBean	3.5.1 节
JSP 动作 setProperty	3.5.2 节
读取 Bean 对象属性值	4.1 节
隐式对象与属性查找范围	4.2 节
EL 表达式中调用方法	4.3 节
自定义标签库	5.1 节
JSTL 一般用途标签	5.2.1 节
条件判断标签	5.2.2 节
循环迭代 forEach	5.2.3 节
迭代状态与步长设置	5.2.3 节
session 的存储与生命期	6.1 节
application	6.2 节
cookie 创建与生命期管理	6.3 节
日志过滤器	7.1 节
过滤器解决乱码问题	7.3 节
权限过滤器	7.4 节

续表

视频名称	对应书中位置
ServletContextListener	8.1 节
会话监听器统计在线人数	8.3.1 节
网络聊天室踢用户下线	8.3.2 节
统计站点访问次数	8.4 节
Part 解析上传文件	9.1 节
XMHttpRequest 用户名校验	10.1 节
jQuery 用户名校验	10.2 节
JSON 与 XML	10.3.1 节
jQuery 的 each 函数	10.3.2 节
省市区三级联动	10.3.3 节
旅游景点查询项目案例	10.4 节
Applet 三联棋游戏	10.5 节
AsyncContext	11.1 节
异步监听器	11.2 节
12306 抢票案例	11.3 节
异步执行业务逻辑方法	11.3 节尾
NIO 模式读取上传文件	11.4.1 节
NIO 模式输出图片列表	11.4.2 节
创建表结构＋日志配置	12.3 节
系统权限设计	12.8 节
持久层和视图层共性代码抽取	12.9 节
图书上传与主页图书列表	12.10 节
用户登录—退出—注册功能	12.13 节
购物车模块功能	12.14 节
商品结算	12.15 节
订单与订单明细表设计	12.15 节
事务控制付款	12.15 节尾部
后台订单记录查询	12.17 节
数据库连接池技术	12.19 节
WebSocket 网络聊天室	13.1 节
HTTP/2 特点	13.2 节
Tomcat 9 配置支持 HTTP/2	13.2.2 节
Json 串与 Java 对象互转	14.1 节
Json 串与 Java 集合互转	14.2 节
Json 文件反序列化	14.3 节
JSON 数据格式化	14.4 节
JSF 运行机制介绍	15.1 节
JSF 项目案例解析	15.2 节
JDBC 访问数据库	16.1 节

目录

CONTENTS

第1章 Java EE 入门

CHAPTER 1

1.1 Java EE 8 与 Tomcat 9

1.1.1 Java EE 8 规范下载

视频讲解

Java EE 是 Java Enterprise Edition 的缩写,表示 Java 企业开发版。

2017 年 8 月 21 日,Java EE 8 正式发布。与 Java EE 7 的发布相隔了 2 年,甲骨文对 Java EE 再次做了升级。Java EE 8 是由一系列的 JSR(Java Specification Requests,Java 规范提案)组成的,每个 JSR 都是具体技术的实现规范。进入甲骨文官网可以下载相关的 JSR 文档和 API 接口。开发 JSR 相关技术应用时,需要导入 JSR 接口包和接口实现包。

Java EE 8 是当前 Java 平台的主流开发规范,由如下 JSR 内容组成(见表 1-1)。

表 1-1 Java EE 8 规范

应 用 方 向	JSR 规范
Java Platform, Enterprise Edition 8(Java EE 8)	JSR 366
Web 应用技术	
Java API for WebSocket 1.1	JSR 356
Java API for JSON Binding 1.0	JSR 367
Java API for JSON Processing 1.1	JSR 374
Java Servlet 4.0	JSR 369
Java Server Faces 2.3	JSR 372
Expression Language 3.0	JSR 341
Java Server Pages 2.3	JSR 245
Standard Tag Library for Java Server Pages(JSTL) 1.2	JSR 52
企业应用技术	
Batch Applications for the Java Platform 1.0	JSR 352
Concurrency Utilities for Java EE 1.0	JSR 236

续表

应 用 方 向	JSR 规范
企业应用技术	
Contexts and Dependency Injection for Java 2.0	JSR 365
Dependency Injection for Java 1.0	JSR 330
Bean Validation 2.0	JSR 380
Enterprise JavaBeans 3.2	JSR 345
Interceptors 1.2	JSR 318
Java EE Connector Architecture 1.7	JSR 322
Java Persistence 2.2	JSR 338
Common Annotations for the Java Platform 1.3	JSR 250
Java Message Service API 2.0	JSR 343
Java Transaction API(JTA) 1.2	JSR 907
JavaMail 1.6	JSR 919
Web 服务技术	
Java API for RESTful Web Services(JAX-RS) 2.1	JSR 370
Implementing Enterprise Web Services 1.3	JSR 109
Web Services Metadata for the Java Platform 2.1	JSR 181
Java API for XML-Based RPC(JAX-RPC) 1.1	JSR 101
Java API for XML Registries(JAXR) 1.0	JSR 93
管理和安全技术	
Java EE Security API 1.0	JSR 375
Java Authentication Service Provider Interface for Containers 1.1	JSR 196
Java Authorization Contract for Containers 1.5	JSR 115
Java EE Application Deployment 1.2	JSR 88
J2EE Management 1.1	JSR 77
Debugging Support for Other Languages 1.0	JSR 45
Java SE 相关技术	
Java Management Extensions(JMX) 2.0	JSR 3
SOAP with Attachments API for Java(SAAJ) Specification 1.3	JSR 67
Streaming API for XML(StAX) 1.0	JSR 173
Java API for XML Processing(JAXP) 1.6	JSR 206
Java Database Connectivity 4.0	JSR 221
Java Architecture for XML Binding(JAXB) 2.2	JSR 222
Java API for XML-Based Web Services(JAX-WS) 2.2	JSR 224
JavaBeans Activation Framework(JAF) 1.1	JSR 925

Java EE 8 包含的内容非常庞大，主要涉及：

- Web 应用技术；
- 企业应用技术；

➢ Web 服务技术；

➢ 管理和安全技术；

➢ 与 Java SE 相关技术。

鉴于篇幅限制，本书主要讲解“Java Web 应用技术”这部分内容，其他相关技术不在本书探讨范围。

1.1.2 Java EE 8 核心架构

图 1-1 为 Java EE 8 核心架构，在这个架构中，定义了 Java EE 平台的开发模型。这个模型与 ASP 或 PHP 编程模型完全不同。学习 Java Web 开发，必须要首先理解 Java EE 平台的开发模型。

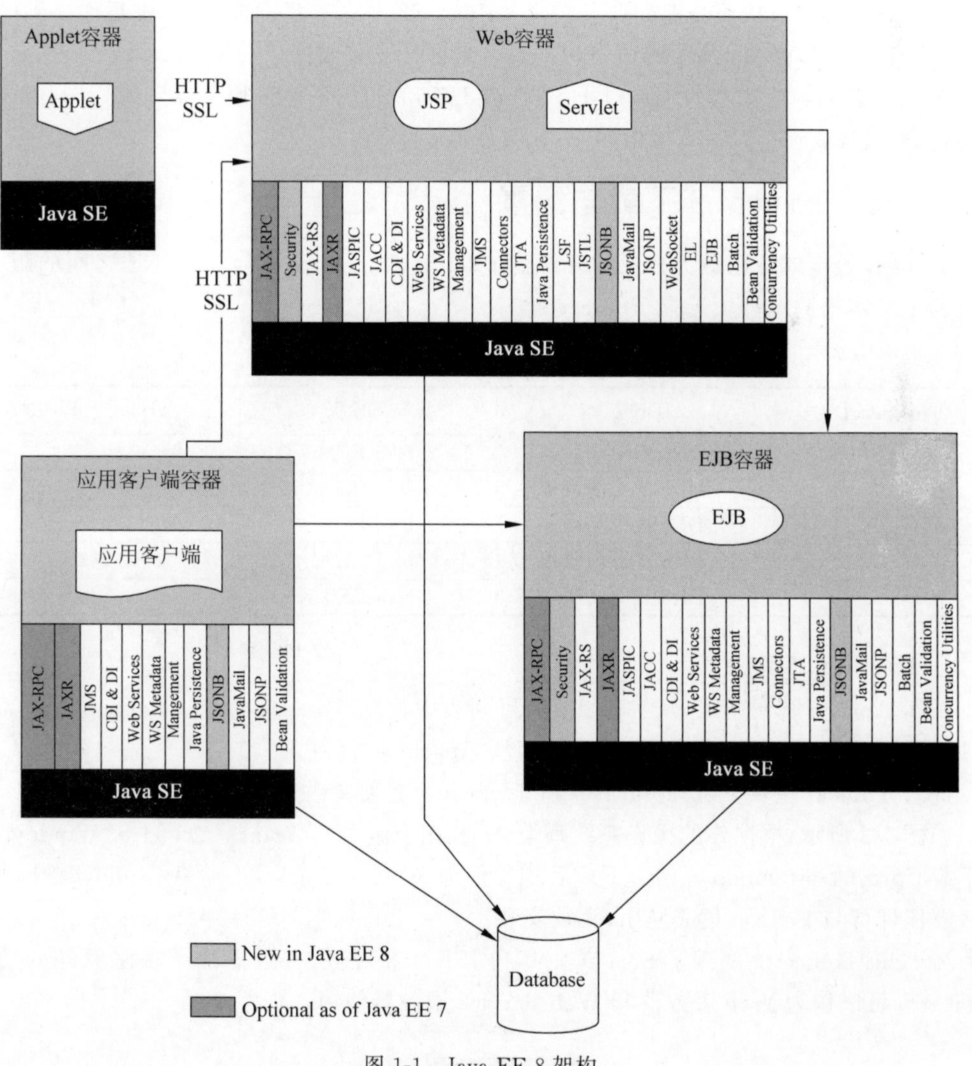

图 1-1 Java EE 8 架构

Java EE 开发模型的最重要特征是：容器＋组件，如图 1-1 所示，整个模型由四块内容组成，分别为：

- Applet 容器＋Applet 组件；
- Web 容器＋JSP 组件＋Servlet 组件；
- EJB 容器＋EJB 组件；
- 应用客户端容器＋应用客户端组件。

Web 容器和 EJB 容器都是由大型厂商按照 Java EE 规范开发而成。常用的 Web 容器有 Tomcat、glassfish、Jetty 等；常用的 EJB 容器有 Jboss、WebLogiC、WebShpere 等。Applet 容器指各种浏览器，如火狐、谷歌、IE 等；应用客户端容器指安装了 Java 虚拟机的操作系统环境，如 Windows、Linux 等。

组件由开发人员按照企业的业务需求和 Java EE 规范开发而成，如本书后面讲到的"网上书城"项目，它就是由大量的 JSP 和 Servlet 组件开发而成的。

Applet 容器与应用客户端通过 HTTP 或 HTTPS 访问 Web 服务器资源。浏览器也可以通过 HTTP 或 HTTPS 直接访问 Web 服务器。

视频讲解

1.1.3 Tomcat 9 下载与配置

Tomcat 是全球应用最为普及的开源 Servlet 容器。Tomcat 与 Java EE 之间的版本关系见表 1-2，本书测试环境选择 Tomcat 9.0。

表 1-2 Tomcat 与 Java EE 之间的版本关系

Tomcat 版本	JDK 版本	Java EE 版本	Servlet/JSP 版本
10.0(Alpha)	JDK8 或更高版本	Java EE 9	5.0/3.0
9.x	JDK8 或更高版本	Java EE 8	4.0/2.3
8.x	JDK7 或更高版本	Java EE 7	3.1/2.3
7.x	JDK6 或更高版本	Java EE 6	3.0/2.3
6.x	JDK5 或更高版本	Java EE 5	2.5/2.1

1. Tomcat 9 下载

访问 Apache 官网主页，从 Apache 项目列表中找到 Tomcat 项目。Tomcat 是 Apache 的顶级开源项目，下载 Tomcat 资源时应该从 Apache 官网进入。

进入 Tomcat 主页下载 Tomcat 9 和 Tomcat 9 相关文档(见图 1-2)。

如图 1-2 所示，根据你的操作系统环境，下载相应版本的 Tomcat，如 64 位 Windows，可以下载 Core:64-bit windows zip，下载后的文件为 apache-tomcat-9.0.30-windows-x64.zip，直接解压即可与 Eclipse 集成使用，无须安装。

Apache Tomcat 9 实现了 Servlet 4.0 和 JSP 2.3 规范，并且添加了很多额外的功能。Tomcat 9 可以作为 Web 服务器和 Web Service 服务器使用。

9.0.31

Please see the README file for packaging information. It explains what every distribution contains.

Binary Distributions

- Core:
  - zip (pgp, sha512)
  - tar.gz (pgp, sha512)
  - 32-bit Windows zip (pgp, sha512)
  - 64-bit Windows zip (pgp, sha512)
  - 32-bit/64-bit Windows Service Installer (pgp, sha512)
- Full documentation:
  - tar.gz (pgp, sha512)
- Deployer:
  - zip (pgp, sha512)
  - tar.gz (pgp, sha512)
- Embedded:
  - tar.gz (pgp, sha512)
  - zip (pgp, sha512)

Source Code Distributions

- tar.gz (pgp, sha512)
- zip (pgp, sha512)

图 1-2 Tomcat 9 下载

Java EE 8 开发应选择 Tomcat 9 版本，不能使用 Tomcat 8 或 Tomcat 7 等其他版本。Tomcat 10.0 支持 Servlet 5.0 和 JSP 3.0。这个版本的 Tomcat 与我们的目标环境 Java EE 8 不匹配，不要使用。

2. Tomcat 目录结构

Tomcat 9 解压后，目录结构见表 1-3。

表 1-3 Tomcat 目录结构

目录	说明
/bin	存放 Windows 或 Linux 平台上用于启动和停止 Tomcat 的脚本文件，如 startup.bat、tomcat9.exe
/conf	存放 Tomcat 服务器的各种配置文件，如在 server.xml 中可以配置 Tomcat 监听端口、连接器等信息
/lib	存放 Tomcat 服务器所需的各种 JAR 文件
/logs	存放 Tomcat 打印的日志文件。配置第三方日志，如 log4j，日志也输出在这个文件夹下
/temp	存放 Tomcat 临时文件
/webapps	Java Web 应用默认发布到 webapps 文件夹下
/work	JSP 文件翻译和编译后的文件放在 work 文件夹下

3. 端口配置

在 Tomcat 的/conf/server.xml 文件中，配置了如下端口：

```
<Server port="8005" shutdown="SHUTDOWN">
<Connector connectionTimeout="20000" port="8080"
        protocol="HTTP/1.1" redirectPort="8443"/>
<Connector port="8009" protocol="AJP/1.3" redirectPort="8443"/>
```

Tomcat 启动后,在 console 平台会提示启动了哪些端口:

```
三月 18, 2020 3:20:26 org.apache.coyote.AbstractProtocol start
信息: 开始协议处理句柄["http-nio-8080"]
三月 18, 2020 3:20:26 org.apache.coyote.AbstractProtocol start
信息: 开始协议处理句柄["ajp-nio-8009"]
三月 18, 2020 3:20:26 下午 org.apache.catalina.startup.Catalina start
信息: Server startup in [19,668] milliseconds
```

注意,由于在同一台主机上会安装很多软件,其他软件也可能使用上面的这些端口,如 8005、8080、8009 等,因此这些端口很容易被其他软件占用,当出现端口冲突提示时,打开 server.xml,修改相关配置即可。端口修改如图 1-3 所示。

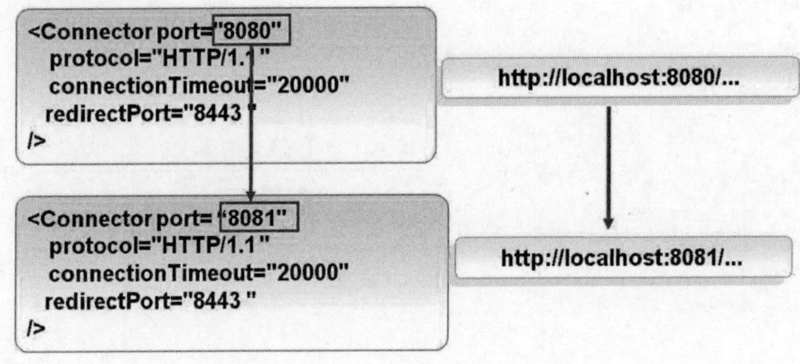

图 1-3　端口修改

视频讲解

1.2 Eclipse 集成 Tomcat

Java Web 项目的开发工具使用 eclipse-jee-photon 或版本更高的 Eclipse EE 版。Eclipse 是开源 IDE,从其官网直接下载即可。下面演示使用 Eclipse 与 Tomcat 开发一个名字为 Hello 的 Java Web 项目。

(1) 新建 Web 服务器(见图 1-4)。

(2) 选择 Apache 的 Tomcat 9(见图 1-5)。

把前面下载的 apache-tomcat-9.0.30-windows-x86.zip 包,直接解压到 D 盘根目录即可。

(3) 双击 Console 中建好的 Tomcat 9 服务器,选择配置项“Use Tomcat installation…”,同时 Deploy path 选择前面我们解压的 Tomcat 安装包的 webapps(见图 1-6)。接着关闭窗口,会自动保存。

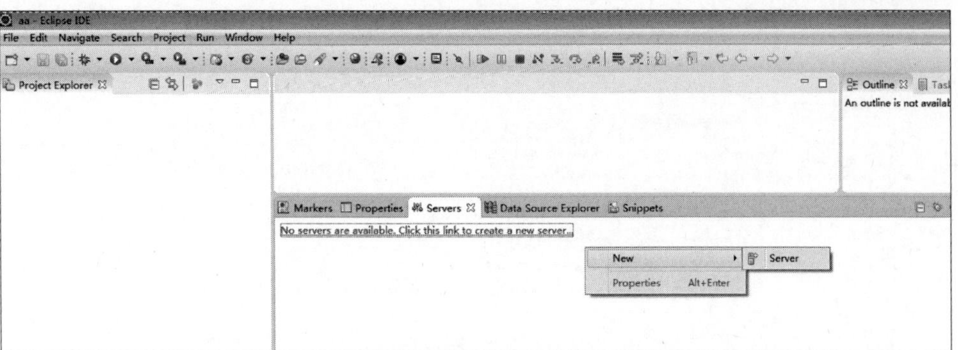

图 1-4 新建 Web 服务器

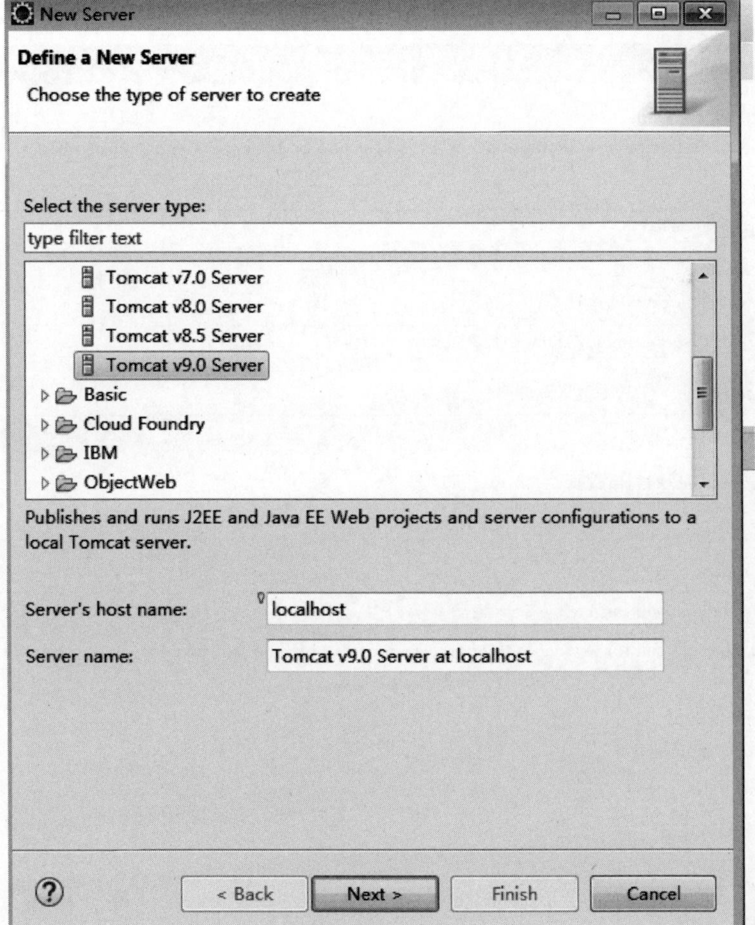

图 1-5 选择 Tomcat

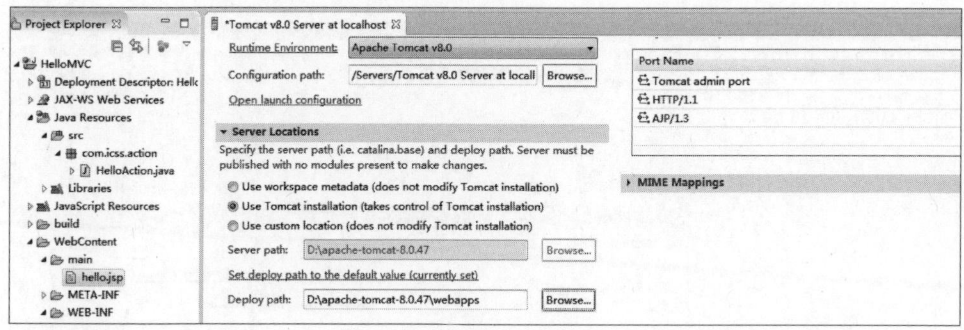

图 1-6　配置外部 Tomcat

(4) 新建动态 Web 项目。

选择菜单 File→New→Dynamic Web Project,弹出如图 1-7 所示的页面。

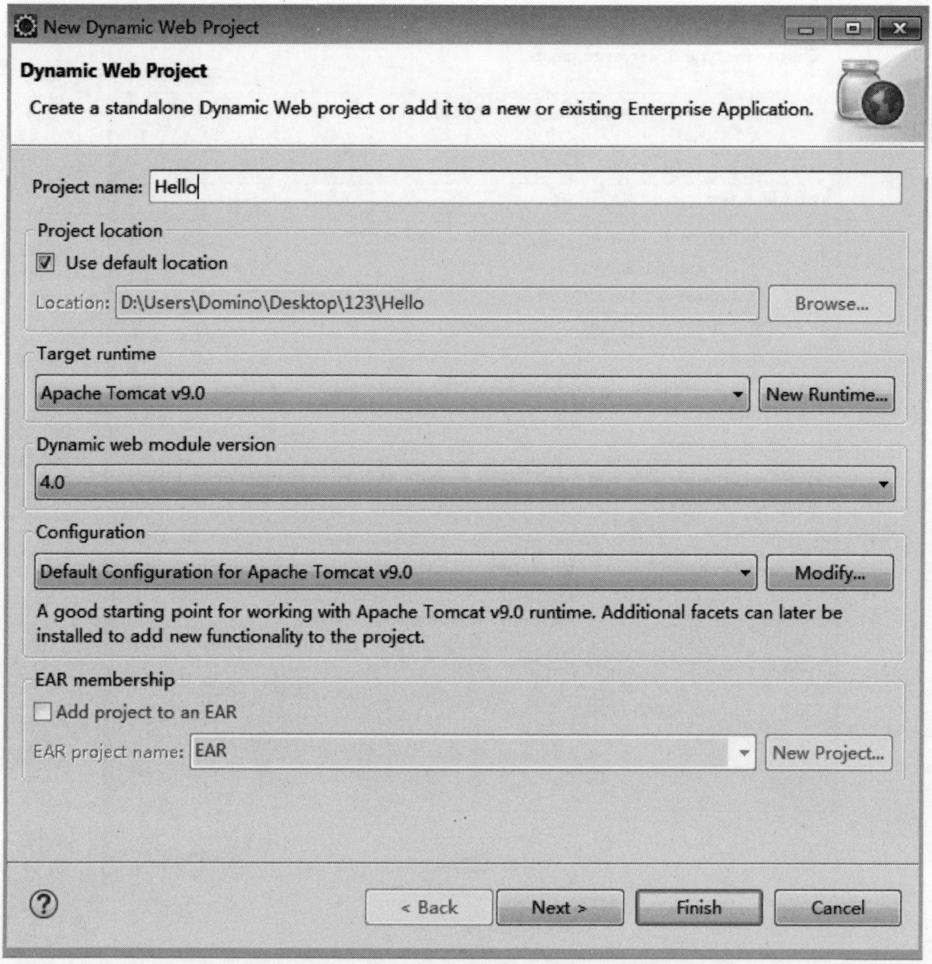

图 1-7　新建动态 Web 项目

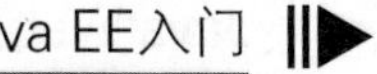

注意：Target runtime 选择 Apache Tomcat v9.0，Dynamic web module version 选择 4.0。

动态 Web 项目建好后，目录结构如图 1-8 所示，在编写代码之前，要保证 Libraries 下面有 Apache Tomcat v9.0(包含 Java EE Web 开发的主要包)和 JRE 包(JDK 1.8 及以上版本，JDK 需要提前下载、安装)。

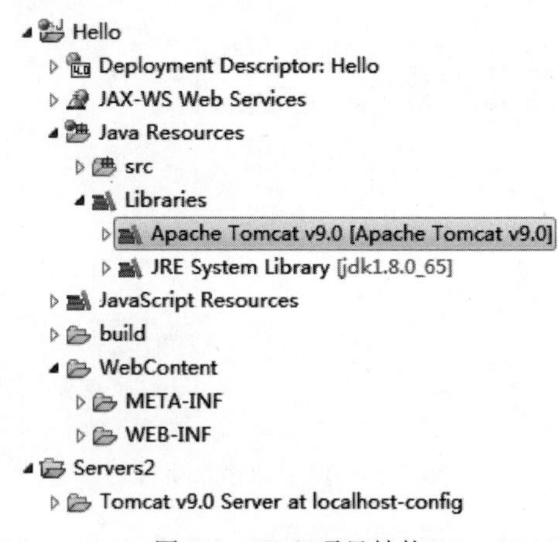

图 1-8 Web 项目结构

(5) 新建 main 文件夹和 hello.jsp(见图 1-9)。

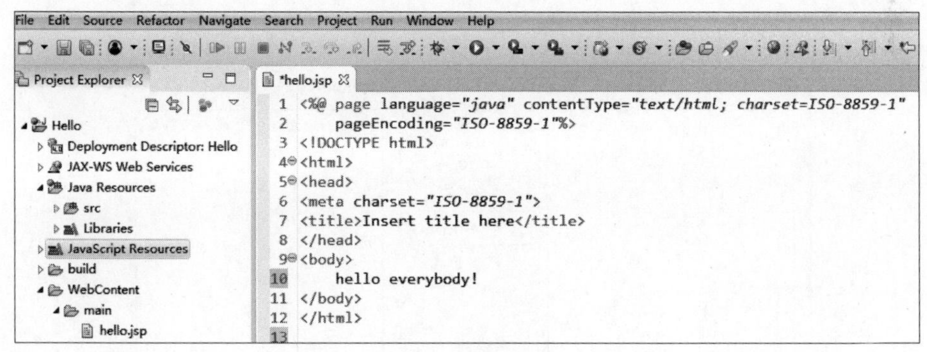

图 1-9 新建 JSP

第一步：在 WebContent 下新建 main 文件夹。

第二步：在 main 文件夹下，通过右键菜单新建 JSP File。

(6) 右击 Tomcat 服务器，选择 Add and Remove(见图 1-10 和图 1-11)。

把新建的 Hello 项目部署到 Tomcat 9 的 webapp 下。

(7) 右击 Tomcat 服务器，选择 Publish(发布)(见图 1-12)。

提示：开发过程中，代码变化后要及时发布，保持工作区中的代码与 Tomcat 中发布的内容一致。

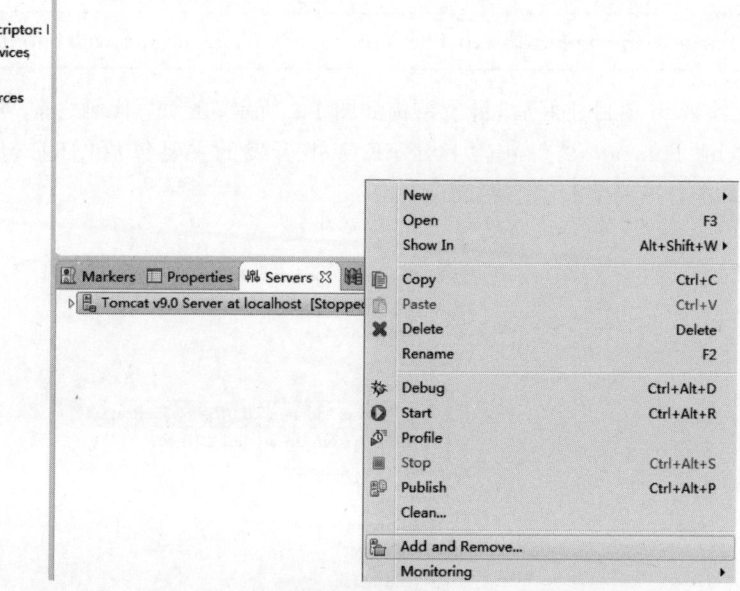

图 1-10　添加和移除项目

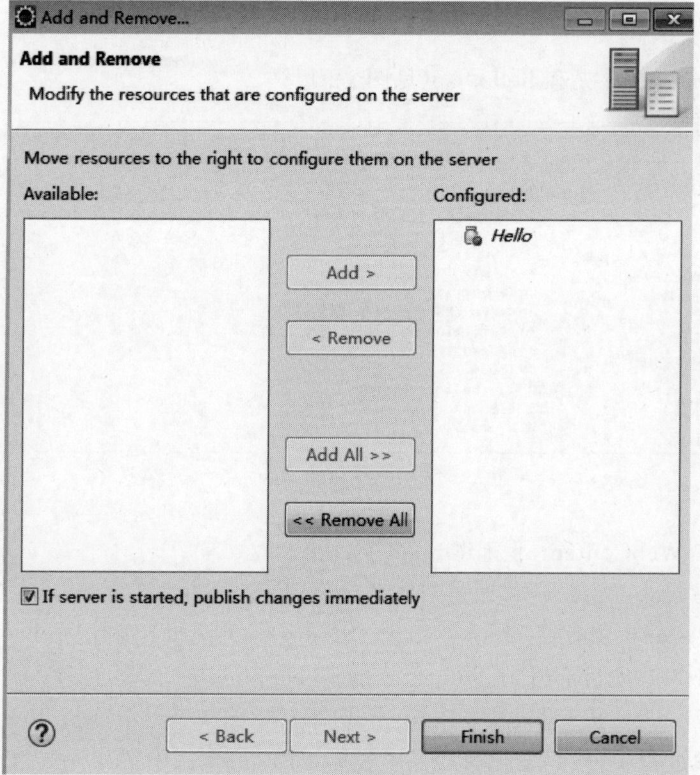

图 1-11　添加项目

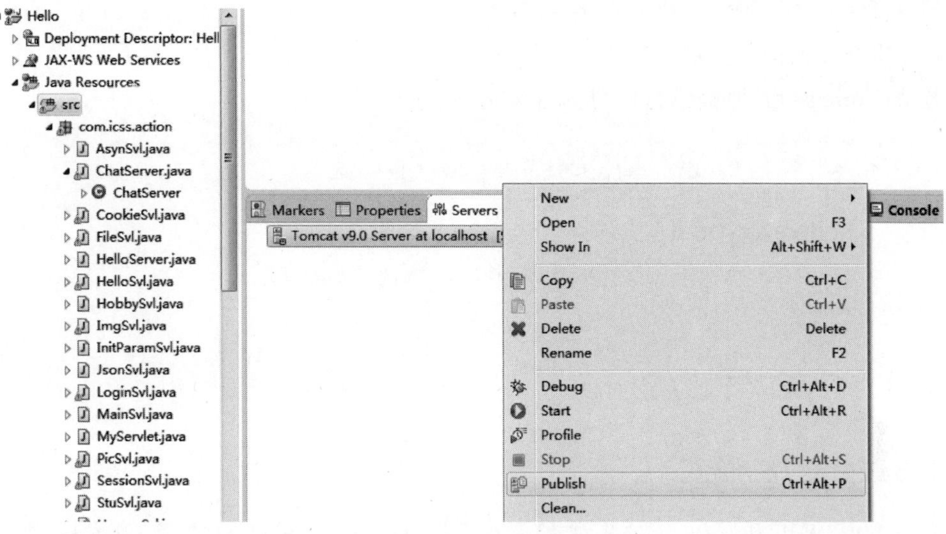

图 1-12 发布项目

(8) 右击 Tomcat 服务器,选择 Start,启动 Tomcat(见图 1-13)。

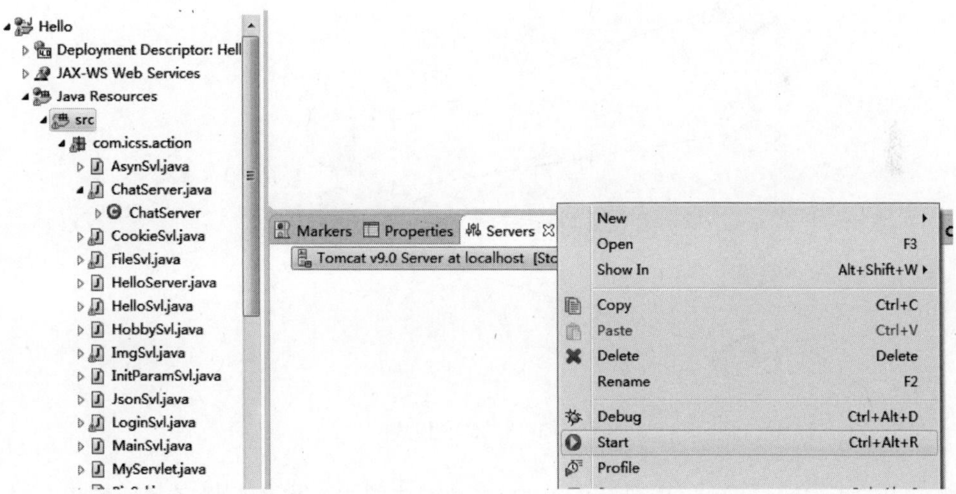

图 1-13 启动 Tomcat

Tomcat 启动成功,提示如下:

```
信息: Deployment of web application directory
    [D:\apache-tomcat-9.0.30\webapps\ROOT] has finished in [2,759] ms
二月 18, 2020 9:09:20 下午 org.apache.coyote.AbstractProtocol start
信息: 开始协议处理句柄["http-nio-8080"]
二月 18, 2020 9:09:20 下午 org.apache.coyote.AbstractProtocol start
信息: 开始协议处理句柄["ajp-nio-8009"]
二月 18, 2020 9:09:20 下午 org.apache.catalina.startup.Catalina start
```

信息：Server startup in [18,862] milliseconds

(9) 启动外部浏览器进行测试(见图 1-14)。

检查 Tomcat 启动成功后,即可通过浏览器访问 hello.jsp。

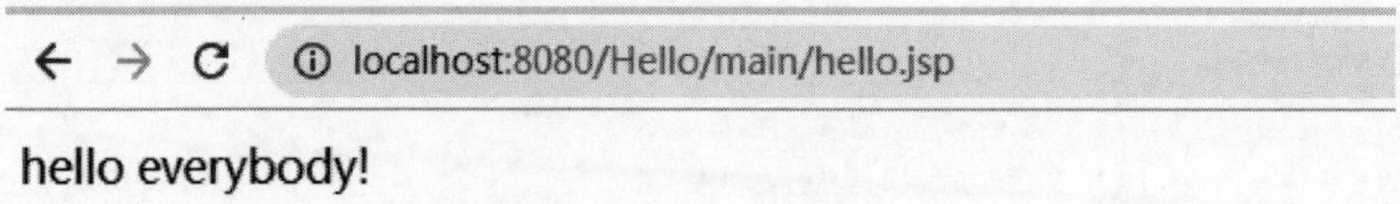

localhost:8080/Hello/main/hello.jsp

hello everybody!

图 1-14　项目测试

1.3　C/S 与 B/S

1.3.1　C/S 模式

学习 Java Web 开发,必须要先掌握 C/S(Client/Server,客户/服务器)开发模式。典型的 C/S 开发,指的是运行在操作系统上的客户端程序直接访问数据库服务器(见图 1-15)。

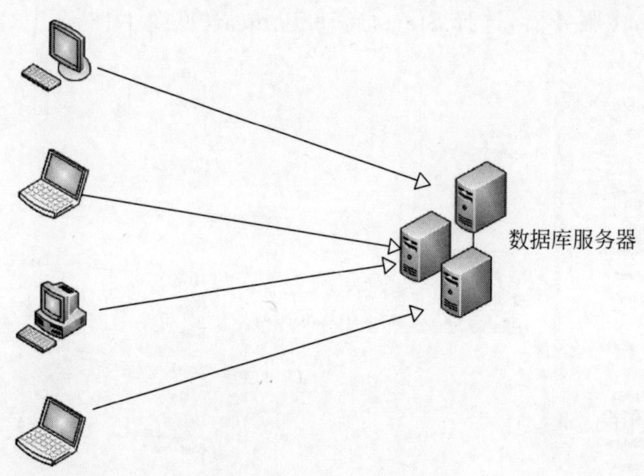

图 1-15　C/S 模式

C/S 开发是 2000 年前的主要开发模式,这种模式的主要优势是程序运行于客户端机器上(少量操作需要访问数据库),操作界面漂亮,人机交互反应快。但是 C/S 开发的缺陷也非常明显,如代码升级困难；受客户机环境影响,客户端软件容易出错等。

C/S 模式应用于企业用户,问题并不明显。但是随着 Internet 的发展,1997 年之后,大量用户由企业办公用户变成了家庭用户,在家庭用户的 PC 上会安装很多 C/S 客户端软件,由于软件间的相互影响,带来了很多问题。因此 2000 年之后,C/S 模式逐渐被 B/S 模式替代。

1.3.2 B/S 模式

B/S(Browser/Server,浏览器/服务器)模式指浏览器访问服务器的软件运行模式(见图 1-16)。1995 年,微软推出了 Windows 95 操作系统,PC 逐渐进入家庭。随着 PC 进入家庭,Internet 也开始快速发展。微软的 IE 和 Netscape 浏览器都是早期非常流行的浏览器软件。

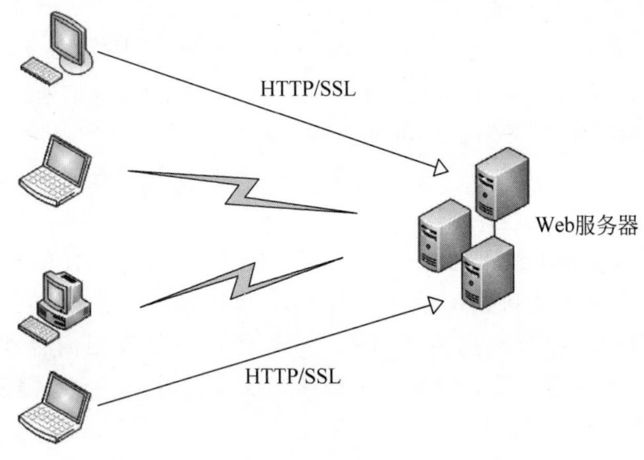

图 1-16 B/S 模式

B/S 模式与 C/S 模式区别非常大,主要有如下几点:

- C/S 程序直接运行在操作系统上;B/S 程序主要运行在 Web 服务器上,浏览器用于发起请求并接收程序运行结果。
- C/S 客户端与数据库服务器在同一局域网中;B/S 则基于广域网 Internet。
- C/S 客户端与服务器交互使用局域网交互协议;B/S 客户端访问服务器使用 HTTP 或 HTTPS。

1.3.3 HTTP 协议

在 OSI 网络模型中,HTTP(HyperText Transfer Protocol,超文本传输协议)是应用层协议,传输层依赖 TCP(Transmission Control Protocol,传输控制协议),见图 1-17。

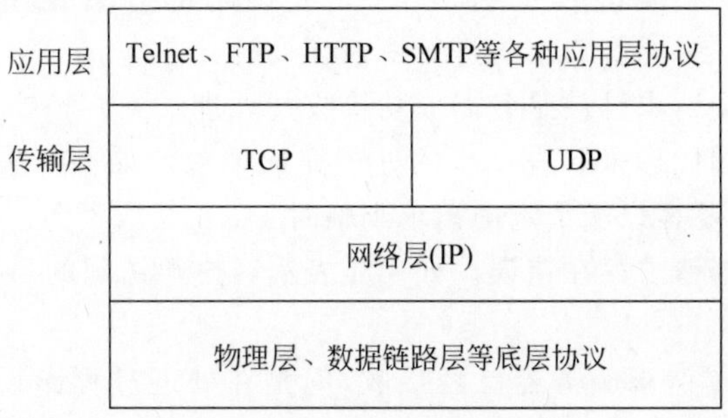

图 1-17 HTTP 与 TCP

HTTP是目前B/S交互的主要应用协议,基于客户/服务器模式,且面向连接。典型的HTTP事务处理有如下过程:

(1) 客户与服务器建立连接;

(2) 客户向服务器提出请求;

(3) 服务器接受请求,并根据请求返回相应的文件作为应答;

(4) 客户与服务器关闭连接。

客户与服务器之间的HTTP连接是一种一次性连接,它限制每次连接只处理一个请求,当服务器返回本次请求的应答后便立即关闭连接,下次请求再重新建立连接。这种一次性连接主要考虑到WWW服务器面向的是Internet中成千上万个用户,且只能提供有限个连接,故服务器不会让一个连接一直处于等待状态,及时地释放连接然后处理下一个请求,这样可以大大提高服务器的执行效率。

HTTP是一种无状态协议,即服务器不保留与客户交易时的任何状态,这就大大减轻了服务器记忆负担,从而保持较快的响应速度。HTTP是一种面向对象的协议,允许传送任意类型的数据对象。它通过数据类型和长度标识所传送的数据内容和大小,并允许对数据进行压缩传送。当用户在一个HTML文档中定义了一个超文本链接后,浏览器将通过TCP/IP与指定的服务器建立连接。

Web服务器在一个特定的TCP端口(端口号一般为80)上监听客户端请求,接到HTTP请求后,建立Socket连接,然后通过该连接发送交互数据。

HTTP规范定义了9种请求方法,每种请求方法规定了客户和服务器之间不同的信息交换方式,常用的请求方法是GET和POST。Web服务器将根据客户请求完成相应操作,并以应答块形式返回给客户,最后关闭连接。

HTTP包含请求头、回应头、回应体等信息,通过浏览器抓包的方式,可以观察HTTP请求与回应的具体信息(见图1-18)。火狐、谷歌、IE等浏览器,按F12快捷键,均可进入抓包模式。

HTTP的状态码表示HTTP请求/回应的状态信息。如状态码200,表示Web服务器成功处理了客户端的请求并做出了回应。状态码为三位数字,按照首位状态码进行分类,首位分别由1,2,3,4,5表示。

- 1xx:表示临时响应的信息提示,由单独的状态行和可选头部组成,终止于空行。如100表示提示客户端继续发送请求,完成剩余部分数据传输;101表示使用了Upgrade协议头,提示客户端将进行协议切换。
- 2xx:表示客户端请求已被服务器成功接收并处理。
- 3xx:提示客户端代理采取进一步的处理完成请求。如302表示请求资源存在于临时的URI中,需要客户端重定向请求到临时URL获取资源。
- 4xx:表示客户端请求存在错误。如404表示客户端访问的目标资源不存在,提示客户端修改URL。
- 5xx:表示客户端请求服务器已经接收,但是在处理过程出现了错误。如500表示Web服务器内部出现了未预期的错误。

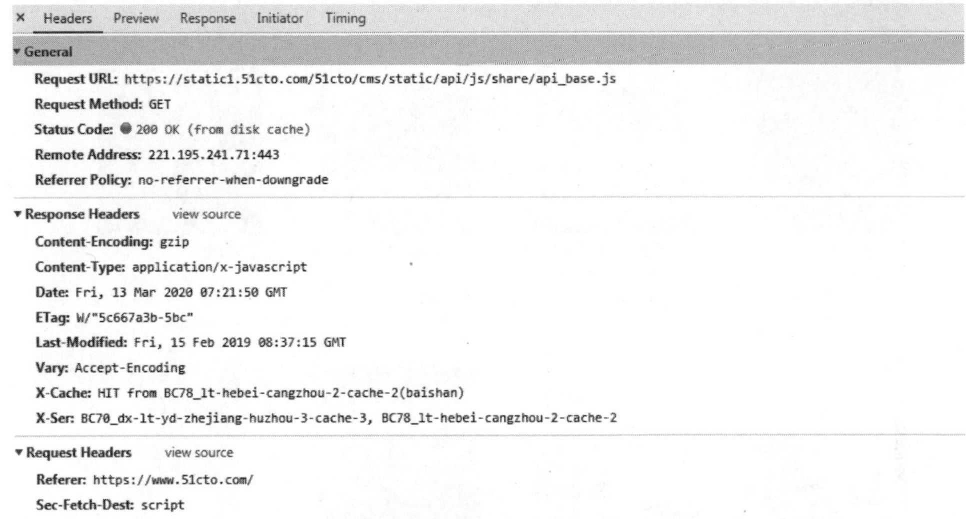
× Headers Preview Response Initiator Timing

▾ General

Request URL: https://static1.51cto.com/51cto/cms/static/api/js/share/api_base.js
Request Method: GET
Status Code: ● 200 OK (from disk cache)
Remote Address: 221.195.241.71:443
Referrer Policy: no-referrer-when-downgrade

▾ Response Headers view source

Content-Encoding: gzip
Content-Type: application/x-javascript
Date: Fri, 13 Mar 2020 07:21:50 GMT
ETag: W/"5c667a3b-5bc"
Last-Modified: Fri, 15 Feb 2019 08:37:15 GMT
Vary: Accept-Encoding
X-Cache: HIT from BC78_lt-hebei-cangzhou-2-cache-2(baishan)
X-Ser: BC70_dx-lt-yd-zhejiang-huzhou-3-cache-3, BC78_lt-hebei-cangzhou-2-cache-2

▾ Request Headers view source

Referer: https://www.51cto.com/
Sec-Fetch-Dest: script
User-Agent: Mozilla/5.0 (Windows NT 6.1; Win64; x64) AppleWebKit/537.36 (KHTML, like Gecko) Chrome/80.0.3987.132 Safari/537.36

图 1-18 HTTP 头信息

1.3.4 HTML 与 JSP

HTTP 是超文本传输协议,即浏览器向 Web 服务器发出 HTTP 请求,服务器的应答结果是文本信息(也可以是字节流)。

浏览器解析 Web 服务器返回的信息,主要有如下几种方式。

(1) 服务器返回 HTML 数据,浏览器按照 HTML 的约定格式显示。

(2) 服务器返回 JSON 或 TEXT 信息,浏览器采用 AJAX 模式局部刷新页面。

(3) 服务器返回字节流,浏览器显示图片或保存成本地文件。

HTML(HyperText Marked Language,超文本标记语言)自 1990 年以来,就一直被用作万维网(World Wide Web)的信息表示语言,使用 HTML 语言描述的文件需要通过 WWW 浏览器显示出效果。HTML 通过标记式的指令(Tag),将影像、声音、图片、文字动画、影视等内容显示出来(见图 1-19)。

事实上,每一个 HTML 文档都是一种静态的网页文件,这个文件里面包含了 HTML 指令代码,这些指令代码并不是一种程序语言,只是一种排版网页中资料显示位置的标记结构语言,易学易懂,非常简单。通过单击鼠标从一个主题跳转到另一个主题,从一个页面跳转到另一个页面,与世界各地主机的文件链接。超文本传输协议规定了浏览器在运行 HTML 文档时所遵循的规则和进行的操作。HTTP 的制定使浏览器在运行超文本时有了统一的规则和标准。

HTML 是静态语言,无法满足页面的动态变化。因此在 Web 服务器编程时需要使用动态语言 JSP(Java Server Page,Java 服务器页面),而 JSP 的运行结果,服务器会转换成 HTML 回应给客户端。

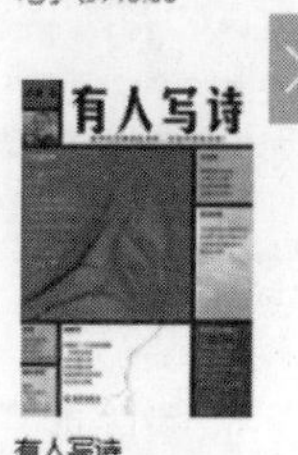

图 1-19 HTML 示例

HTML 示例：

```
<!DOCTYPE html>
<html>
    <head>
        <meta charset="UTF-8">
        <title>Hello</title>
    </head>
    <body>
        hello everybody!
    </body>
</html>
```

在 HTML 中，有些特殊符号不能使用，需要使用转义符，见表 1-4。

表 1-4 HTML 转义符

符　号	转义后字符
双引号 "	"
小于号 <	<
大于号 >	>
与 &	&
空格 \t	
单引号 '	'
换行符 \n

1.4 MVC 架构与 AJAX 架构

1.4.1 JSP 与 Servlet 的定位

JSP 和 Servlet 都是 Java EE 中 Web 容器的组件，两者定位不同：JSP 的定位是动态视图显示；Servlet 的定位是控制器。

JSP 部署于网络服务器上，可以响应客户端发送的请求，并根据请求内容动态地生成 HTML、XML 或其他格式文档的 Web 网页，然后返回给请求者。JSP 技术以 Java 语言作为脚本语言，为用户的 HTTP 请求提供服务，并能与服务器上的其他 Java 程序共同处理复杂的业务需求。

JSP 将 Java 代码和特定变动内容嵌入静态的页面中，实现以静态页面为模板，动态生成其中的部分内容。另外，可以创建 JSP 标签库，然后像使用标准 HTML 或 XML 标签一样使用它们。标签库能增强功能和服务器性能，而且不受跨平台问题的限制。JSP 文件在运行时会被 JSP 编译器先翻译成用 Java 代码写的 Servlet，然后再由 Java 编译器编译成能快速执行的二进制机器码，也可以直接编译成二进制码。

Servlet 是 Java Server Applet 的简称，指运行在服务器端的 Java 小程序。所有实现了 Servlet 接口的类，都可以被称为 Servlet。

```
package javax.servlet;
public interface Servlet { … }
```

Servlet 与普通的 Java 类不同，它的生命期受 Web 容器管理。

1.4.2 MVC 架构

想理解 JSP 与 Servlet 的定位，必须要先明白 MVC（Model-View-Controller，模型-视图-控制器）架构。如图 1-20 所示，MVC 架构中有如下角色：客户端（浏览器）、视图、控制器、逻辑层（或称为服务层）、持久层、Model（entity、DTO、POJO 等）。

Model：模型，指服务层返回给控制层的对象，如实体对象 entity 或数据传输对象 DTO。Model 数据是可以跨层传递的，即视图层、服务层、数据访问层都可以调用 Model 数据。

控制器：接收浏览器的 HTTP 请求，解析请求参数，然后调用业务逻辑接口处理请求，再把业务服务层返回的 Model 数据传递给视图。Servlet 的主要职责是请求转发、页面转向控制，它是 MVC 架构的核心。

视图：用于显示 HTTP 请求结果的页面，典型场景是服务器把 JSP＋Model 解析成 HTML，并通过 HTTP 返回给浏览器。

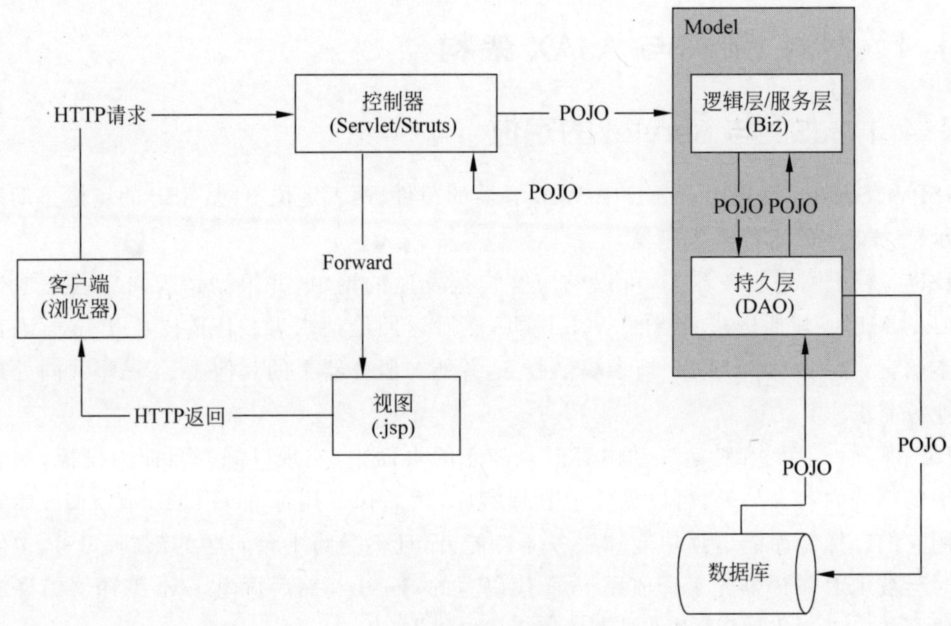

图 1-20　MVC 架构

1.4.3　AJAX 架构

AJAX(Asynchronous Javascript And XML)是异步 JavaScript 与 XML 的简称,AJAX 架构(见图 1-21)与 MVC 架构有很大的不同。

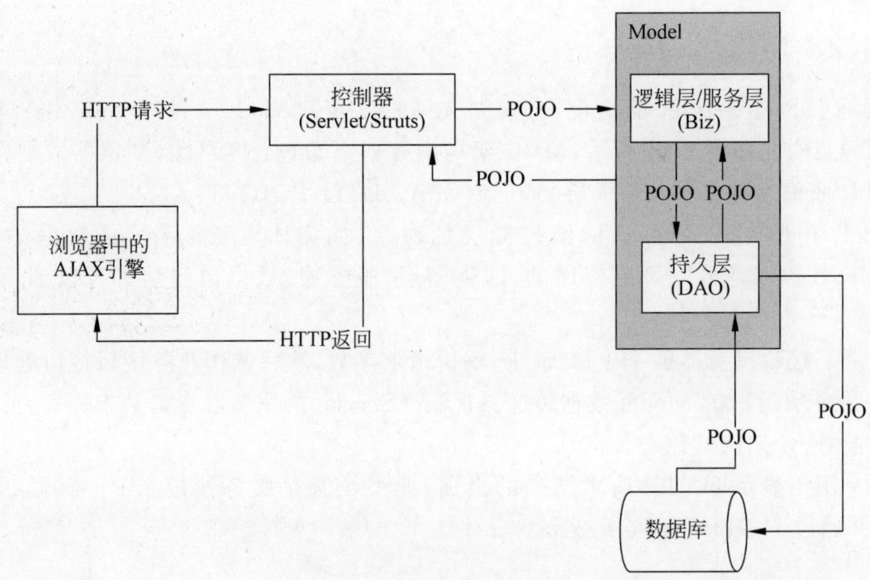

图 1-21　AJAX 架构

(1) MVC 的客户端是浏览器；AJAX 的客户端是浏览器中的 AJAX 引擎。

(2) MVC 的客户端请求是同步模式，如果服务器阻塞，客户端会长久等待；AJAX 的请求是异步模式，即使服务器阻塞，客户端浏览器也不会出现白屏等待现象。

(3) MVC 客户端收到服务器回应后，会刷新整个页面；AJAX 则是局部刷新。

(4) MVC 中的控制器收到服务层返回的 Model 后，会转到 JSP 视图中生成返给客户端的 HTML；而 AJAX 中的控制器收到服务层返回的 Model 后，会转换成 JSON 或文本格式直接返回给客户端，不需要 JSP 视图。

总结：

在 MVC 和 AJAX 架构中，起到核心作用的都是控制器 Servlet，它用于接收客户端的请求信息，并把请求转发给服务层。初学者喜欢通过客户端直接访问 JSP，这在正式项目中是不允许的，为了 JSP 页面的安全性，防止客户端的直接访问，企业项目的 JSP 页面会放到 WEB-INF 文件夹下(这部分内容后面详细解释)。

1.5 本章习题

(1) Java EE 8 中的 Servlet 版本是________，对应的 Web 服务器应该选择________。

(2) Java EE 的全称是 Java ________，即 Java 企业版。

(3) Java EE 与 Java SE 项目的主要区别是：Java SE 采用 C/S 模式，程序运行在客户端；而 Java EE 采用 B/S 模式，程序运行在________。

(4) Java EE 文档应该从网站________下载，Tomcat 9 应该从网站________下载。

(5) Java Web 应用应该部署在 Tomcat 的________目录下。

(6) JSP 页面被访问时会自动翻译成 *.java 文件，这些文件会放在 Tomcat 的________目录下。

(7) HTTP 访问 Tomcat 下的 Web 应用，默认使用的端口是________。

(8) Java EE 8 核心架构图，体现的最重要的思想是________与________的关系。

(9) JSP 页面的运行结果是________。

(10) Java EE 8 最主要的开发架构是________架构与________架构。

(11) HTTP 是无状态、面向连接的，它底层基于传输层的________协议。

(12) JSP 的本质是特殊的 Servlet，它与 Servlet 的定位不同，Servlet 的定位是________，而 JSP 的定位是________。

(13) Java EE 是________公司的产品。

(14) (　　)技术不属于 Java EE 8 Web 应用。

A. JSP　　B. JSON-B　　C. Web 服务　　D. JSF

(15) Java EE 8 的 Web 应用，应该部署在(　　)服务器上。

A. Tomcat 6　　B. Tomcat 7　　C. Tomcat 8　　D. Tomcat 9

E. Tomcat 10

(16) 下列关于 Tomcat 目录说法错误的是(　　)。

A. bin 目录——包含启动/关闭脚本

B. conf 目录——包含不同的配置文件

C. Lib 目录——包含 Tomcat 使用的 JAR 文件

D. webapps 目录——包含 Web 项目示例,当发布 Web 应用时,默认把 Web 文件夹放于此目录下

E. work 目录——包含 Web 项目示例,当发布 Web 应用时,默认把 Web 文件夹放于此目录下

(17) 下面的(　　)协议属于应用层协议。(多选)

A. TCP　　B. HTTP　　C. SOAP　　D. POP3

E. IP

第 2 章 Servlet 控制器

CHAPTER 2

Java EE 8 规范包含的 Servlet 版本是 Servlet 4.0，这与 Java EE 7 包含的 Servlet 3.1 相比有了很多变化。

Servlet 的核心定位就是控制器，在 MVC 架构和 AJAX 架构中，Servlet 都占据着核心位置。可以肯定地说，在 Java EE 8 的所有组件中，Servlet 最为重要，其他如 JSP、Applet、EJB 等组件的重要性都不如 Servlet。

2.1 Java Web 项目

视频讲解

2.1.1 Hello 项目示例

参见 1.2 节的 Hello 项目，客户端浏览器直接访问页面 hello.jsp 的 URL 如下：http://localhost:8080/Hello/main/hello.jsp，这样访问 JSP 页面有很大的安全隐患，在正式项目中是不允许的。现在我们添加一个控制器类 HelloSvl，同时添加服务层类 HelloBiz，这样就成为了 MVC 架构模式。

操作步骤如下：

(1) 在 Hello 项目的 src 目录下，新建包 com.icss.action。

注意，包的作用是防止类的命名冲突，包名必须全部小写，用“.”作为中间的分隔符号。包的另一个作用就是区分各个层，如控制层命名为 com.icss.action，服务层命名为 com.icss.biz，持久层命名为 com.icss.dao，实体层命名为 com.icss.entity。com 表示作用域为国际，icss 是公司的缩写，包名中还可以加项目名，如 com.icss.hello.action。action、dao、biz、entity 表示不同的层(见图 1-20 的 MVC 架构)。

(2) 在 com.icss.action 包下，新建控制器类 HelloSvl(见图 2-1 和图 2-2)。

在 Eclipse 菜单中选择 New→Servlet，然后输入 Servlet 的名字。

新建的 HelloSvl 默认继承 javax.servlet.http.HttpServlet。

```
@WebServlet("/HelloSvl")
public class HelloSvl extends HttpServlet {}
```

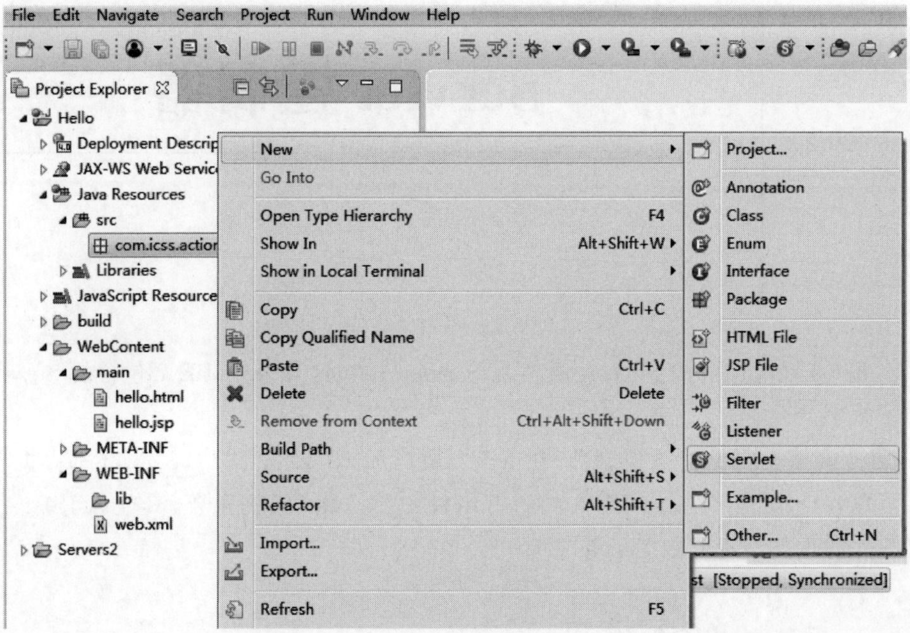

图 2-1　Servlet 向导

(3) 在项目 src 下新建包 com. icss. biz,然后在包下新建业务类 HelloBiz。建好的项目结构如图 2-3 所示。

图 2-2　创建 Servlet

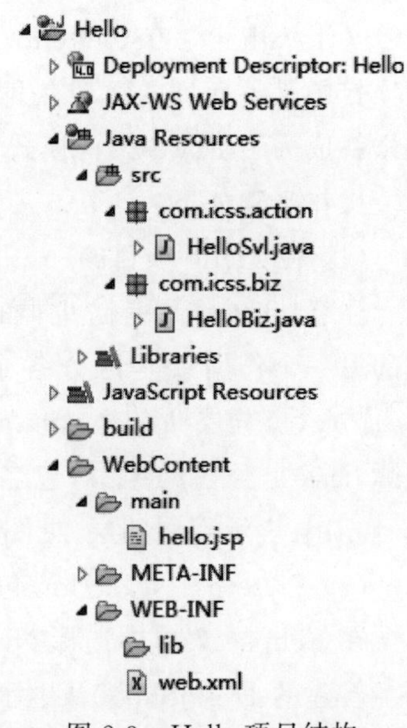

图 2-3　Hello 项目结构

(4) 在业务类 HelloBiz 中增加业务方法。

```
public class HelloBiz {
    public String say(String name) {
        return "hello,Mr. " + name;
    }
}
```

(5) 控制器调用业务方法，然后把返回值通过 request 域对象传递给视图 hello.jsp。

```
@WebServlet("/HelloSvl")
public class HelloSvl extends HttpServlet {
    protected void doGet(HttpServletRequest request, HttpServletResponse response)
                    throws ServletException, IOException {
        HelloBiz biz = new HelloBiz();
        String msg = biz.say("xiao");
        request.setAttribute("msg", msg);
        request.getRequestDispatcher("/main/hello.jsp")
                                        .forward(request, response);
    }
}
```

(6) 在视图 hello.jsp 中，用 EL 表达式 ${}接收控制器传递的信息，并显示。

```
<%@ page language="java" contentType="text/html; charset=ISO-8859-1"
      pageEncoding="ISO-8859-1"%>
<!DOCTYPE html>
<html>
    <head>
        <meta charset="ISO-8859-1">
        <title>Insert title here</title>
    </head>
    <body>
         ${msg}
    </body>
</html>
```

(7) 通过浏览器访问控制器 HelloSvl(见图 2-4)。

hello,Mr. xiao

图 2-4 Hello 项目测试

2.1.2 Java Web 项目结构

Java Web 应用指一个资源集合，包括 Servlet、HTML 页面、class、css 文件、js 文件、图片、音频、视频等很多资源打包在一起，然后部署在 Web 服务器上。Java Web 应用可以绑定并运行在多家厂商提供的多种 Web 服务器上，如 Tomcat、JBoss、Glassfish、WebLogic、

WebShpere 等。

Java Web 应用部署在 Web 服务器上后，可以通过一个固定的 URL 进行访问，如一个 Web 应用的名字为 Catalog，部署后它的访问名为 http://www.example.com/catalog，所有使用这个 URL 为前缀的请求，都会被定位到 Catalog 应用的 ServletContext 上。

默认情况，一个 Java Web 应用的实例一次只能允许运行在一个 Java 虚拟机上；在分布式环境中，同一个 Java Web 应用可以部署多个实例在多台 Web 服务器上。

Java Web 应用是一个可继承的目录结构，继承树的根就是文档集合的根路径。在 Web 应用的继承树中，WEB-INF 是一个特殊的目录。WEB-INF 中包含的所有信息都与文档根目录无关，因此不能通过文档路径访问 WEB-INF 下的数据。

错误访问路径示例：http://www.example.com/catalog/WEB-INF/index.jsp。

WEB-INF 下包含如下内容：

➢ /WEB-INF/web.xml，项目部署描述符。

➢ /WEB-INF/classes/，业务类和 Servlet 编译后都发布到这个文件夹下。

➢ /WEB-INF/lib/*.jar，项目运行需要的 jar 包放置在这个目录下。

Web 应用中的文件列表示例：

```
/index.html
/main/howto.jsp
/back/feedback.jsp
/images/banner.gif
/images/jumping.gif
/WEB - INF/web.xml
/WEB - INF/lib/jspbean.jar
/WEB - INF/lib/catalog.jar!
/META - INF/resources/db.xml
/WEB - INF/classes/com/mycorp/servlets/MyServlet.class
/WEB - INF/classes/com/mycorp/util/MyUtils.class
```

Java Web 应用部署到 Web 服务器时，通常打包成 WAR(Web ARchive format)文件，如 Catalog 项目最后打包成 Catalog.war。在 META-INF 目录中，可以放置打包信息和配置信息，不能放置直接服务于容器的内容信息。任何通过 URL 直接访问 META-INF 目录下资源的请求，都会返回 SC_NOT_FOUND(404)错误。

2.1.3 URL 格式

使用 URL(Uniform Resource Locator)访问 Web 站点，URL 表示"统一资源定位符"，是访问网络资源的地址格式。

URL 的格式如下：

```
<protocol>//<servername>/<resource>
```

一般都是通过 HTTP 或 HTTPS 访问 Web 站点下的资源，这里的资源指图片、css、js、Servlet、JSP、HTML 等(见图 2-5)。

```
http[s]://<servername>[:port]/<url-path>
[?<query-string>]
```

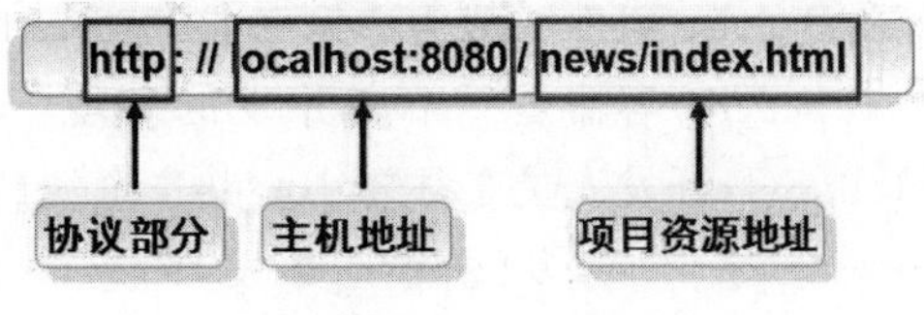

图 2-5 URL 示例

服务器名可以由“服务器 IP＋端口”组成，如 http://127.0.0.1:8080，也可以使用域名服务器把域名转换为 IP，如：http://www.sina.com.cn/news。

资源按照目录树查找，如：/Hello/main/hello.jsp。

在 URL 中可以携带查询参数，如：/Catalog/main/book.jsp? isbn＝3221134555。

2.2 Servlet 接口

2.2.1 接口方法

所有 Servlet 组件，必须实现 javax.servlet.Servlet 接口，2.1 节示例中的 HelloSvl 通过继承 HttpServlet 类，间接实现了 Servlet 接口。Servlet 接口定义如下：

```
package javax.servlet;
public interface Servlet {
    void init(ServletConfig config)throws ServletException;
    void service(ServletRequest req,ServletResponse res)
                throws ServletException,IOException;
    void destroy();
    ...
}
```

Servlet 组件是运行在 Web 服务器上的 Java 小程序。Web 客户端通过 HTTP 请求 Servlet 实例，Servlet 接收请求并回应信息。所有实现了 Servlet 接口的对象，由 Web 容器统一管理。普通 Java 对象的生命期由 Java 虚拟机管理；而 Servlet 组件的生命期，首先由 Servlet 容器控制，然后才是虚拟机管理。

Servlet 接口主要定义了 Web 容器管理 Servlet 组件的几个方法。

(1) void init(ServletConfig config) throws ServletException。

创建 Servlet 对象后，Web 容器调用 init()方法初始化 Servlet 对象。在 Servlet 对象能够接收任何请求前，init()方法必须要执行完成。如果 init()方法抛出异常，则该 Servlet 对象不能接收 HTTP 请求。参数 ServletConfig 是指 Servlet 在初始化时，可以通过 ServletConfig 读取初始化参数信息。

(2) void service(ServletRequest req,ServletResponse res)。

```
throws ServletException,IOException
```

Servlet 容器调用 service()方法，回应客户端的请求。这个方法必须在 init()方法成功后才能调用。

Servlet 组件一般为单例对象，如 HelloSvl，系统中只有唯一的实例对象。

Servlet 容器是一个高并发的环境，即在同一时间可能存在多个并发请求同时访问 HelloSvl，开发人员必须要小心共享资源的使用和同步问题（如数据库 Connection、文件、业务对象等）。在多线程的并发环境下，Servlet 容器在调用 service()方法时，传入的 ServletRequest 对象和 ServletResponse 对象会随线程不同而变化。

(3) void destroy()。

Servlet 容器调用某个 Servlet 对象的 destroy()方法，即指明这个 Servlet 对象不再接收请求。当调用 service()方法的所有线程都退出后，destroy()方法才被调用一次。

Servlet 对象利用 destroy()方法，可以释放非托管资源（如关闭文件、关闭数据库连接、结束线程等）。

2.2.2 Servlet 生命期

Servlet 组件是如何创建、初始化、释放的？下面通过代码测试 Servlet 对象生命期。

(1) 在 Hello 项目中，新建控制器 MyServlet。

```
@WebServlet("/MyServlet")
public class MyServlet implements Servlet {
    public MyServlet() {
        System.out.println("MyServlet 构造 … ");
    }
    public void init(ServletConfig arg0) throws ServletException {
        System.out.println("MyServlet 初始化 … ");
    }
    public void service(ServletRequest arg0, ServletResponse arg1)
                throws ServletException, IOException {
        System.out.println("MyServlet 接收请求 … ");
    }
    public void destroy() {
        System.out.println("MyServlet 释放资源 … ");
    }
}
```

(2) 向 MyServlet 连续三次发送请求：http://localhost:8080/Hello/MyServlet。

(3) 停止 Tomcat(见图 2-6)。

选择建好的 Tomcat 服务器，右击选择 Stop 操作。

(4) 观察控制台输入信息，如下：

```
二月 20, 2020 11:38:22 上午 org.apache.catalina.startup.Catalina start
信息: Server startup in [30,029] milliseconds
MyServlet 构造 …
MyServlet 初始化 …
MyServlet 接收请求 …
MyServlet 接收请求 …
MyServlet 接收请求 …
```

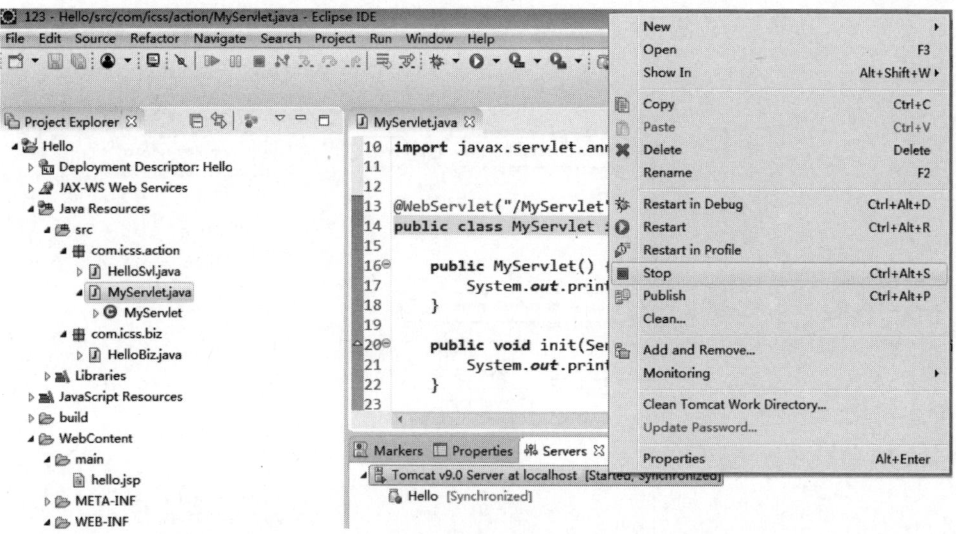

图 2-6　停止 Tomcat

```
信息: A valid shutdown command was received via the shutdown port.
      Stopping the Server instance.
信息: 正在停止服务[Catalina]
MyServlet 释放资源...
信息: SessionListener: contextDestroyed()
信息: 正在摧毁协议处理器 ["http-nio-8080"]
信息: 正在摧毁协议处理器 ["ajp-nio-8009"]
```

总结：

- MyServlet 对象是单例，init()方法和构造函数都只能被执行一次；
- service()方法在每次接收请求时，都会被调用；
- 停止 Tomcat，会调用 destroy()方法，这个方法也只能被调用一次。

2.3　Servlet 配置

视频讲解

实现 Servlet 接口，定义自己的 Servlet 组件后，如何创建 Servlet 组件实例？如何访问 Servlet 组件呢？

传统的 Servlet 需要在 Web 站点的 web.xml 中进行配置，Tomcat 启动后会自动加载 web.xml 中的 Servlet 组件。Servlet 元素结构见图 2-7。

以 2.1 节的 HelloSvl 为例，在 web.xml 中的简单配置信息如下，其中<servlet-class>与<url-pattern>都是每个 Servlet 必须的配置项。

【示例 2-1】

```
<servlet>
```

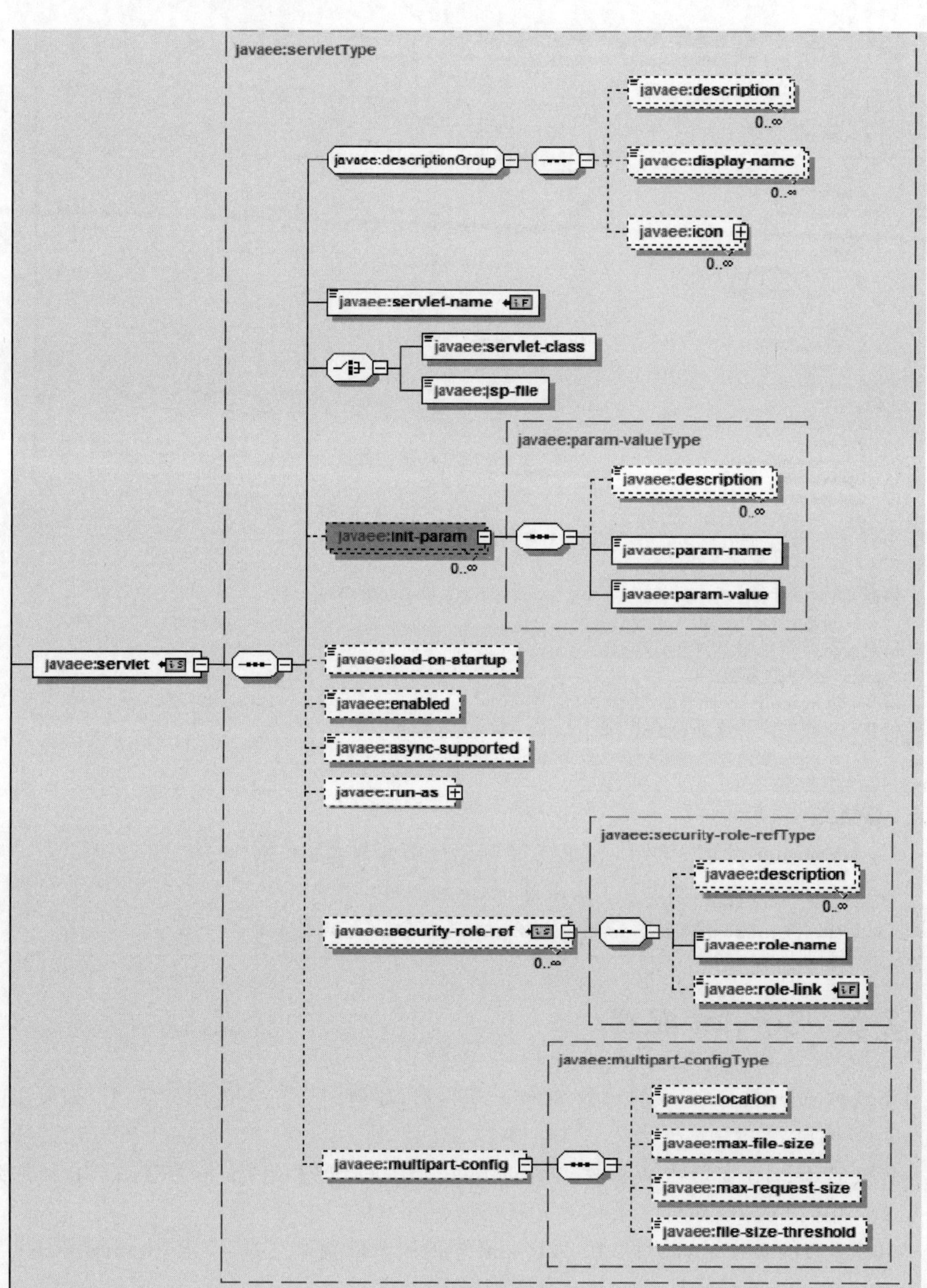

图 2-7 Servlet 元素结构

```
    <servlet-name>HelloSvl</servlet-name>
    <servlet-class>com.icss.action.HelloSvl</servlet-class>
</servlet>
<servlet-mapping>
    <servlet-name>HelloSvl</servlet-name>
    <url-pattern>/HelloSvl</url-pattern>
</servlet-mapping>
```

2.3.1 @WebServlet

Java EE 6 之后，新增了@WebServlet 注解。原来配置在 web.xml 中的所有 Servlet 信息，在@WebServlet 注解中都支持。用@WebServlet 注释后的 Servlet 组件，默认在第一次通过 URL 访问 Servlet 时创建对象，Tomcat 启动时默认不会加载。

@WebServlet 注解定义如下，属性信息见表 2-1。

```
@Target(value = TYPE)
@Retention(value = RUNTIME)
@Documented
public @interface WebServlet {
    public abstract String name;
    public abstract boolean asyncSupported;
    public abstract WebInitParam[] initParams;
    public abstract int loadOnStartup;
    public abstract String[] urlPatterns;
    public abstract String[] value;
    ...
}
```

表 2-1 Servlet 配置

属性名	类型	描述
name	String	指明 Servlet 名字，与<servlet-name>等价
urlPatterns	String[]	指定一组 URL 的匹配模式，与<url-pattern>等价。 一个组件可以定义多个 URL 模式。还可以使用通配符 *，如"*.do"，表示所有后缀为.do 的 URL 请求，所有请求都会被当前的 Servlet 处理
displayName	String	Servlet 的显示名，与<display-name>等价
loadOnStartup	int	指明 Servlet 的加载顺序，默认值为−1。 如设置为 1，表示在 Tomcat 启动时加载 Servlet 组件
initParams	WebInitParam[]	Servlet 的初始化参数，可以为 null，也可以为多个。 可以在 init()方法中读取初始化参数
asyncSupported	boolean	指明 Servlet 对象是否支持异步，默认为 false
description	String	Servlet 的描述信息，与<description>等价
value	String[]	与 URL 模式一致

2.3.2 URL 模式

Servlet 的 URL 模式指 Servlet 组件发布后,客户端使用什么 URL 访问这个控制器。URL 模式是 Servlet 最基本最重要的属性信息。当 Servlet 容器接收到浏览器发起的一个 URL 请求后,容器会用 URL 减去当前应用的上下文路径,使用剩余的字符串作为 Servlet 映射,假如 URL 是 http://localhost:8080/Hello/index.html,其应用上下文是 Hello,Servlet 容器会将 http://localhost:8080/Hello 去掉,用剩下的/index.html 部分拿来做 Servlet 的映射匹配。

【示例 2-2】

```
@WebServlet("/HelloSvl")
public class HelloSvl implements Servlet { }
```

【示例 2-3】

注意使用通配符 * 时,"*.do"不能写成"/*.do"。

```
@WebServlet("*.do")
public class DispatcherServlet implements Servlet { }
```

【示例 2-4】

使用/user/ShopCarSvl 作为映射匹配,/user 部分常用于权限校验。

```
@WebServlet("/user/ShopCarSvl")
public class ShopCarSvl extends HttpServlet {}
```

【示例 2-5】

```
@WebServlet(urlPatterns = "/BookPicSvl", asyncSupported = true)
public class BookPicSvl extends HttpServlet {}
```

【示例 2-6】

一个 Servlet 允许同时映射多个 URL。

```
<servlet-mapping>
    <servlet-name>MyServlet</servlet-name>
    <url-pattern>/user/users.html</url-pattern>
    <url-pattern>/index.html</url-pattern>
    <url-pattern>/user/addUser.do</url-pattern>
</servlet-mapping>
```

【示例 2-7】

```
@WebServlet(urlPatterns = {"/Hello","/HelloSvl","/Hello/*"})
public class HelloSvl extends HttpServlet {}
```

2.3.3 Servlet 加载

Servlet 默认是单例模式，可以在 Tomcat 启动时加载 Servlet 组件，也可以在第一次访问 Servlet 时加载。loadOnStartup 默认值为－1，默认在第一次访问时加载 Servlet 组件。loadOnStartup 表示加载顺序，当配置为非负整数时，表示 Tomcat 启动时就会马上加载这个 Servlet 组件。

【示例 2-8】

```
<servlet>
    <servlet-name>LoginSvl</servlet-name>
    <servlet-class>com.icss.action.LoginSvl</servlet-class>
    <load-on-startup>1</load-on-startup>
</servlet>
```

【示例 2-9】

```
@WebServlet(urlPatterns = "/LoginSvl",loadOnStartup = 1)
public class LoginSvl extends HttpServlet {…}
```

2.3.4 初始化参数

Servlet 对象创建后，在 init()方法中读取初始化参数，在 service()接收请求前，初始化工作要完成。

【示例 2-10】

注解方式配置初始化参数。

```
@WebServlet(urlPatterns = "/InitParamSvl",
        initParams = {@WebInitParam(name = "uname",value = "tom"),
                      @WebInitParam(name = "password",value = "654321")})
public class InitParamSvl extends GenericServlet{…}
```

【示例 2-11】

web.xml 中配置初始化参数。

```
<servlet>
    <servlet-name>InitParamSvl</servlet-name>
    <servlet-class>com.icss.action.InitParamSvl</servlet-class>
    <init-param>
        <param-name>uname</param-name>
        <param-value>tom</param-value>
    </init-param>
    <init-param>
        <param-name>password</param-name>
        <param-value>654321</param-value>
    </init-param>
</servlet>
<servlet-mapping>
```

```
    <servlet-name>InitParamSvl</servlet-name>
    <url-pattern>/InitParamSvl</url-pattern>
</servlet-mapping>
```

2.3.5 异步配置

Web 服务器在高并发访问时，如何提高服务器的响应性能是非常重要的。对于不需要及时回应的请求，服务器异步处理客户端请求可以极大地缓解 Web 服务器的压力（这部分内容在第 11 章专门讲解）。

Servlet 的异步响应能力需要配置 async-supported 属性，Servlet 默认是不支持异步的。

【示例 2-12】

```
<servlet>
    <servlet-name>LoginSvl</servlet-name>
    <servlet-class>com.icss.action.LoginSvl</servlet-class>
    <load-on-startup>1</load-on-startup>
    <async-supported>true</async-supported>
</servlet>
```

【示例 2-13】

```
@WebServlet(urlPatterns = "/LoginSvl",
        loadOnStartup = 1,
        asyncSupported = true)
public class LoginSvl extends HttpServlet { … }
```

视频讲解

2.4 HttpServlet 类

自定义控制器 HelloSvl，一般直接继承 javax.servlet.http.HttpServlet 类：

```
@WebServlet("/HelloSvl")
public class HelloSvl extends HttpServlet {}
```

HttpServlet 是抽象类，不能直接创建实例，定义如下：

```
public abstract class HttpServlet extends GenericServlet { … }
public abstract class GenericServlet implements
        Servlet, ServletConfig, java.io.Serializable { … }
```

2.4.1 GenericServlet 总览

HttpServlet 需要继承 GenericServlet 类。GenericServlet 是所有 Servlet 对象的抽象父类，它实现了 Servlet 和 ServletConfig 接口（见图 2-8）。

Servlet 组件一般直接继承 GenericServlet 类的子类 HttpServlet，而不是直接继承 GenericServlet 类。GenericServlet 源代码如下：

```
public abstract class GenericServlet implements
```

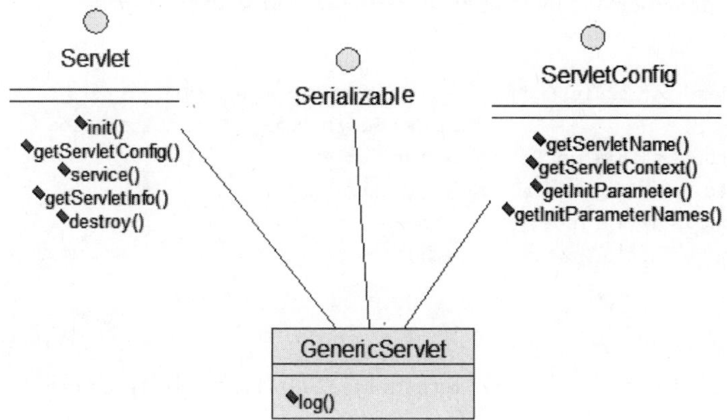

图 2-8 GenericServlet 类图

```
            Servlet, ServletConfig, java.io.Serializable {
    private transient ServletConfig config;
    public String getInitParameter(String name) {
        return getServletConfig().getInitParameter(name);
    }
    public ServletContext getServletContext() {
        return getServletConfig().getServletContext();
    }
    public ServletConfig getServletConfig() {
        return config;
    }
    public void log(String message) {
        getServletContext().log(getServletName() + ": " + message);
    }
    ...
}
```

2.4.2 案例：初始化参数配置与读取

在 GenericServlet 类中实现了 ServletConfig 接口中的 getInitParameter()方法。GenericServlet 中的成员 ServletConfig 对象是由 Servlet 容器自动创建的。下面通过代码演示一下初始化参数的设置与读取方法。

(1) 新建控制器 InitParamSvl，继承 GenericServlet。

```
public class InitParamSvl extends GenericServlet{ … }
```

(2) 配置初始化参数。

```
@WebServlet(urlPatterns = "/InitParamSvl",
        initParams = {@WebInitParam(name = "uname", value = "tom"),
                      @WebInitParam(name = "password", value = "654321")})
public class InitParamSvl extends GenericServlet{ … }
```

（3）重写 GenericServlet 的抽象方法 service，读取初始化参数。

```
@Override
public void service(ServletRequest req, ServletResponse res)
                                    throws ServletException, IOException {
    String uname = this.getInitParameter("uname");
    String pwd = this.getInitParameter("password");
    System.out.println("uname = " + uname);
    System.out.println("pwd = " + pwd);
}
```

（4）代码测试。

浏览器地址栏发送请求：http://localhost:8080/Hello/InitParamSvl，查看控制台的输出信息如下：

```
信息: Server startup in [28,990] milliseconds
uname = tom
pwd = 654321
```

> **总结：**
>
> 在控制器中，经常会设置初始化参数。初始化参数根据业务需求设置，参数名在程序运行过程不能修改，但是参数值可以根据需求的变化而调整。

2.4.3 HttpServlet 分发请求

HttpServlet 也是一个抽象类，它继承了 GenericServlet（见图 2-9），HttpServlet 定义如下：

```
public abstract class HttpServlet extends GenericServlet {…}
```

HttpServlet，顾名思义，是基于 HTTP 访问的 Servlet，而 GenericServlet 未指定访问协议。现在访问 Web 服务器，基本都使用 HTTP 和 HTTPS，GenericServlet 为将来访问协议的变化保留了扩展空间。

HttpServlet 的最大特点是与 HTTP 进行了绑定，如 HTTP 中有 Get、Post、Put、Delete、Head、Options、Trace 等方法，HttpServlet 基于上面的方法，分别创建了 doGet、doPost、doPut、doDelete、doHead、doOptions、doTrace 等处理方法。

HttpServlet 的子类，可以重写如下方法。

- doGet：如果 Servlet 支持 HTTP GET 请求。
- doPost：对应 HTTP 的 POST 请求。
- doPut：对应 HTTP PUT 请求。
- doDelete：对应 HTTP DELETE 请求。
- init 和 destroy：管理 Servlet 生命期中持有的资源。
- getServletInfo：获取 Servlet 自身信息。

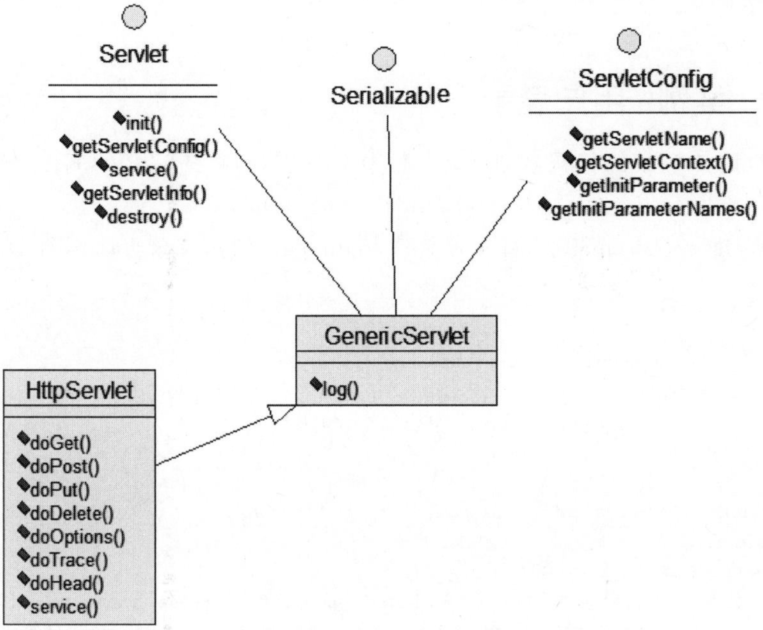

图 2-9 HttpServlet 类图

一般无须重写 service()方法。已实现的 service()方法，用于根据 HTTP 请求的方法，分发请求到对应的 doXXX()方法中，如 HTTP 的 GET 请求，分发到 doGet()方法，POST 请求分发到 doPost()方法。参考 HttpServlet 的 service()源代码实现如下：

```
protected void service(HttpServletRequest req, HttpServletResponse resp)
                                        throws ServletException, IOException {
    String method = req.getMethod();
    if (method.equals(METHOD_GET)) {
        if (lastModified == -1) {
            doGet(req, resp);
        } else { … }
    } else if (method.equals(METHOD_HEAD)) {
        long lastModified = getLastModified(req);
        maybeSetLastModified(resp, lastModified);
        doHead(req, resp);
    } else if (method.equals(METHOD_POST)) {
        doPost(req, resp);
    } else if (method.equals(METHOD_PUT)) {
        doPut(req, resp);
    } else if (method.equals(METHOD_DELETE)) {
        doDelete(req, resp);
    } else if (method.equals(METHOD_OPTIONS)) {
        doOptions(req,resp);
    } else if (method.equals(METHOD_TRACE)) {
        doTrace(req,resp);
```

```
    } else {…}
}
```

2.4.4 案例：用户登录

下面演示用户登录的代码实现，在代码中会分别使用 HTTP 的 GET 请求和 POST 请求。

(1) 在 WebContent/main 文件夹下新建 login.jsp 文件，登录页面见图 2-10。

```
<%@ page language = "java" import = "java.util.*" pageEncoding = "utf-8" %>
<%
    String path = request.getContextPath();
    String basePath = request.getScheme() + "://" + request.getServerName()
            + ":" + request.getServerPort() + path + "/";
%>
<body>
<form action = "<% = basePath %> LoginSvl" method = "post">
    <table align = "center">
        <tr><td height = 200 ></td></tr>
        <tr><td>用户名:</td><td><input type = "text" name = "uname"></td></tr>
        <tr><td>密码:</td><td><input type = "password" name = "pwd"></td></tr>
        <tr>
            <td colspan = "2" align = "center">
                <input type = "submit" value = "提交"/> ${msg}
            </td>
        </tr>
    </table>
</form>
</body>
```

图 2-10 用户登录页面

(2) 在包 com.icss.action 下，新建控制器 LoginSvl。

在浏览器地址栏访问 LoginSvl，即 http://localhost:8080/Hello/LoginSvl，这个请求默认使用 HTTP GET 请求访问目标地址。

doGet()方法接收 HTTP GET 请求后，转向 login.jsp，给用户展示登录页面(见图 2-10)。不要直接访问 JSP 页面，通过 GET 请求控制器，然后转到 JSP 页是标准做法。

```
@WebServlet("/LoginSvl")
public class LoginSvl extends HttpServlet {
    protected void doGet(HttpServletRequest request,
                    HttpServletResponse response)
                    throws ServletException, IOException {
        request.getRequestDispatcher("/main/login.jsp")
                                .forward(request, response);
    }
    ...
}
```

(3) 提交登录请求。

输入用户名、密码信息后，单击“提交”按钮，即可以把 form 表单中的< input >信息通过 HTTP 提交给目标地址 LoginSvl。

```
<form action="<%=basePath%>LoginSvl" method="post">
```

form 表单提交使用 HTTP 的 post 方法，目标地址为 LoginSvl。

<%=basePath%>表示动态获取的 Web 服务器站点的绝对地址，当表单提交时，一定要使用绝对地址，尽量不要使用相对地址。

(4) 在 doPost()方法中接收登录请求。

```
@WebServlet("/LoginSvl")
public class LoginSvl extends HttpServlet {
    protected void doPost(HttpServletRequest request,
                    HttpServletResponse response)
                    throws ServletException, IOException {
        String uname = request.getParameter("uname");
        String pwd = request.getParameter("pwd");
        //调用服务层代码...
        request.setAttribute("uname", uname);
        request.getRequestDispatcher("/main/main.jsp")
                                .forward(request, response);
    }
    ...
}
```

doPost()方法接收 login.jsp 中 form 表单提交的信息。如用户名信息通过 HTML 标签“< input type="*text*" name="*uname*">”接收用户录入的信息，服务端接收用户名时，参数名与< input >标签的 name 值必须相同，如 request.getParameter("uname")。

(5) 页面转向。

页面转向使用了 Dispatcher 分发器，然后调用 Dispatcher 的 forward()方法实现了控制器跳转到视图 JSP。

```
request.getRequestDispatcher("/main/main.jsp")
                        .forward(request, response);
```

(6) 在 main.jsp 中接收并显示登录用户信息。

此处使用 EL 表达式,接收了域对象 request 传递的登录用户信息。

```
<body>
    welcome you Mr. ${uname}
</body>
```

视频讲解

2.5 ServletRequest 接口

Servlet 接口中的 service()方法,入参为 ServletRequest 和 ServletResponse,service()方法定义如下:

```
public interface Servlet {
    public void service(ServletRequest req, ServletResponse res)
                    throws ServletException, IOException;
}
```

HttpServlet 类的 doXXX()方法的形参为 HttpServletRequest 和 HttpServletResponse。HttpServletRequest 是 ServletRequest 接口的实现类,HttpServletResponse 是 ServletResponse 接口的实现类,源代码如下:

```
public abstract class HttpServlet extends GenericServlet {
    protected void doGet(HttpServletRequest req, HttpServletResponse resp)
                    throws ServletException, IOException{}
    protected void doPost(HttpServletRequest req, HttpServletResponse resp)
                    throws ServletException, IOException {}
}
```

Servlet 容器接到客户端的请求时,容器自动创建一个 ServletRequest 接口对象,这个对象用于解析 HTTP 请求信息。容器创建 ServletRequest 接口对象后,把这个对象传递给 Servlet 接口的 service()方法。

ServletRequest 接口实现类包含如下请求数据: 参数名、参数值、属性值、输入流等。HttpServletRequest 接口实现类还包含额外数据,如 HTTP 相关信息等。

2.5.1 接收请求参数

ServletRequest 接口包含很多方法,首先要掌握如何接收客户端的请求参数信息,如上例的用户登录中提交的用户名与密码,使用 getParameter("uname")和 getParameter("pwd")分别接收。

➢ String getParameter(String name)

  根据请求参数名,获取参数的值。参数值只能为字符型,根据业务需求,再把字符串转换为日期、整型、浮点等其他类型。如果指定名称的参数不存在,返回 null。请求参数是请求的额外信息,对于 HTTP 请求,参数包含在查询串或 form 表单的 POST

提交中。

➢ String[] getParameterValues(String name)

如果一个参数名对应一个参数值,使用 getParameter()接收。当一个参数名可能对应多个参数值时,使用 getParameterValues()接收。

【示例 2-14】

接收用户选择的多项业余爱好。

(1) 在 main 文件夹下新建 hobby.jsp(见图 2-11)。

```
<body>
    <h1>选择你的业余爱好: </h1>
    <form action="<%=basePath%>HobbySvl" method="post">
        <input type="checkbox" name="hobby" value="basketball">篮球<br>
        <input type="checkbox" name="hobby" value="football">足球<br>
        <input type="checkbox" name="hobby" value="volleyball">排球<br>
        <input type="checkbox" name="hobby" value="run">跑步<br>
        <input type="checkbox" name="hobby" value="badminton">羽毛球<br>
        <input type="checkbox" name="hobby" value="pingpang">乒乓球<br>
        <input type="submit" value="提交">
    </form>
</body>
```

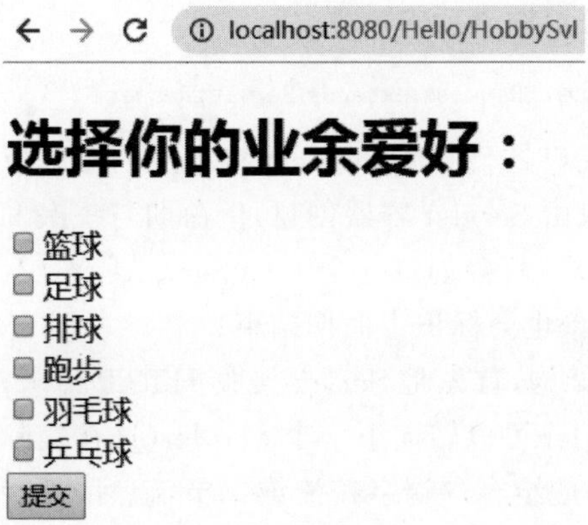

图 2-11　新建 hobby.jsp

(2) 在 com.icss.action 下新建控制器 HobbySvl。

```
@WebServlet("/HobbySvl")
public class HobbySvl extends HttpServlet {…}
```

(3) 启动 Tomcat,在浏览器地址栏访问 http://localhost:8080/Hello/HobbySvl,显示 hobby.jsp 页面(见图 2-11)。

```
protected void doGet(HttpServletRequest request, HttpServletResponse response)
                    throws ServletException, IOException {
    request.getRequestDispatcher("/main/hobby.jsp")
```

```
                                        .forward(request, response);
}
```

(4) 选择业余爱好(可以多选),然后提交。

在 HobbySvl 的 doPost()中接收爱好选择。

```
protected void doPost(HttpServletRequest request, HttpServletResponse response)
                    throws ServletException, IOException {
    String[] hobbys = request.getParameterValues("hobby");
    if(hobbys != null) {
        for(String hobby : hobbys) {
            System.out.println(hobby);
        }
    }
}
```

总结:

如果你没有选择任何爱好而提交,则 hobbys 为 null。因此读取 hobbys 数据前必须要判断其是否为 null,否则可能报空指针异常。

2.5.2 属性值传递

HttpServletRequest 接口定义如下:

```
public interface HttpServletRequest extends ServletRequest { … }
```

HttpServletRequest 接口是 ServletRequest 接口的子接口,专门用于接收 HTTP 请求。HttpServletRequest 的对象由 Servlet 容器创建,生命期与一次 HTTP 请求关联,即 Web 服务器每收到一次 HTTP 请求,就会创建一个 HttpServletRequest 对象,当 HTTP 请求结束后,HttpServletRequest 对象也会标识生命期结束。

参见图 1-20 的 MVC 架构,首先是 Servet 接收 HTTP 请求,然后调用服务层对象返回 Model,根据返回结果,Servlet 可以转向下一个 Servlet(这在实际项目中很常见),也可以转向 JSP 视图,还可以直接回应给客户端字符流或字节流。因此,一次 HTTP 请求可以跨越多个 Servlet 和 JSP。利用这个特性,使用 HttpServletRequest 对象的属性传递数据,就成为最常用、最重要的操作之一。

- void setAttribute(String name, Object o)

  使用 RequestDispatcher 从当前 Servlet 转向下一个 Servlet 或 JSP 时,HttpServletRequest 对象中的属性信息不丢失。

  如果参数 Object 为 null,这等同于 removeAttribute()。

- Object getAttribute(String name)

  根据属性名,返回属性的对象值。

- void removeAttribute(String name)

  从请求中移除指定名称的属性。

【示例 2-15】

属性数据从控制器传递到 JSP。

(1) 参见 2.1.1 节 Hello 项目，在属性 msg 中存入数据(属性名随便定义)。

```
public class HelloSvl extends HttpServlet {
    protected void doGet(HttpServletRequest request, HttpServletResponse response)
                    throws ServletException, IOException {
        HelloBiz biz = new HelloBiz();
        String msg = biz.say("xiao");
        request.setAttribute("msg", msg);
        request.getRequestDispatcher("/main/hello.jsp").forward(request, response);
    }
}
```

(2) 在 hello.jsp 中接收属性值。在视图中，最简单的是使用 EL 表达式接收属性值。

```
<body>
    ${msg}
</body>
```

(3) 在 hello.jsp 中使用 getAttribute()接收属性值。

如下的代码与 EL 表达式接收属性值的效果完全相同，但是比较“啰嗦”。

```
<%@ page language="java" contentType="text/html; charset=ISO-8859-1"
pageEncoding="ISO-8859-1"%>
<%
    String msg = (String)request.getAttribute("msg");
%>
<!DOCTYPE html>
<html>
    <body>
        <%=msg%>
    </body>
</html>
```

2.6 ServletResponse 与 RequestDispatcher 接口

视频讲解

2.6.1 转发与重定向

参见图 1-20 的 MVC 架构，核心控制器收到客户端请求后，可以转向其他控制器或视图。转向方式有两种，分别为转发与重定向。

转发使用 RequestDispatcher 接口，重定向使用 HttpServletResponse 接口。

```
public interface RequestDispatcher {
    public void forward(ServletRequest request, ServletResponse response)
                    throws ServletException, IOException;
```

```
}
public interface HttpServletResponse extends ServletResponse {
        public void sendRedirect(String location)
                                throws IOException;
}
```

转发操作是一次 HTTP 请求(见图 1-20),而重定向是客户端发起两次 HTTP 请求(见图 2-12)。

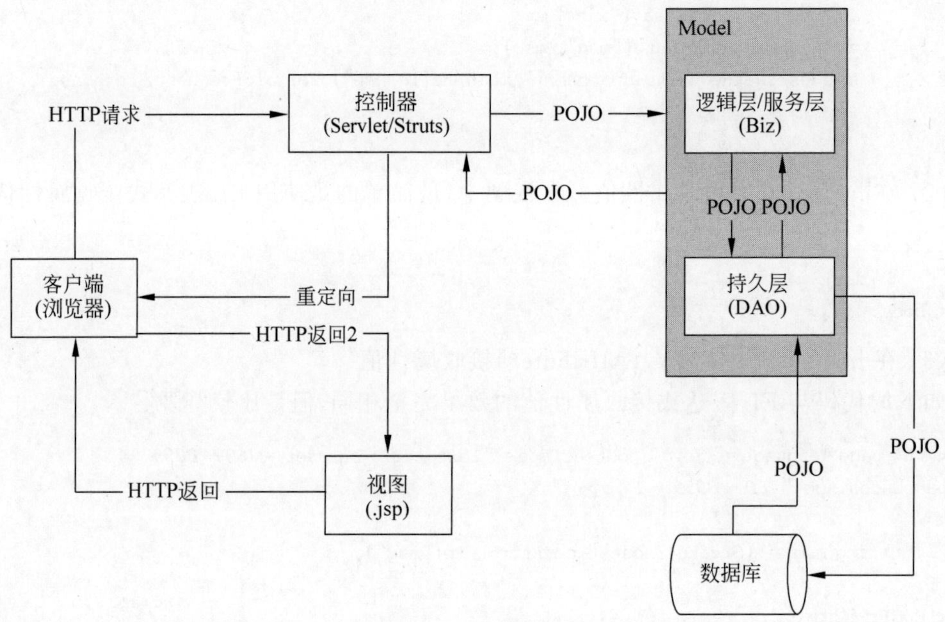

图 2-12 MVC 重定向

【示例 2-16】

参见 2.1.1 节 Hello 项目示例,使用 RequestDispatcher 的 forward()方法进行转发,从当前控制器转到下一个控制器或视图,所有操作始终在一个 HTTP 请求中,因此可以使用 request 对象的 attribute 属性跨控制器或跨视图传递数据。

```
protected void doGet(HttpServletRequest request, HttpServletResponse response)
                throws ServletException, IOException {
    HelloBiz biz = new HelloBiz();
    String msg = biz.say("xiao");
    request.setAttribute("msg", msg);
    request.getRequestDispatcher("/main/hello.jsp")
                                .forward(request, response);
}
```

【示例 2-17】

用户登录重定向。

(1) 参考 2.4.4 节的用户登录案例，用户登录成功后，原来的代码使用 RequestDispatcher 的 forward()方法转向 main.jsp。Dispatcher 分发模式优点很多，但缺陷是在请求转发过程中，浏览器的地址栏不会发生变化，即用户登录成功后，地址栏显示的仍然是 http://localhost:8080/Hello/LoginSvl。地址栏不变，在不小心刷新页面时，会重复进入登录页。对于有些关键操作，如用户付款等，为了防止重复提交，用户提交请求后地址栏必须要变化，这就需要使用重定向模式。

(2) 调用 HttpServletResponse 接口的 sendRedirect()方法重定向请求。

```
protected void doPost(HttpServletRequest request, HttpServletResponse response)
                    throws ServletException, IOException {
    String uname = request.getParameter("uname");
    String pwd = request.getParameter("pwd");
    //调用服务层代码...
    request.getSession().setAttribute("uname", uname);
    String path = request.getContextPath();
    response.sendRedirect(path + "/main/main.jsp");
}
```

重定向操作是服务端用户登录成功后，返回给客户端一个状态码 302。客户端收到 302 状态码后，按照 HTTP 规范约定，会向重定向地址发起二次 HTTP 请求(见图 2-12)。因此抓包就会发现，客户端向 Web 服务器一共发起了两次 HTTP 请求(Dispatcher 是一次 HTTP 请求)。两次请求的链接分别是：

```
http://localhost:8080/Hello/LoginSvl
http://localhost:8080/Hello/main/main.jsp
```

(3) 由于重定向是两次 HTTP 请求，因此无法再使用 request 对象的 attribute 属性向视图 main.jsp 传递数据。正确的操作是使用生命期更长的会话对象 session 传递用户登录成功的信息(见第 6 章)。

```
request.getSession().setAttribute("uname", uname);
```

(4) 在 main.jsp 中接收会话数据的操作，与接收 request 属性数据的操作一致，无须修改任何代码，都是使用 EL 表达式接收。

```
<body>
    welcome you Mr. ${uname}
</body>
```

(5) 重定向操作后，观察浏览器地址栏，已经更新了(见图 2-13)。

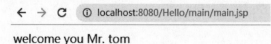

welcome you Mr. tom

图 2-13 重定向

视频讲解

2.6.2 回应字符流

javax. servlet. ServletResponse 接口可以获得字符流的输出对象 PrintWriter。

```
public interface ServletResponse {
    public PrintWriter getWriter() throws IOException;
}
```

控制器 Servlet 可以不转向 JSP 视图,使用 ServletResponse 直接返给客户端字符流结果。在 AJAX 和微服务操作中,控制器把服务层的操作结果按照 JSON 串或文本的格式,返回给客户端调用者。

下面演示一下控制器直接返回 HTML 给客户端,省略 JSP 视图后,客户端接收的数据与显示样式都不会发生变化。

参考 2.1.1 节的 Hello 项目,修改控制器 HelloSvl 代码如下:

```
protected void doGet(HttpServletRequest request, HttpServletResponse response)
                    throws ServletException, IOException {
    HelloBiz biz = new HelloBiz();
    String msg = biz.say("xiao");
    PrintWriter out = response.getWriter();
    out.write("<!DOCTYPE html>\r\n");
    out.write("<html>\r\n");
    out.write("<head>\r\n");
    out.write("<meta charset=\"ISO-8859-1\">\r\n");
    out.write("</head>\r\n");
    out.write("<body>\r\n");
    out.print(msg);
    out.write("\r\n");
    out.write("</body>\r\n");
    out.write("</html>");
    out.flush();
    out.close();
}
```

在浏览器地址栏输入请求地址 http://localhost:8080/Hello/HelloSvl,页面显示效果与 2.1.1 节的 Hello 项目完全一致,显示效果见图 2-4。

视频讲解

2.6.3 回应字节流

javax. servlet. ServletResponse 接口可以获得字符流的输出对象 ServletOutputStream。

```
public interface ServletResponse {
    public ServletOutputStream getOutputStream() throws IOException;
}
```

【示例 2-18】

使用 ServletResponse 输出图片字节流。

(1) 在 Hello 项目的 WebContent 下新建文件夹 pic，复制图片 flex. png 到 pic 文件夹下。

(2) 在 WebContent 的 main 文件夹下新建 MyPic. jsp。

```
<body>
    <img src="<% =basePath %>main/flex.png">
</body>
```

(3) 在浏览器地址栏访问 MyPic. jsp，即 http://localhost:8080/Hello/main/MyPic. jsp，显示样式如图 2-14 所示。

图 2-14 显示样式

(4) 在 com. icss. action 下新建控制器 PicSvl，编写代码如下：

```
@WebServlet("/PicSvl")
public class PicSvl extends HttpServlet {
    protected void service(HttpServletRequest request,
                        HttpServletResponse response)
                        throws ServletException, IOException {
        String path = request.getServletContext().getRealPath("/");
        String picName = path + "/pic/flex.png";
        byte[] pic = FileUtils.readFileToByteArray(new File(picName));
        ServletOutputStream out = response.getOutputStream();
        out.write(pic);
        out.flush();
        out.close();
    }
}
```

注意，FileUtils 为 org. apache. commons. io 包下的工具类，需要从 Apache 官网下载 common. io. jar，然后复制到 WEB-INF/lib 下。

上述代码调用 ServletResponse 的 getOutputStream()方法，把字节流直接返回给客户端调用者。

(5) 修改 MyPic.jsp 的代码,图片数据从 PicSvl 读取。

```
<body>
    <img src="<%=basePath%>PicSvl">
</body>
```

(6) 在浏览器地址栏再次访问 MyPic.jsp,即 http://localhost:8080/Hello/main/MyPic.jsp,图片数据从 PicSvl 中输出,显示效果与原来的图 2-14 显示效果相同。

视频讲解

2.6.4 动态输出文件

RequestDispatcher 接口除了 forward()方法外,还有一个动态嵌入资源文件的方法 include()。这个方法可以在 Servlet 运行期间,动态嵌入 Servlet、JSP 文件、HTML 文件等资源到回应流中。

```
public interface RequestDispatcher {
    void include(ServletRequest request,
                 ServletResponse response)
                 throws ServletException, IOException;
}
```

【示例 2-19】

(1) 定义公用的头文件 head.jsp。

```
<%@ page language="java" contentType="text/html"  pageEncoding="utf-8"%>
<%@ taglib prefix="c"  uri="http://java.sun.com/jsp/jstl/core" %>
<% String basePath = request.getContextPath(); %>
<div align="right">
    <c:if test="${user == null}">
        <a href="<%=basePath%>LoginSvl">login</a>
             
        <a href="<%=basePath%>RegistSvl">regist</a>
    </c:if>
    <c:if test="${user != null}">
        ${user.uname}  <a href="<%=basePath%>user/LogoutSvl">logout</a>
    </c:if>
</div>
```

(2) 定义公用的尾文件 foot.jsp。

```
<%@ page language="java" contentType="text/html"
        pageEncoding="utf-8"%>
<div align="center">
    All rights reserved by xiaohp!
</div>
```

(3) 新建控制器 IncludeSvl。

```
@WebServlet("/IncludeSvl")
public class IncludeSvl extends HttpServlet {}
```

(4) 在 IncludeSvl 中动态嵌入头文件和尾文件,然后输出字符流。

```
  protected void service(HttpServletRequest request,
                         HttpServletResponse response)
                         throws ServletException, IOException {
    RequestDispatcher head = request.getRequestDispatcher("/public/head.jsp");
    RequestDispatcher foot = request.getRequestDispatcher("/public/foot.jsp");
    PrintWriter out = response.getWriter();
    out.write("<!DOCTYPE html>\r\n");
    out.write("<html>\r\n");
    out.write("<head>\r\n");
    out.write("<meta content=\"text/html; charset=utf-8\"/>\r\n");
    out.write("</head>\r\n");
    out.write("<body>\r\n");
    head.include(request, response);
    out.print("hello everybody!");
    foot.include(request, response);
    out.write("\r\n");
    out.write("</body>\r\n");
    out.write("</html>");
    out.flush();
    out.close();
}
```

2.7 Servlet 异常管理

Servlet 容器调用 service()方法,处理客户端请求并回应。在处理请求期间,Servlet 遇到错误会抛出一个 ServletException 或一个 UnavailableException 异常;当输入输出流出现错误时,会抛出 java.io.IOException。

Servlet 的 service()定义如下:

```
protected void service(HttpServletRequest request,
                       HttpServletResponse response)
                       throws ServletException, IOException {}
```

2.7.1 ServletException

视频讲解

ServletException 的父类是 java.lang. Exception,直接子类是 UnavailableException。Servlet 在处理请求期间,发送 ServletException 异常信号,Servlet 容器接收后,会采取相应措施去清除请求。UnavailableException 异常信号表示 Servlet 无法在短期或长久时间内处理请求。

长久的 UnavailableException 信号指示 Servlet 容器必须停止 service 服务,然后调用它的 destroy()方法,释放 Servlet 实例资源。对该 Servlet 的再次请求,将会收到 SC_NOT_FOUND (404)错误回应。

对于临时的 UnavailableException 信号,Servlet 容器可以选择短时间内不再路由请求给这个 Servlet 服务,对该 Servlet 的再次请求,将会收到 SC_SERVICE_UNAVAILABLE (503)错误回应。Servlet 容器也可以选择长期停止 Servlet 服务。ServletException 定义如下:

```
public class ServletException extends Exception{
    public ServletException() {};
    public ServletException(String message) {}
    public ServletException(String message,
                      Throwable rootCause) {}
}
```

【示例 2-20】

在控制器 HelloSvl 中抛出 ServletException,代码如下:

```
protected void service(HttpServletRequest request,
                HttpServletResponse response)
            throws ServletException, IOException {
    if(request != null) {
        throw new ServletException("ceshi...");
    }
    request.getRequestDispatcher("/main/hello.jsp")
                        .forward(request, response);
}
```

浏览器会收到 500 的错误回应(见图 2-15)。

localhost:8080/Hello/HelloSvl

HTTP Status 500 – Internal Server Error

Type 异常报告

消息 ceshi...

描述 服务器遇到一个意外的情况,阻止它完成请求。

Exception

```
javax.servlet.ServletException: ceshi...
    com.icss.action.HelloSvl.doGet(HelloSvl.java:24)
    javax.servlet.http.HttpServlet.service(HttpServlet.java:634)
    javax.servlet.http.HttpServlet.service(HttpServlet.java:741)
    org.apache.tomcat.websocket.server.WsFilter.doFilter(WsFilter.java:53)
    com.icss.filter.CharacterEncodingFilter.doFilter(CharacterEncodingFilter.java:58)
```

):注意 主要问题的全部 stack 信息可以在 server logs 里查看

图 2-15 ServletException

【示例 2-21】

在控制器 HelloSvl 中抛出 UnavailableException,代码如下:

```
protected void service(HttpServletRequest request,
                  HttpServletResponse response)
                throws ServletException, IOException {
    if(request != null) {
        throw new UnavailableException ("ceshi...");
    }
    request.getRequestDispatcher("/main/hello.jsp")
                            .forward(request, response);
}
```

浏览器会收到 404 的错误回应(见图 2-16)。

localhost:8080/Hello/HelloSvl

HTTP Status 404 – 未找到

Type Status Report

消息 Servlet [com.icss.action.HelloSvl] 不可用

描述 源服务器未能找到目标资源的表示或者是不愿公开一个已经存在的资源表示。

图 2-16 UnavailableException

2.7.2 IOException

视频讲解

当 Servlet 处理输入输出流时出现错误,会抛出 java.io.IOException。参考下面的几个方法,在 Servlet 中获取 BufferedReader、ServletInputStream、ServletOutputStream、PrintWriter 对象时,都可能抛出 IOException。

HttpServlet 的 service()中的如下几个方法都可能抛出 IOException。

```
protected void service(HttpServletRequest request,
                    HttpServletResponse response)
                    throws ServletException, IOException {
    BufferedReader reader = request.getReader();
    ServletInputStream in = request.getInputStream();
    ServletOutputStream out = response.getOutputStream();
    PrintWriter writer = response.getWriter();
}
```

【示例 2-22】

在控制器中主动抛出 IOException,代码如下:

```
protected void service(HttpServletRequest request,
                HttpServletResponse response)
                throws ServletException, IOException {
    BufferedReader reader = request.getReader();
    if(reader.readLine() == null) {
        throw new IOException("IOException...");
```

```
    }
    request.getRequestDispatcher("/main/hello.jsp")
                            .forward(request, response);
}
```

错误信息见图 2-17。

← → C ⓘ localhost:8080/Hello/HelloSvl

HTTP Status 500 – Internal Server Error

Type 异常报告

消息 IOException...

描述 服务器遇到一个意外的情况，阻止它完成请求。

Exception

```
java.io.IOException: IOException...
        com.icss.action.HelloSvl.service(HelloSvl.java:31)
        javax.servlet.http.HttpServlet.service(HttpServlet.java:741)
        org.apache.tomcat.websocket.server.WsFilter.doFilter(WsFilter.java:53)
        com.icss.filter.CharacterEncodingFilter.doFilter(CharacterEncodingFilter.java:58)
```

):注意 主要问题的全部 stack 信息可以在 server logs 里查看

图 2-17　IOException

视频讲解

2.7.3　Exception 处理

1. MVC 架构异常处理

参见图 1-20 的 MVC 架构，控制器接收客户端请求后，会把请求转发给服务层对象来处理。参见 2.1.1 节的 Hello 项目，如果在服务层对象 HelloBiz 的 say 方法中抛出异常，控制器会如何处理呢？

【示例 2-23】

RuntimeException 异常的处理。

(1) 在 say()中抛出 RuntimeException。

```
public class HelloBiz {
    public String say(String name) {
        if(name != null) {
            throw new RuntimeException("ceshi...");
        }
        return "hello,Mr. " + name;
    }
}
```

(2) 控制器无须强制处理 RuntimeException。

```
protected void service(HttpServletRequest request,
```

```
                    HttpServletResponse response)
                    throws ServletException, IOException {
    HelloBiz biz = new HelloBiz();
    String msg = biz.say("xiao");
    request.setAttribute("msg", msg);
    request.getRequestDispatcher("/main/hello.jsp")
                        .forward(request, response);
}
```

(3) 服务器返回 500 异常(见图 2-18)。

```
← → C  ⓘ localhost:8080/Hello/HelloSvl

HTTP Status 500 – Internal Server Error

Type 异常报告

消息 ceshi....

描述 服务器遇到一个意外的情况，阻止它完成请求。

Exception

java.lang.RuntimeException: ceshi....
	com.icss.biz.HelloBiz.say(HelloBiz.java:6)
	com.icss.action.HelloSvl.service(HelloSvl.java:31)
	javax.servlet.http.HttpServlet.service(HttpServlet.java:741)
	org.apache.tomcat.websocket.server.WsFilter.doFilter(WsFilter.java:53)
	com.icss.filter.CharacterEncodingFilter.doFilter(CharacterEncodingFilter.java:58)

注意 主要问题的全部 stack 信息可以在 server logs 里查看
```

图 2-18　RuntimeException

【示例 2-24】

checked 异常处理。

(1) 服务层抛出 checked 类型的异常。

```
public class HelloBiz {
    public String say(String name) throws Exception {
        if(name != null) {
            throw new Exception("ceshi...");
        }
        return "hello,Mr. " + name;
    }
}
```

(2) 控制层必须显示处理服务层抛出的 checked 异常。

```
protected void service(HttpServletRequest request,
                HttpServletResponse response)
                throws ServletException, IOException {
```

```
    HelloBiz biz = new HelloBiz();
    try {
        String msg = biz.say("xiao");
        request.setAttribute("msg", msg);
        request.getRequestDispatcher("/main/hello.jsp")
                    .forward(request, response);
    } catch (Exception e) {
        e.printStackTrace();
        request.setAttribute("msg", "网络异常,稍后重试...");
        request.getRequestDispatcher("/error.jsp")
                    .forward(request, response);
    }
}
```

(3) checked异常最好交给统一的错误页显示(见图2-19)。

localhost:8080/Hello/HelloSvl

网络异常，稍后重试...

图2-19 错误页

2. AJAX架构异常处理

参见图1-21的AJAX架构，当服务层抛出异常后，为了让客户端收到错误提示，通常采用特殊值的方式把异常返回给客户端(参考第10章内容)。

【示例2-25】

(1) 服务层抛出Checked异常。

```
public class UserBiz {
    public boolean validUname(String uname) throws Exception{
        if(uname.equals("admin") || uname.equals("tom")) {
            return true;
        }else if(uname.equals("jack")) {
            throw new Exception("exception ceshi...");
        }else {
            return false;
        }
    }
}
```

(2) 控制器不把异常抛给Servlet容器，而是返回给客户端一个值－1。

```
protected void service(HttpServletRequest request,
                HttpServletResponse response)
                throws ServletException, IOException {
    PrintWriter out = response.getWriter();
```

```
    String uname = request.getParameter("uname");
    if(uname == null || uname.equals("")) {
        out.print("0");
    }else {
        UserBiz biz = new UserBiz();
        try {
            boolean bRet = biz.validUname(uname);
            if(bRet) {
                out.print("1");
            }else {
                out.print("2");
            }
        }   catch (Exception e) {
            out.print(" - 1");
        }
    }
    out.flush();
    out.close();
}
```

(3) 收到－1 的返回值,客户端浏览器提示用户网络异常(真实错误原因,不告诉用户)。

```
function validUname() {
    var uname =  $ ('#uname').val();
    var url = "<% = basePath %> UnameSvl?uname = " + uname;
    var info;
    $ .ajax( {
        type : "POST",
        url : url,
        success : function(msg) {
            if (msg == "0") {
                info = "用户名为空";
            }   else if (msg == "1") {
                info = "用户名已被占用";
            }   else if (msg == "2") {
                info = "可以使用";
            }else if (msg == " - 1") {
                info = "网络异常,请稍后重试..."
            }
            document.getElementById("nameAlert").innerHTML = info;
        }
    } );
}
```

2.7.4 错误页配置

视频讲解

在 Servlet 中可能抛出 ServletException、UnavailableException、RuntimeException 这些异常,还可以是上述异常的子类。异常的页面显示效果见图 2-15～图 2-19。如果对这些异常页面的显示效果不满意,可以定制自己的异常显示页。

在 web. xml 中可以配置< error-page >标签,对于不同异常类型< exception-type >或错误码< error-code >,可以定制不同的错误页面显示。在< error-page >标签的子元素中,< error-code >或< exception-type >只能选择其一。

默认 Servlet 容器会调用 sendError 方法发送 4xx 和 5xx 错误码给客户端,所以错误页设置会被激活。而对于 2xx 和 3xx 的错误,会调用 setStatus 方法设置状态,< error-page >页面不会被激活。

【示例 2-26】

(1) 在 web. xml 中配置。

```
<error-page>
    <error-code>404</error-code>
    <location>/error.jsp</location>
</error-page>
<error-page>
    <error-code>500</error-code>
    <location>/error.jsp</location>
</error-page>
<error-page>
    <exception-type>java.lang.NullPointerException</exception-type>
    <location>/error.jsp</location>
</error-page>
```

(2) 定制自己的错误页。

```
<body>
    <p style="color:red;font-size:12px;">
        <c:if test="${msg==null}">
            网络异常,请稍后再试...
        </c:if>
        ${msg}      <br>
        <a href="<%=basePath%>MainSvl">返回主页</a>
    </p>
</body>
```

2.8 路径使用

在 Java Web 应用中会遇到很多路径信息,下面分别总结归纳各种路径的应用。

2.8.1 HttpServletRequest 读取路径

在 Servlet 和 JSP 页面,使用 HttpServletRequest 可以获得不同的路径信息。

HTTP 请求的 URI 可以用下面的等式表示:requestURI=contextPath+servletPath+pathInfo(见表 2-2)。在 Servlet 和 JSP 中都使用 HttpServletRequest 的几个路径信息。

表 2-2 HTTP 路径信息

请求路径	路径组成
/catalog/lawn/index.html	ContextPath：/catalog ServletPath：/lawn PathInfo：/index.html
/catalog/garden/implements/	ContextPath：/catalog ServletPath：/garden PathInfo：/implements/
/catalog/help/feedback.jsp	ContextPath：/catalog ServletPath：/help/feedback.jsp PathInfo：null

【示例 2-27】

Servlet 中获取路径：

```
protected void service(HttpServletRequest request,
                HttpServletResponse response)
                throws ServletException, IOException {
    String p1 = request.getContextPath();
    String p2 = request.getServletPath();
    String p3 = request.getPathInfo();
}
```

【示例 2-28】

JSP 中获取路径。

```
<%@ page language="java" import="java.util.*" pageEncoding="utf-8"%>
<%
    String p1 = request.getContextPath();
    String p2 = request.getServletPath();
    String p3 = request.getPathInfo();
%>
```

2.8.2 Web 站点实际路径

开发中，经常需要获取 Web 站点的实际磁盘路径，如上传图片后，把图片保存到磁盘中。调用接口 ServletContext 的 getRealPath()方法，可以把网络虚拟路径转为实际的磁盘路径。

String getRealPath(String path)：参数为虚拟路径。如 path 为/index.html，Servlet 容器先将虚拟路径转换成 URL 绝对路径 http://< host >:< port >/< contextPath >/index.html，然后转换为当前磁盘的绝对路径(Windows 系统和 Linux 系统的磁盘绝对路径不同)。

如果想获取/META-INF/resources 或/WEB-INF/lib 下的 jar 包，或其他资源的路径，必须考虑资源解压后的实际部署路径。

如果 Servlet 容器不能转换虚拟路径为实际路径,则返回 null。

【示例 2-29】

```
@WebServlet("/HelloSvl")
public class HelloSvl extends HttpServlet {
    protected void doGet(HttpServletRequest request,
                        HttpServletResponse response)
                        throws ServletException, IOException {
        String realPath = request.getServletContext().getRealPath("/");
        System.out.println(realPath);
    }
}
```

输出结果:

```
D:\apache-tomcat-9.0.30\webapps\Hello\
```

【示例 2-30】

读取 Web 站点根目录下的 pic 文件夹的实际磁盘路径,查找图片。

```
public void service(HttpServletRequest request, HttpServletResponse response)
        throws ServletException, IOException {
    String sno = request.getParameter("sno");
    String path = request.getServletContext().getRealPath("/") + "pic";
    String fname = path + "/" + sno + ".jpg";
}
```

2.8.3 转发路径

参见图 1-20 的 MVC 架构,控制器收到服务层的返回结果后,可以转向其他控制器或 JSP 视图。这种转向使用 RequestDispatcher 的 forward()方法。RequestDispatcher 转发的路径可以是动态资源 JSP 或 Servlet,也可以是静态资源 HTML 等。

```
public interface RequestDispatcher {
    void forward(ServletRequest request, ServletResponse response)
                        throws ServletException, IOException;
}
```

通过 ServletRequest 的 getRequestDispatcher()方法获取 RequestDispatcher 对象。

```
public interface ServletRequest {
    RequestDispatcher getRequestDispatcher(String path);
}
```

path 参数应该使用相对路径,它不能指向当前 Context 之外的位置,如果 path 的开始为"/",则路径被解析为相对于当前 Context 根的路径。

【示例 2-31】

从当前控制器 HelloSvl 转向 hello.jsp,这是服务器资源之间的路径转向,因此推荐使用 RequestDispatcher,使用相对路径做资源转发。

```
protected void service(HttpServletRequest request,
                       HttpServletResponse response)
                       throws ServletException, IOException {
    HelloBiz biz = new HelloBiz();
    String msg = biz.say("xiao");
    request.setAttribute("msg", msg);
    request.getRequestDispatcher("/main/hello.jsp").forward(request, response);
}
```

2.8.4 重定向路径

参考 2.6.1 节示例，重定向是 Web 服务器给客户端一个 302 回应码，客户端浏览器收到 302 回应码后，按照 HTTP 规范约定，会向重定向地址发起二次 HTTP 请求。

二次 HTTP 请求是由浏览器发起的，因此重定向最好使用绝对地址。

```
protected void service(HttpServletRequest request,
                       HttpServletResponse response)
                       throws ServletException, IOException {
    String path = request.getContextPath();
    String basePath = request.getScheme() + "://" + request.getServerName()
             + ":" + request.getServerPort() + path + "/";
    response.sendRedirect(basePath + "/main/main.jsp");
}
```

2.8.5 静态资源路径

在 JSP 视图中，经常会引用 css、js、图片等资源。这些资源的路径如何使用呢？

JSP 中引用静态资源文件，推荐使用绝对路径。注意 css、js、图片文件的下载，都是服务器先把 JSP 转换为 HTML 发给客户端浏览器，浏览器解析 HTML 时，发现静态资源，就会发送二次 HTTP 请求获取 css、js、图片等资源，它们都是客户端浏览器直接请求服务器资源的。不要把 JSP 看成服务器资源，Servlet 容器最终会把 JSP 转换为客户端执行的 HTML。

总结：

- 服务器资源间的引用，应该统一使用相对路径。
- 客户端请求服务器资源，应该统一使用绝对路径。

【示例 2-32】

css 与 js 使用绝对路径获取。

```
<head>
    <link  rel="stylesheet" type="text/css"
                 href="<%=basePath%>css/themes/default/easyui.css">
    <link rel="stylesheet" type="text/css"
                 href="<%=basePath%>css/themes/icon.css">
    <script type="text/javascript" src="<%=basePath%>js/jquery.min.js"></script>
    <script type="text/javascript" src="<%=basePath%>js/jquery.easyui.min.js">
```

```
</script>
</head>
```

【示例 2-33】

图片统一使用绝对路径获取：

```
<img src="<%=basePath%>images/man.jpg"></img>
```

2.8.6 表单提交路径

表单提交是客户端浏览器请求服务器的 Servlet，应该使用绝对路径。

```
<form action="<%=basePath%>LoginSvl" method="post">
```

2.8.7 脚本提交路径

脚本访问服务器资源，应该使用绝对路径。

```
function tijiao() {
    var uname = $('#uname').val();
    var url = "<%=basePath%>UnameSvl?uname=" + uname;
    window.location.href = url;
}
```

2.8.8 嵌入资源路径

<jsp:include>是服务器资源间的引用，应该使用相对路径。

```
<jsp:include page="../public/head.jsp"></jsp:include>
```

2.8.9 反射读取路径

在控制器或逻辑类中需要磁盘路径，传统的方式是使用反射方式读取路径。下面的示例是写日志，需要磁盘路径创建文件。

```
public class Log {
    public static void info(String msg) {
        String path = Log.class.getResource("/").getPath();
        //写日志
    }
}
```

反射读取路径的方式，如果在路径中存在中文，就会读取错误。因此，Log 类中如果需要路径写日志，应该从控制器获取绝对路径，然后传给服务层方法。

```
protected void doGet(HttpServletRequest request, HttpServletResponse response)
            throws ServletException, IOException {
    String root = request.getServletContext().getRealPath("/");
    Log.info(root, "message");
```

```
}
public class Log {
    public static void info(String rootPath, String msg) {
        //写日志
    }
}
```

2.9 本章习题

(1) Servlet 处理客户端的表单数据提交请求，应该使用的接口和方法是(　　)。

A. HttpServlet doHead　　B. HttpServlet doPost

C. ServletRequest doGet　　D. ServletRequest doPost

(2) Servlet 的生命周期由一系列事件组成，把这些事件按照先后顺序排列，以下正确的是(　　)。

A. 加载类，实例化，请求处理，初始化，销毁

B. 加载类，实例化，初始化，请求处理，销毁

C. 实例化，加载类，初始化，请求处理，销毁

D. 加载类，初始化，实例化，请求处理，销毁

(3) 假设在 helloapp 应用中有一个 HelloServlet 类，它位于 org.javathink 包下，那么这个类的 class 文件应该放在(　　)目录下。

A. helloapp/HelloServlet.class

B. helloapp/WEB-INF/HelloServlet.class

C. helloapp/WEB-INF/classes/HelloServlet.class

D. helloapp/WEB-INF/classes/org/javathinker/HelloServlet.class

(4) 下列关于 Servlet 的功能描述，不正确的是(　　)。

A. Servlet 可以创建并返回一个基于客户请求信息的完整 HTML 页面

B. Servlet 可以创建可嵌入现有 HTML 页面中的一部分 HTML 内容

C. Servlet 可以与其他 Web 服务器资源进行通信

D. Servlet 默认会顺序处理多个客户端的 HTTP 请求

(5) 下列对 HttpServlet 类描述错误的是(　　)。

A. HttpServlet 类是针对使用 HTTP，访问 Web 服务器的 Servlet 类的封装

B. HttpServlet 类通过实现 Servlet 接口，能够提供 HTTP 的功能

C. HttpServlet 类的 service()方法实现了不同 HTTP 方法分发的功能

D. HttpServlet 的子类可以实现 doPost()方法处理 HTTP 的 Post 请求

(6) 下面不属于@WebServlet 注解属性的是(　　)。

A. name　　B. asyncSupported　　C. urlPatterns　　D. params

E. loadOnStartup　　F. value

(7) 下列关于 ServletConfig 接口说法错误的是(　　)。

A. ServletConfig 接口是一个由 Servlet 容器创建并使用的对象

B. ServletConfig 接口用于在 Servlet 初始化时读取初始化参数

C. ServletConfig 接口通过 getInitParameters()方法读取初始化参数

D. ServletConfig 接口的 getServletContext()方法可以返回当前的 Servlet 环境对象

(8) 下列关于 ServletRequest 接口能处理的事情中,不正确的是(　　)。

A. 找到当前 HTTP 请求的主机名和端口号

B. 通过 request 对象的属性,传递数据到 JSP 中

C. 通过 request 对象,获取输入流和输出流对象

D. 启动异步处理的 AsyncContext 对象

(9) 下面关于 HttpServletResponse 接口,描述不正确的是(　　)。

A. HttpServletResponse 表示了对客户端的 HTTP 响应信息

B. JSP 中的内建对象 response 是一个 HttpServletResponse 实例

C. 调用 setCharacterEncoding()方法,可以设置回应流的编码格式

D. 调用 getCookies()方法,可以获取输出流中的所有 cookie 信息

(10) 创建 JSP 项目,配置文件 web. xml 应该在 Web 应用的(　　)目录中。

A. admin　　B. servlet　　C. WEB-INF　　D. WebRoot

(11) Servlet 的初始化参数只能在 Servlet 的(　　)方法中获取。

A. doPost()　　B. doGet()　　C. init()　　D. destroy()

(12) 以下对象,不是由 Servlet 容器创建的是(　　)。

A. 自定义 HttpServlet 类的实例　　B. ServletException 实例

C. ServletContext 实例　　D. ServletRequest 实例

E. ServletConfig 实例

(13) 关于转发与重定向,描述不正确的是(　　)。

A. 转发只能在同一个 Web 应用下的资源间跳转,重定向可以访问其他 Web 应用的资源

B. 转发和重定向的资源路径,可以使用相对路径,也可以使用绝对路径

C. 转发是一次 HTTP 请求,重定向是两次 HTTP 请求

D. 转发不会刷新浏览器地址栏,重定向会刷新浏览器地址栏

第3章 JSP视图

CHAPTER 3

JSP与静态网页HTML对应，表示Java服务器页面。需要注意的是，它不是指运行在Web服务器的页面，而是在服务器端定义页面的样式，然后由Servlet容器解析成HTML后，回应给客户端浏览器显示。

Java EE 8中包含的JSP版本是2.3。

参见hello.jsp的代码，看一下JSP的页面组成，其基本组成就是Java代码+HTML+JS。

```
<%@ page language = "java" contentType = "text/html;
            charset = ISO - 8859 - 1" pageEncoding = "ISO - 8859 - 1" %>
<%
    String msg = (String)request.getAttribute("msg");
%>
<!DOCTYPE html>
<html>
    <head>
        <meta charset = "ISO - 8859 - 1">
        <title>hello</title>
        <script type = "text/javascript"></script>
    </head>
    <body>
        <% = msg %>
    </body>
</html>
```

视频讲解

3.1 JSP与Servlet关系

所有JSP页面的默认父类是org.apache.jasper.runtime.HttpJspBase，而HttpJspBase又继承了HttpServlet，因此说所有JSP页面的本质就是Servlet。它与自定义Servlet一样，由Servlet容器统一管理。

```
public abstract class HttpJspBase extends HttpServlet
                                    implements HttpJspPage { … }
```

JSP 容器就是 Servlet 容器，它提供了 JSP 的生命期管理、JSP 运行期支持和 Servlet 组件管理。HTTP 请求通过 JSP 容器发送给 JSP 页面，JSP 容器管理 JSP 页面生命期，二次访问 JSP 分为如下几个阶段(见图 3-1 和图 3-2)。

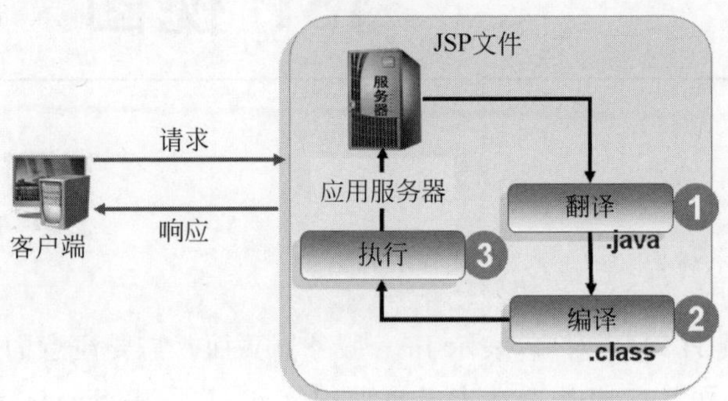

图 3-1 第一次访问 JSP

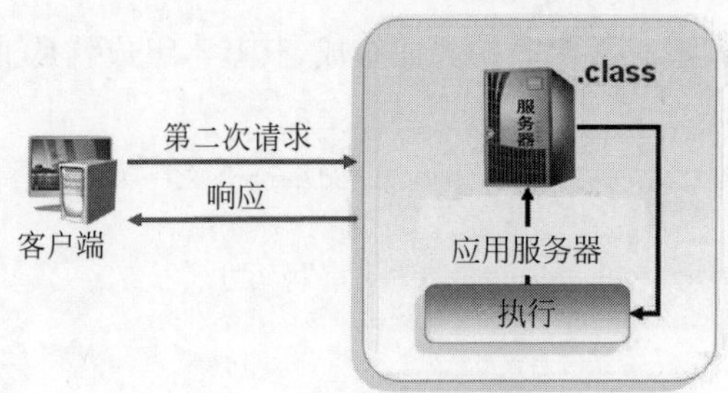

图 3-2 第二次访问 JSP

(1) 翻译阶段：JSP 容器校验 JSP 页面、标签文件、Java 脚本等语法拼写，然后把 JSP 页面自动翻译成 Java 代码，如 hello.jsp 就会翻译成 hello_jsp.java。翻译后的文件保存在 Tomcat 的 work 文件夹下(\work\Catalina\localhost\Hello\org\apache\jsp\main\hello_jsp.java)，翻译后的代码如下：

```
public final class hello_jsp extends org.apache.jasper.runtime.HttpJspBase
                    implements org.apache.jasper.runtime.JspSourceDependent,
                    org.apache.jasper.runtime.JspSourceImports { … }
```

(2) 编译阶段：JSP 容器把翻译好的 Java 文件，自动编译成 class 文件，如 hello_jsp.java 编译成 hello_jsp.class。JSP 页面的翻译与编译处理，在第一次访问 JSP 页面时进行。如果项目运行期间 JSP 页面没有变化，则第二次访问 JSP 页面无须再次翻译和编译。

(3) 执行阶段：JSP 容器调用编译好的 JSP 组件，完成创建、初始化、服务、释放等操作，JSP 组件的生命期管理与前面讲的 Servlet 生命期管理一致。JSP 的运行结果为 HTML，即返回给客户端浏览器的是 HTML 文本信息(见图 3-3)。

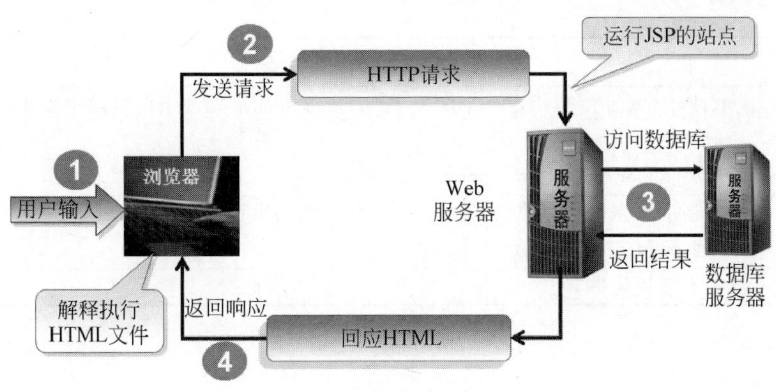

图 3-3　JSP 输出 HTML

3.2 JSP 指令

视频讲解

3.2.1 Page 指令

每个 JSP 页面的头部必须使用 Page 指令声明当前页面特性。

Page 指令定义了一系列依赖于 JSP 容器交互的属性信息(见表 3-1)。

表 3-1　Page 指令属性

属　性	描　述
language	指定当前页面使用的服务器脚本语言 `<%@ page language = "java" %>`
contentType	设置 HTTP 的 Content-Type 响应头,指明将发送到客户程序的文档的 MIME 类型 `<%@ page contentType = "text/html" %>`
pageEncoding	设置当前 JSP 页面的编码格式 `<%@ page pageEncoding = "utf - 8" %>`
import	指明服务器脚本中使用的类所在包,与业务类中的 import 含义相同,如 `<%@ page import = "java.util. * , com.icss.biz. * " %>` 默认情况下,servlet 导入 java. lang. * 、javax. servlet. * 、javax. servlet. jsp. * 、javax. servlet. http. * 等包

buffer	设置 out 变量(类型为 JspWriter)使用的缓冲区大小
	`<%@ page buffer = "none" %>`
	`<%@ pagebuffer = "16Kb" %>`

autoFlush	用来控制当缓冲区充满之后,是应该自动清空输出缓冲区(默认),还是在缓冲区溢出后抛出一个异常 `<%@ pageautoFlush = "false" %>`

续表

属　性	描　述
errorPage	errorPage 属性用来指定一个 JSP 页面,由该页面来处理当前页面中抛出但未被捕获的任何异常 <%@ pageerrorPage = "/oops.jsp" %>
isErrorPage	表示当前页是否可以作为其他 JSP 页面的错误页面 <%@ pageisErrorPage = "false" %>
…	其他不常用属性

例如：

```
<%@ page language = "java" import = "com.icss.biz. * ,com.icss.util. * "
        contentType = "text/html"  pageEncoding = "utf - 8" %>
```

3.2.2 taglib 指令

taglib 简称标签库,是一套 Java EE 已经定义好的标签库,根据需要引用即可。如果 Java EE 标签库不能满足你的需要,也可以根据业务定义自己的标签库。

JSTL 即 JSP 标准标签库,具体使用见第 5 章。

例如：

```
<%@ taglib uri = "http://www.mycorp/supertags" prefix = "super" %>
<%@ taglib uri = "http://java.sun.com/jsp/jstl/core" prefix = "c" %>
<%@ taglib uri = "http://java.sun.com/jsp/jstl/fmt" prefix = "fmt" %>
```

3.2.3 include 指令

include 指令用于在当前 JSP 页面中替换文本或代码数据。include 指令的作用与<jsp:include>元素的作用基本一致。

例如：

```
<%@ include file = "../public/head.html" %>
```

等效于

```
<jsp:include page = "../public/head.jsp"></jsp:include>
```

如果 include 文件发生了变化,JSP 容器可以接到变化通知,然后会重写编译变化的 JSP 文件。JSP 文件允许在项目运行期间动态修改 JSP 文件,修改后 Tomcat 无须重新启动。

注意：include 指令与<jsp:include>元素中都要使用相对路径,不要使用绝对路径。

---

include 指令与<jsp:include>元素的区别见表 3-2。

表 3-2 include 指令与<jsp:include>元素对比

语 法	嵌入内容	对象	描 述
<%@include file=... %>	相对 file 的路径	静态	JSP 容器解析嵌入内容
<jsp:include page= />	相对 page 的路径	静态或动态	内容不被提前解析，在 Servlet 运行期动态嵌入

视频讲解

3.3 JSP 中的 Java 元素

用一对<% %>包裹的内容，不属于 HTML 和 JavaScript 数据，可以统称为服务器 Java 元素信息。这些元素分别为：

- 指令：<%@ 指令 %>，见 3.2 节。
- 服务端注释：<% --……--%>，注释后的内容 JSP 容器不做处理。
- Java 表达式输出：<% =Java 表达式 %>，在 JSP 中输出表达式结果，如

```
<% = msg %>
<% = (new java.util.Date()).toLocaleString() %>
```

- Java 脚本：<% Java 代码 %>，如同在 Servlet 中编写代码一样。
- Java 声明：<% !Java 方法或变量 %>，这种模式尽量不要使用，JSP 的定位是视图，业务方法应该抽取到服务层。

3.3.1 Java 脚本与表达式

Java 脚本元素(<% Java 代码 %>)与 Java 表达式元素(<% =Java 表达式 %>)经常协同操作，即在 Java 脚本中进行动态计算，在 Java 表达式中输出运算结果。

【示例 3-1】

动态获取 Web 站点绝对路径，并在< img >中使用绝对路径显示图片信息。

```
<% @ page language = "java" import = "java.util. * "
          contentType = "text/html; charset = utf - 8" %>
<%
    String path = request.getContextPath();
    String basePath = request.getScheme() + "://" + request.getServerName()
              + ":" + request.getServerPort() + path + "/";
%>
<! DOCTYPE html >
< html >
    < head >
        < meta charset = "ISO - 8859 - 1">
        < title > Insert title here </title >
    </head >
    < body >
        < img src = "< % = basePath % > main/flex.png">
```

```
    </body>
</html>
```

【示例 3-2】

在 Java 脚本中进行简单计算,并在 JSP 页面中输出计算结果。

```
<%@ page language="java" import="java.util.*"
        contentType="text/html; charset=utf-8" %>
<html>
    <head><title>计算圆的面积</title></head>
    <body>
        <%
            double r = 5;
            double PAI = 3.1415926;
            double area = PAI * r * r;
        %>
        圆的周长为<%=r%>  <br>
        圆的面积为:<%= area %>
    </body>
</html>
```

3.3.2 Java 声明

Java 声明元素:

```
<%!Java 方法或变量 %>
```

可以声明变量或方法,在 JSP 的页面范围均可调用声明的变量或方法。

声明信息不会在当前输出流中产生任何输出。

声明在 JSP 页面初始化时被初始化,在其他声明、Java 脚本、Java 表达式中都有效。

【示例 3-3】

示例中声明了一个整数变量 i,这个变量在 page 页面范围内全局有效。

```
<%! int i=0; %>
<!DOCTYPE html>
<html>
    <head>
        <title>hello</title>
    </head>
    <body>
        i=<%= i=i+5 %>
    </body>
</html>
```

【示例 3-4】

```
<%@ page language="java" contentType="text/html"
    pageEncoding="utf-8" import="java.util.*,java.text.*"%>
<%!
```

```
    public String today(Date date){
        SimpleDateFormat sd = new SimpleDateFormat("yyyy - MM - dd");
        return sd.format(date);
    }
%>
<!DOCTYPE html>
<html>
    <head>
        <meta charset = "utf - 8">
    </head>
    <body>
        <% = today(new Date()) %>
    </body>
</html>
```

3.3.3 JSP中使用注释

1. HTML与XML中的注释

在HTML和XML中的注释语法是:

```
<! -- comments … -->
```

使用这种注释,注释信息会随着response输出流与JSP其他信息一起输出到客户端。在JSP中也支持这种注释的使用。

【示例3-5】

```
<body>
    <! -- 显示打招呼信息 -->
    <% = msg %>
</body>
```

在注释中,使用Java脚本、表达式、声明等,JSP容器仍然会处理,语法如下:

```
<! -- 注释信息 <% = 表达式 %> 其他注释… -->
```

【示例3-6】

```
<% @ page language = "java" import = "com.icss.biz. * ,com.icss.util. * "
    contentType = "text/html"  pageEncoding = "utf - 8" %>
<%
    String msg = (String)request.getAttribute("msg");
    String uname = request.getParameter("uname");
%>
<!DOCTYPE html>
<html>
    <head>
        <meta charset = "utf - 8">
        <title>hello</title>
    </head>
    <body>
```

```
        <!-- 显示<% = uname %>打招呼信息   -->
        <% = msg %>
    </body>
</html>
```

2. JSP 中的注释

在 JSP 页面中设计了专门的元素用于注释，这种注释与 HTML 注释的区别：注释内容不会被 response 输出流写到客户端。

JSP 注释语法如下：

```
<% --  注释信息 -- %>
```

用 Java 脚本可以替换上面的 JSP 注释：

```
<% /**  注释信息 … **/ %>
```

【示例 3-7】

```
<body>
        <!-- 显示<% = uname %>打招呼信息   -->
        <% -- 显示<% = uname %>打招呼信息    -- %>
        <% /** 显示打招呼信息 … **/ %>
        <% = msg %>
</body>
```

视频讲解

3.4 JSP 的 9 个内置对象

JSP 页面中可以使用 9 个内置对象，分别为 request、response、session、application、out、pageContext、config、page、exception(见表 3-3)。

表 3-3 JSP 内置对象

内置对象	Java 类型	描 述
request	javax. servlet. http. HttpServletRequest	接收 HTTP 请求数据
response	javax. servlet. http. HttpServletResponse	回应 HTTP 请求
session	javax. servlet. http. HttpSession	会话对象
application	javax. servlet. ServletContext	存储全局数据
out	javax. servlet. jsp. JspWriter	输出文本
pageContext	javax. servlet. jsp. PageContext	当前页面的上下文对象
page	java. lang. Object	page = this，表示当前页面对象
config	javax. servlet. ServletConfig	用于读取初始化配置参数
exception	java. lang. Throwable	在<%@ page isErrorPage="*true*"%>的页面中才能使用，用于输出异常信息

注：本节只重点演示几个常用内置对象的使用，其他内容请参考 JSP 2.3 规范。

JSP 内置对象在页面翻译阶段，会转换成相应的 Java 类型。这些对象的创建与释放，都是由 JSP 容器自动管理，开发人员无须关注。

3.4.1 request 与 response 对象

request 对象是 javax. servlet. http. HttpServletRequest 接口的实例，参见 2.5 节 ServletRequest 接口。它是 JSP 中使用次数最多的内置对象，常用于获取 Web 站点名称、站点端口号、主机名、HTTP 请求信息、分发器等。

response 对象是 javax. servlet. http. HttpServletResponse 接口的实例，参见 2.6 节 ServletResponse 接口。response 对象在 JSP 页面应用并不多，主要应用于 Servlet 中。

【示例 3-8】

获取 Hello 项目的站点名。

```
<%
    out.println("path = "  +  request.getContextPath());
    out.println("path2 = " + application.getContextPath());
%>
```

输出结果：path=/Hello，path2=/Hello。

> **总结：**
>
> 参见 HttpServletRequest 和 ServletContext 的 API，分别调用 request. getContextPath() 和 application. getContextPath()可以获得当前站点名称。

【示例 3-9】

获得 Web 站点绝对地址。

```
<%
    String path = request.getContextPath();
    String basePath = request.getScheme() + "://" + request.getServerName()
                    + ":" + request.getServerPort() + path + "/";
%>
<body>
    <img src="<%=basePath%>pic/flex.png">
</body>
```

> **总结：**
>
> request 对象是 HTTP 请求的封装，根据 HTTP 请求，可以动态解析当前站点的站点名称、IP、主机名、端口、HTTP 方法名、HTTP 参数、HTTP 的头信息、HTTP 的 ContentType 等很多信息。

【示例 3-10】

默认主页设置。

(1) 在 Hello 项目的 WebContent 根下新建 index. jsp。

(2) 在 web. xml 中配置项目启动时的欢迎页。

```
<welcome-file-list>
    <welcome-file>index.jsp</welcome-file>
</welcome-file-list>
```

(3) 默认页 index. jsp 不显示任何信息,转向真正的主页 main. jsp。

```
<%@ page language="java" contentType="text/html;" pageEncoding="GBK" %>
<%
    request.getRequestDispatcher("/main/main.jsp").forward(request, response);
%>
```

(4) 浏览器访问 http://localhost:8080/Hello/,会自动转到主页 main. jsp。

> **总结:**
> 默认主页的设置,在 Java Web 项目很常见,如上代码使用 request 对象获取了 RequestDispatcher 对象,然后调用分发器的 forward()方法实现了服务器端页面的跳转。

视频讲解

3.4.2 pageContext 对象

pageContext(javax. servlet. jsp. PageContext)对象继承 JspContext 类,给 JSP 组件在 Servlet 环境下运行提供了上下文环境支持。

通过 pageContext 可以获取访问当前页面的其他 JSP 内置对象: request 对象、response 对象、session 对象、application 对象、config 对象、out 对象、exception 对象、page 对象。

➢ public abstract javax. servlet. ServletRequest getRequest()
  返回 request 对象。

➢ public abstract javax. servlet. ServletResponse getResponse()
  返回 response 对象。

➢ public abstract javax. servlet. http. HttpSession getSession()
  返回 session 对象。

➢ public abstract javax. servlet. ServletContext getServletContext()
  返回 application 对象。

➢ public abstract javax. servlet. ServletConfig getServletConfig()
  返回 config 对象。

➢ public abstract java. lang. Exception getException()
  返回 exception 对象。

➢ public abstract java. lang. Object getPage()
  返回 page 对象。

【示例 3-11】

修改索引页 index. jsp,实现页面转向。

```
<%@ page language = "java" contentType = "text/html" pageEncoding = "gbk" %>
<%
    pageContext.forward("/main/main.jsp");
%>
```

【示例 3-12】

在 EL 表达式或 Java 表达式中获取绝对路径。

```
<body>
    <img src = "${pageContext.request.contextPath}/pic/flex.png">
```

等效于

```
    <img src = "<% = request.getContextPath() %>/pic/flex.png">
</body>
```

3.4.3 session 与 application 对象

session 和 application 对象的使用详细介绍见第 6 章。

3.5 <jsp:>标准动作

在 JSP 页面中使用<jsp:>开头的 XML 元素,统称 JSP 标准动作(Action)。

JSP 标准动作有<jsp:useBean>、<jsp:setProperty>、<jsp:getProperty>、<jsp:include>、<jsp:forward>、<jsp:param>、<jsp:plugin>、<jsp:params>、<jsp:fallback>、<jsp:attribute>、<jsp:body>、<jsp:invoke>、<jsp:doBody>、<jsp:element>、<jsp:text>、<jsp:output>、<jsp:root>、<jsp:declaration>、<jsp:scriptlet>、<jsp:expression>等,下面着重介绍常用的几个标准动作,其他内容参见 JSP 2.3 规范。

3.5.1 <jsp:useBean>

视频讲解

<jsp:useBean>的作用如下:

- 用 ID 值在指定的 scope 范围查找指定类型的 Java 对象。
- 如果对象存在,直接返回对象引用,否则实例一个新对象。
- 在 Java 脚本中声明一个 ID 值的变量,指向找到的对象。

简化的基本语法如下:

```
<jsp:useBean  id = "变量名"
              scope = "page|request|session|application"
              class = "包名.类名"  />
```

【示例 3-13】

(1) 在 com.icss.entity 下定义实体类 User。

```
public class User {
```

```
    private String uname;
    private String pwd;
    private int role;
    private double score;
    public User() {
    }
    public User(String uname) {
        this.uname = uname;
    }
}
```

(2) 在 JSP 页面使用<jsp:useBean>创建 bean 对象。

注意 User 必须要有一个无参构造器,否则调用时报错。

```
<body>
    <jsp:useBean id="myUser" class="com.icss.entity.User"/>
    <jsp:setProperty name="myUser" property="score" value="85"/>
    ${myUser.score+3}
</body>
```

输出结果:88.0。

JavaBean 有如下特点:

➢ 不能是非静态内部类。

➢ 必须拥有一个无参的构造器或者@Inject 注解的构造器。

【示例 3-14】

修改示例 3-13 的代码,首先在 Java 脚本中创建 User 对象,然后存储于 request 域对象中。<jsp:useBean>必须要指明查找范围是 request,否则默认从 page 中查找。

```
<body>
    <%
        User user = new User("tom");
        user.setScore(85);
        request.setAttribute("myUser", user);
     %>
    <jsp:useBean id="myUser" class="com.icss.entity.User" scope="request"/>
    ${myUser.score+3}
</body>
```

输出结果:88.0。

如果没有设置 scope="request",从 page 中找不到 myUser,输出结果为 3.0。

视频讲解

3.5.2 <jsp:setProperty>与<jsp:getProperty>

<jsp:setProperty>设置 bean 对象的属性值,简化的基本语法如下。

```
<jsp:setProperty  name="bean 的名字"
                  property="bean 的属性名"
                  value="属性值"
```

```
param = "请求参数名" />
```

value 用于给属性直接赋值，param 从请求中提取参数值给属性赋值，value 与 param 不能同时使用。

<jsp:getProperty>为读取 bean 对象的属性值，简化的基本语法如下：

```
<jsp:getProperty  name = "name"
                  property = "propertyName"/>
```

注意：<jsp:getProperty>没有 scope 属性，它调用 pageContext 的 findAttribute()方法进行范围查找，即按照 page、request、session、application 的顺序查找。如果未找到指定名称的 bean 对象，则抛出异常。

【示例 3-15】

(1) 在 page 域中查找 myUser，没找到就实例化一个 User 对象。

(2) 设置 myUser 对象的属性 score=85。

(3) 读取名字为 myUser 的 bean 对象，并在页面输出。

```
<body>
    <jsp:useBean id = "myUser" class = "com.icss.entity.User"/>
    <jsp:setProperty name = "myUser" property = "score" value = "85"/>
    <jsp:getProperty name = "myUser" property = "score"/>
</body>
```

输出结果：85.0。

3.5.3 <jsp:include>

在 JSP 当前页面，嵌入静态或动态资源(必须是当前 Web 应用的资源，不能是外部资源)。嵌入资源时，应该使用相对路径，这会被翻译成基于当前 context 的绝对路径。

<jsp:include>在 JSP 页面翻译后，在 Servlet 运行过程动态导入资源。<jsp:include>属性见表 3-4。

表 3-4 <jsp:include>属性

属 性 名	描 述
page	嵌入 URL 资源的相对路径
flush	可选属性，boolean 值，如果 flush 为真，缓冲区马上刷新。默认值是 flase

<jsp:include>与<c:import>功能相似，区别见 5.2.4 节中<c:import>部分内容。

<jsp:include>的基本语法如下：

```
<jsp:include  page = "相对路径指向嵌入页面"  flush = "true|false"/>
```

【示例 3-16】

在当前 JSP 页面动态嵌入一个共享的头文件。

```
<body>
    <jsp:include page="/main/head.jsp"></jsp:include>
</body>
```

3.5.4 <jsp:forward>

<jsp:forward>与 RequestDispatcher 的 forward()方法功能一致,就是在 Web 应用运行期,分发请求到当前 Web 应用的静态资源、JSP 页面或 Servlet 类。

基本语法如下:

```
<jsp:forward  page="相对路径" />
```

【示例 3-17】

从项目索引页 index.jsp 转向主页。

```
<body>
    <jsp:forward page="/main/main.jsp"></jsp:forward>
</body>
```

3.6 本章习题

(1)(　　)可在 JSP 页面出现该指令的位置处静态插入一个文件。

A. page 指令标签　　B. page 指令的 import 属性

C. include 指令标签　　D. include 动作标签

(2)在 JSP 中,使用<jsp:useBean>动作可以将 JavaBean 嵌入 JSP 页面,对 JavaBean 的访问范围不能是(　　)。

A. page　　B. request　　C. response　　D. application

(3)Page 指令的作用是(　　)。

A. 用来定义整个 JSP 页面的一些属性和这些属性的值

B. 用来在 JSP 页面内某处嵌入一个文件

C. 使该 JSP 页面动态包含一个文件

D. 指示 JSP 页面加载 Java plugin

(4)关于 include 指令,下面表述错误的是(　　)。

A. include 指令用于把资源文件嵌入当前页面中

B. include 指令可以嵌入动态页面和静态页面

C. file 属性是目标资源的路径和文件名

D. file 属性可以使用相对路径,也可以使用绝对路径

(5)下列关于<jsp:useBean>说法,错误的是(　　)。

A. <jsp:useBean>用于定位或实例化一个 JavaBeans 组件

B. <jsp:useBean>首先会试图定位一个 Bean 实例，如果这个 Bean 不存在，那么<jsp:useBean>就会从一个 class 或模板中进行实例化

C. <jsp:useBean>元素的主体通常包含有<jsp:setProperty>元素，用于设置 Bean 的属性值

D. 如果这个 Bean 已经存在，<jsp:useBean>能够定位它，那么主体中的内容将不会起作用

(6) 下面关于 jsp:setProperty 说法，错误的是(　　)。

A. jsp:setProperty 用来设置已经实例化的 Bean 对象的属性

B. name 属性表示要设置属性的是哪个 Bean

C. property 属性表示要设置哪个属性

D. Param 指定用哪个请求参数作为 Bean 属性的值

E. value 属性用来指定 Bean 属性的值，value 和 Param 参数可以同时使用

(7) 下面对 out 对象的说法，错误的是(　　)。

A. out 对象用于输出字符型数据

B. out 对象的作用域范围是 application

C. out.newLine()方法用来输出一个换行符

D. out.close()方法用来关闭输出流

(8) 下面关于 request 对象的说法，错误的是(　　)。

A. request 对象是 ServletRequest 的一个实例

B. 当客户端请求一个 JSP 网页时，JSP 引擎会将客户端的请求信息包装在一个 request 对象中

C. 在 Servlet 中用 request.setAttribute()存储的数据，在 JSP 页面只能用 request.getAttribute()读取

D. request.getParameter()方法返回指定参数的值

(9) 在 JSP 文件中加载动态页面可以用(　　)。

A. <%@ include file="fileName" %>指令

B. <jsp:include>动作

C. page 指令

D. <jsp:forward>动作

E. taglib 指令

(10) 当要在 JSP 页面中使用自定义标签时，下面错误的是(　　)。

A. 在 tld 文件中定义标签

B. 创建一个标签处理器

C. 在 JSP 页面中使用 page 指令，引入这个标签的标签库

D. 在 JSP 页面中使用 taglib 指令，引入这个标签的标签库

(11) 对于预定义<%! 声明 %>的说法,错误的是(　　)。

A. 一次可声明多个变量和方法,只要以“;”结尾就行

B. 一个声明仅在一个页面中有效

C. 声明的变量将作为局部变量使用

D. 声明信息不会在当前输出流中产生任何输出

(12) 在 JSP 中使用<jsp:getProperty>标记时,不会出现的属性是(　　)。

A. name　　B. value　　C. property　　D. scope

(13) 在 JSP 中调用 JavaBean 时,不会用到的标记是(　　)。

A. <jsp:Javabean>　　B. <jsp:useBean>

C. <jsp:setProperty>　　D. <jsp:getProperty>

(14) 在 JSP 中如果要导入 java.io.* 包,应该使用(　　)指令。

A. page　　B. taglib　　C. include　　D. forward

(15) 如果当前 JSP 页面出现异常,需要转到一个异常页,设置 page 指令的(　　)属性。

A. Exception　　B. isErrorPage　　C. error　　D. errorPage

(16) JSP 中的隐式注释为(　　)。

A. // 注释内容　　B. <!--注释内容-->

C. <%--注释内容--%>　　D. /* 注释内容 */

(17) 下列(　　)指令定义在 JSP 编译时包含所需要的资源。

A. include　　B. page　　C. taglib　　D. forward

(18) 重定向应该使用(　　)方法。

A. response.sendRedirect("login.jsp")

B. request.sendRedirect("login.jsp");

C. <jsp :forward page= "login.jsp"/>

D. <forward page= "login.jsp"/>

(19) <jsp:useBean>声明对象的默认有效范围为(　　)。

A. page　　B. session　　C. application　　D. request

(20) 某 JSP 程序中声明使用 javaBean 的语句如下:

```
<jsp:useBean id = "user" class = "mypackage.User" scope = "page"/>
```

要取出该 javaBean 的 loginName 属性值,以下语句正确的是(　　)。

A. <jsp:getProperty name="user" property="loginName"/>

B. <jsp:getProperty id="user" property="loginName" />

C. <%=user.getLoginName()%>

D. <%=user.getProperty("loginName")%>

(21) 以下(　　)选项不属于浏览器的功能。

A. 发送 HTTP 请求,并接收 HTTP 响应

B. 解析并展现 JSP 代码样式

C. 解析并运行 JavaScript 代码

D. 解析并展现 HTML 代码样式

(22) 以下(　　)选项不属于 Web 服务器的功能。

A. 接收 HTTP 请求,并回应 HTTP　　B. 动态编译 JSP 代码

C. 运行并展示 JSP 页面　　D. 管理 Servlet 和 JSP 组件生命期

(23) 下面(　　)选项属于解释型语言。

A. HTML　　B. JSP　　C. Java　　D. JavaScript

第 4 章 EL 表达式

CHAPTER 4

EL(Expression Languages)是表达式语言的简称。

可以通过两种构造器描述 EL 表达式,分别为 ${表达式} 和 #{表达式}。EL 表达式用相同的方法分析和评估${…}与#{…}。

运行 JSP 时,在出现${…}的位置,会立即评估与解析 EL 表达式;而在出现#{…}的位置,则会延后解析。

EL 表达式的语义与 Java 表达式的语义完全相同。

EL 表达式的基本使用方式如下:

➢ ${表达式} 或 #{表达式}

如:${"hello world"},效果等同于<%＝"hello world"%>。

➢ ${bean } 或 ${bean.属性}

自动查找输出 bean 对象,或读取对象属性的 getXXX()方法如:${msg},${user.uname}。

EL 表达式中可以使用的操作符见表 4-1。

表 4-1 EL 表达式中可以使用的操作符

操作符类型	操 作 符	示 例
算数运算符	＋	${5＋6}
	－	${10－3}
	*	${5 * 9.6}
	/或 div	${1234/5}
	％或 mod	${356％3}
关系运算符	＞或者 gt	${8＞9}或者${8 gt 9}
	＞＝或者 ge	${45＞＝9}或者${45 ge 9}
	＜或者 lt	${4＜9}或者${4 lt 9}
	＜＝或者 le	${9＜＝8}或者${9 le 8}
	＝＝或者 eq	${4＝＝4}或者${4 eq 4}
	!＝或者 ne	!＝或者 ne,例如:${4!＝3}或者${4 ne 3}

续表

操作符类型	操 作 符	示 例
逻辑运算符	&& 或者 and	${false && false}或者${false and false}
	||或者 or	${true\|\|false}或者${true or false}
	! 或者 not	${! true}(相当于${false})或者${not true}
三元运算符	? :	${3>2?'是':'不是'}
空判断符	empty	${empty sessionScope.user}或${user==null} 如果变量为 null,就返回 true,否则为 false

注：本章只重点讲解了常用的 EL 语法,其他内容详见 JSP 2.3 规范。

4.1 读取 Bean 对象属性

视频讲解

使用 EL 表达式,直接读取存储在 request、session、application 等域对象中的数据。

【示例 4-1】

```
<%@ page language="java" import="com.icss.entity.*"
contentType="text/html"  pageEncoding="utf-8" %>
<%
    User user = new User();
    user.setUname("tom");
    request.setAttribute("user", user);
%>
<!DOCTYPE html>
<html>
    <head>
        <title>hello</title>
    </head>
    <body>
        用户名: ${user.uname}
    </body>
</html>
```

还可以直接读取 JavaBean 的对象与对象属性数据。

【示例 4-2】

(1) 在 com.icss.entity 包下定义实体类 User。

```
public class User {
    private String uname;
    private double score;
    public double getScore() {
        return score;
    }
    public void setScore(double score) {
```

```
        this.score = score;
    }
    public String getUname() {
        return uname;
    }
    public void setUname(String uname) {
        this.uname = uname;
    }
}
```

(2) 在 JSP 中创建 Bean 对象,并设置 score(分数)。

使用 EL 表达式 ${myUser.score}读取 Bean 对象的属性值。

```
<body>
    <jsp:useBean id="myUser" class="com.icss.entity.User"></jsp:useBean>
    <jsp:setProperty name="myUser" property="score" value="85"/>
    ${myUser.score + 3}
</body>
```

输出结果:88。

视频讲解

4.2 隐式对象

JSP 页面中的 EL 表达式可以直接使用如下隐式对象,调用示例见表 4-2。

表 4-2 EL 中隐式对象示例

EL 表达式	描 述
${pageContext.request.requestURI}	调用 request 对象的 getRequestURI()方法获得当前请求的 URL
${sessionScope.profile}	读取 session 中名字为 profile 的对象,找不到则返回 null
${param.productId}	读取 HTTP 请求参数名为 productId 的参数值
${paramValues.productId}	读取 HTTP 请求参数名为 productId 的所有值(String[])
${requestScope.msg}	读取 request 对象中名字为 msg 的属性值,等同于 <% = request.getAttribute("msg") %>

- pageContext:JSP 内置对象 pageContext。
- pageScope:在 page 范围,用 Map 结构存储属性名和值。
- requestScope:在 request 范围,用 Map 结构存储属性名和值。
- sessionScope:在 session 范围,用 Map 结构存储属性名和值。
- applicationScope:在 application 范围,用 Map 结构存储属性名和值。
- param:用 Map 结构存储 ServletRequest.getParameter(String name)中的参数名和参数值。
- paramValues:用 Map 结构存储 ServletRequest.getParameterValues(String name)中的参数名和参数值(String[])。

- header：用 Map 结构存储 HttpServletRequest. getHeader(String name)中的参数名和参数值。
- headerValues：用 Map 结构存储 HttpServletRequest. getHeaders(String name)中的参数名和参数值(String[])。
- cookie：用 Map 结构存储 HttpServletRequest. getCookies()中的 cookie 名与 cookie 值。
- initParam：用 Map 结构存储 ServletContext. getInitParameter(String name)中的参数名与参数值。

4.3 属性范围查找

视频讲解

EL 表达式 ${product}是如何解析的呢？

jsp. ScopedAttributeELResolver 解析器是 EL 众多解析器之一。解析 ${product}这个 EL 表达式时，会调用 PageContext. findAttribute(String)方法，按照 page、request、session、application 等范围，顺序查找域对象的属性中是否有名字为 product 的属性，找到就返回属性值，然后退出不再继续查找。如果最终没有找到，就返回 null。

【示例 4-3】

```
<%@ page language="java" contentType="text/html"  pageEncoding="utf-8" %>
<%
    pageContext.setAttribute("uname","rose");
    request.setAttribute("uname", "tom");
    session.setAttribute("uname", "jack");
%>
<!DOCTYPE html>
<html>
    <head>
        <title>hello</title>
    </head>
    <body>
        ${uname}
    </body>
</html>
```

总结：

示例代码中，分别在 pagE. request、session 等几个域对象设置名字为 uname 的属性，最后的输出结果是 rose，因为属性查找的顺序是先找 page 域。使用 ScopedAttributeELResolver 解析器时，EL 表达式中无须使用隐式对象 pageScope、requestScope、sessionScope、applicationScope。

4.4 调用 Bean 的方法

EL 表达式中可以调用 bean 对象的方法,并输出执行结果。

【示例 4-4】

```
<body>
    <jsp:useBean id="myUser" class="com.icss.entity.User"></jsp:useBean>
    <jsp:setProperty name="myUser" property="score" value="85"/>
    成绩: ${myUser.score}                <br>
    成绩 2: ${myUser.getScore()}         <br>
    字符串: ${myUser.toString()}          <br>
    哈希值: ${myUser.hashCode()}          <br>
    类型: ${myUser.getClass()}
</body>
```

4.5 本章习题

(1) 在会话范围内,查找 user 对象的密码,(　　)选项正确。

A. ${pageScope.user.pwd}　　B. ${requestScope.user.pwd}

C. ${sessionScope.user.pwd}　　D. ${applicationScope.user.pwd}

(2) 下面(　　)选项不是 Java EL 表达式的隐式对象。

A. pageContext　　B. page　　C. header　　D. cookie

(3) Java EL 表达式,使用${…}与 #{…}都可以,解析效果相同。　　(对/错)

(4) 如果不使用隐式对象,${user.uname}会默认从 request 对象去查找。　　(对/错)

(5) 在 Java EL 表达式中,可以直接调用 bean 对象的所有公用方法。　　(对/错)

(6) 在 Java EL 表达式中,可以直接进行逻辑运算和关系运算。　　(对/错)

第 5 章 JSTL 标签库

CHAPTER 5

JSTL(Java Server Pages Standard Tag Library)是 JSP 标准标签库的简称。

在早期的 JSP 开发中,JSP 与 Servlet 的职责定位模糊,开发人员习惯上在 JSP 中做很多的逻辑工作,HTML 代码与 Java 代码混杂,逻辑功能、控制功能、视图功能都混淆在了一起。这种开发模式给代码的开发、阅读、维护都带来很大的麻烦。

随着 MVC 架构的出现,Java EE 中增加了 JSTL 标准。JSTL 的目标是提供给 Java Web 开发人员一个标准的、通用的标签库,开发人员可以利用这些标签取代 JSP 页面上的 Java 代码,从而提高程序的可读性,降低程序的维护难度。

JSTL 在本质上是提前定义好的一组标签,这些标签封装了不同的功能,在页面上调用 JSTL,可以大幅减少 JSP 文件中的 Java 代码。这使 Java 代码与 HTML 代码明显分离,因此使用 JSTL 标签库更符合 MVC 设计理念。使用 JSTL 后,JSP 可以专注于视图功能,为 Java Web 开发带来非常大的好处。

Eclipse 集成 Tomcat 进行 Java Web 开发时,需要单独导入 JSTL 相关包。下载 jstl-impl-1.2.jar 和 jstl-api-1.2.jar,复制到 WEB-INF/lib 文件夹下即可使用 JSTL。

JSTL 1.2 包含的标签库内容见表 5-1。

表 5-1 JSTL 1.2 包含的标签库内容

功　能	URI	前　缀
核心库	http://java.sun.com/jsp/jstl/core	c
XML 处理	http://java.sun.com/jsp/jstl/xml	x
I18N 格式化	http://java.sun.com/jsp/jstl/fmt	fmt
关系型数据库访问 SQL	http://java.sun.com/jsp/jstl/sql	sql
函数	http://java.sun.com/jsp/jstl/functions	fn

注意,Java EE 8 中包含的 JSTL 是 1.2 版,对应 JSR-52。Java EE 8 对应的 JSP 版本是 2.3。JSTL 1.2 需要 JSP 2.1 及以上的 Web 容器支持。EL 表达式是 JSP 规范的一部分,在 JSTL 操作中会大量使用 EL,而 EL 是从 JSP 2.0 规范开始的。

本章只着重介绍几个常用标签的使用,其他内容见 JSR-52 规范。

视频讲解

5.1 自定义标签库

标签库由标签库描述文件 tld(tag-library descriptors)和标签实现类两部分组成。JSTL 标签库中的所有标签与自定义标签定义方法相同。下面自定义一个作者标签,显示作者的名字和性别,通过这个案例了解 JSTL 标签库的定义过程。

(1) 定义标签类。

新建 Web 项目 ETCTag,创建包 com. icss. tag,定义标签类 AuthorTag 继承 javax . servlet. jsp. tagext. TagSupport。一般会重写 doEndTag()方法。

```
public class AuthorTag extends TagSupport{
    private String name;
    private String sex;
    public String getSex() {
        return sex;
    }
    public void setSex(String sex) {
        this.sex = sex;
    }
    public String getName() {
        return name;
    }
    public void setName(String name) {
        this.name = name;
    }
    public int doEndTag() throws JspException {
        JspWriter out = pageContext.getOut();
            try{
                out.println("<table bgColor = yellow>");
                out.println("<tr>");
                if(sex != null)
                  out.println("<td>作者:" + name
                          + ",性别: " + sex + ",welcome you!!!</td>");
                else
                  out.println("<td>作者:" + name
                            + ",welcome you!!!</td>");
                out.println("</tr>");
                out.println("</table>");
                }catch(Exception ex){
                  ex.printStackTrace();
                }
                return this.EVAL_PAGE;
    }
}
```

(2) 定义标签库描述文件 etc. tld。

<taglib>的子元素<short-name>为标签库前缀。一个<taglib>下可以定义多个标签

< tag >。

标签< tag >的子元素< name >为标签名，< tag-class >为标签实现类，< attribute >为标签的属性。

< attribute >属性的子元素< name >是属性名，< required >表示属性是否为必须设置，false 表示可选，true 表示必须设置值；< rtexprvalue >表示是否可以动态赋值，false 表示只能设置静态值，true 表示可以动态赋值，如可以使用 Java 表达式、EL 表达式或< jsp:attribute >赋值。

```
<taglib xmlns = "http://java.sun.com/xml/ns/Java EE"
        xmlns:xsi = "http://www.w3.org/2001/XMLSchema - instance"
        xsi:schemaLocation = "http://java.sun.com/xml/ns/Java EE
    http://java.sun.com/xml/ns/Java EE/web - jsptaglibrary_2_1.xsd"
    version = "2.1">
    <description> etc our library </description>
    <display - name> etc library </display - name>
    <tlib - version> 1.0 </tlib - version>
    <short - name> etc </short - name>
    <uri> http://com.icss.tag/core </uri>
  <tag>
    <description>
    show file author
    </description>
    <name> author </name>
    <tag - class> com.icss.tag.AuthorTag </tag - class>
    <body - content> JSP </body - content>
    <attribute>
        <description>
          author name
        </description>
        <name> name </name>
        <required> true </required>
        <rtexprvalue> true </rtexprvalue>
    </attribute>
    <attribute>
        <description>
          author sex
        </description>
        <name> sex </name>
        <required> false </required>
        <rtexprvalue> true </rtexprvalue>
    </attribute>
  </tag>
</taglib>
```

(3) 在 JSP 项目 TagUse 中调用自定义标签。

➢ 把 AuthorTag 编译成 lib 文件，导入 JSP 项目中。

➢ 把 etc.tld 复制到 JSP 项目的 WEB-INF 下。

➢ 在 JSP 文件中调用自定义标签。

```
<%@ page language = "java" import = "java.util. * " pageEncoding = "GBK" %>
<%@ taglib uri = "http://com.icss.tag/core" prefix = "etc" %>
<!DOCTYPE HTML PUBLIC " - //W3C//DTD HTML 4.01 Transitional//EN">
<html>
    <body>
        This is author tag use sample page. <br>
        <etc:author name = "xiaohp"></etc:author>
        <br/>
      <etc:author name = "xiaohp" sex = "男"></etc:author>
    </body>
</html>
```

5.2 核心标签库

核心标签库前缀统一使用<c:>标识，这个标签库用处最大、用途最广。

参见 jstl-impl-1.2.jar/META-INF/c.tld 中核心标签描述：

```
<taglib>
    <description>JSTL 1.2 core library</description>
    <display - name>JSTL core</display - name>
    <tlib - version>1.2</tlib - version>
    <short - name>c</short - name>
    <uri>http://java.sun.com/jsp/jstl/core</uri>
</taglib>
```

使用标签库时，需要在 JSP 页面的头部用 taglib 指令声明，<short-name>表示标签前缀，<uri>在标签声明时需要指明。

```
<%@ taglib prefix = "c" uri = "http://java.sun.com/jsp/jstl/core" %>
```

视频讲解

5.2.1 一般用途标签

本节介绍几个一般用途的常用标签，分别为<c:out>、<c:set>、<c:remove>，<c:catch>标签不常用，本节不做介绍。

1. <c:out>

<c:out>标签与<%=脚本表达式 %> 或 ${el 表达式}的功能基本一致，用于在页面输出静态或动态信息。

基本语法如下，属性信息见表 5-2。

```
<c:out value = "value" [escapeXml = "{true|false}"]
                       [default = "defaultValue"] />
```

表 5-2 <c:out>属性信息

属性名	动态支持	属性类型	描述
value	true	Object	要输出的表达式值
escapeXml	true	Boolean	决定字符<,>、&、',"在结果串中是否需要转义成对应的字符实体代码,默认为 true。HTML 转义符见表 1-4
default	true	Object	输出结果为 null 时,显示默认值

【示例 5-1】

```
<p>
    你有 <c:out value = " ${sessionScope.user.itemCount}"/> 个选项
</p>
```

【示例 5-2】

当 EL 表达式输出为 null 时,可以使用<c:out>输出默认值。

所属城市:

```
<c:out value = " ${customer.address.city}" default = "未知"/>
```

2. <c:set>

基本语法如下,属性信息见表 5-3。

```
<c:set value = "value"var = "varName"
            [scope = "{page|request|session|application}"]/>
```

表 5-3 <c:set>属性信息

属性名	动态支持	属性类型	描述
value	true	Object	要设置的表达式值
var	true	String	存储在域对象中的变量名
scope	false	String	与 var 对应的域对象

【示例 5-3】

使用 Java 脚本计算一个随机数,然后用<c:set>标签把随机数存储到 request 域对象中,最后用 EL 表达式提取 request 对象中的变量 r,用<c:out>输出随机数。

```
<body>
    <%
        int rand = (int)(Math.random() * 100);
    %>
    <c:set value = "<% = rand %>" var = "r" scope = "request" />
    获取随机数: <c:out value = " ${r}"></c:out>
</body>
```

3. <c:remove>

基本语法如下,属性信息见表 5-4。

```
<c:remove var = "varName"
          [scope = "{page|request|session|application}"]/>
```

表 5-4 <c:remove>属性信息

属 性 名	动 态 支 持	属 性 类 型	描 述
var	false	String	存储在域对象中的变量名
scope	false	String	与 var 对应的域对象

【示例 5-4】

使用<c:remove>移除 request 域中存储的随机数 rand。

```
<body>
    <%
        int rand = (int)(Math.random() * 100);
        request.setAttribute("rand", rand);
    %>
    获取随机数: <c:out value = "${rand}"></c:out>
    <br>
    <c:remove var = "rand" scope = "request"/>
    移除后随机数: <c:out value = "${rand}"></c:out>
</body>
```

视频讲解

5.2.2 条件判断标签

Java 脚本中,条件判断语句有 if…else、if…else if…else if…else 等。JSTL 的目的是简化 Java 脚本,因此条件判断标签必不可少。

【示例 5-5】

```
<c:if test = "${user.visitCount == 1}">
    This is your first visit. Welcome to the site!
</c:if>
```

1. <c:if>

条件判断标签,如果测试条件为 true,显示标签体内容。标签定义如下:

```
<tag>
    <name> if </name>
    <tag-class> org.apache.taglibs.standard.tag.rt.core.IfTag </tag-class>
    <body-content> JSP </body-content>
    <attribute>
        <name> test </name>
        <required> true </required>
        <rtexprvalue> true </rtexprvalue>
        <type> boolean </type>
    </attribute>
    <attribute>
        <name> var </name>
        <required> false </required>
```

```
        <rtexprvalue>false</rtexprvalue>
    </attribute>
    <attribute>
        <name>scope</name>
        <required>false</required>
        <rtexprvalue>false</rtexprvalue>
    </attribute>
</tag>
```

基本语法如下，属性信息见表 5-5，test 为必选属性，var 和 scope 为可选属性。

```
<c:if test="测试条件"
    [var="varName"] [scope="{page|request|session|application}"]>
        内容体
</c:if>
```

表 5-5 <c:if>属性信息

属性名	动态支持	属性类型	描　述
test	true	boolean	测试条件返回为真，处理内容体信息，否则不处理
var	false	String	把测试条件返回的布尔值结果，存储到 scope 对象中
scope	false	String	page、request、session、application 中的某个域对象

【示例 5-6】

JSTL 与 EL 标签配合使用，判断图书价格是否小于或等于 100(符合预算)，如是，则显示图书名称。

```
<c:if test="${book.price <= 100}">
    The book ${book.title} fits your budget!
</c:if>
```

【示例 5-7】

测试请求参数中是否有一个名字为 name 的参数，如果参数为空，则提示。

```
<c:if test="${empty param.name}">
    Please specify your name.
</c:if>
```

【示例 5-8】

判断随机数是否大于 50，并用 EL 表达式输出测试结果。

```
<body>
    <%
        int rand = (int)(Math.random() * 100);
        pageContext.setAttribute("rand", rand);
    %>
    <c:if test="${rand>50}" var="aa" scope="request">
            welcome you!
    </c:if>
    测试结果为: ${aa}
```

```
</body>
```

> **总结：**
>
> JSTL 中只有<c:if>判断，没有 else 判断。如果需要 if…else 判断结构，可以用<c:if>标签判断两次，如<c:if test="${user==null}">和<c:if test="${user!=null}">同时使用。

2. <c:choose><c:when><c:otherwise>

标签<c:choose><c:when><c:otherwise>配合使用，执行效果等同于 Java 脚本中的条件判断语句。

(1) <c:choose>基本语法。

```
<c:choose>
    内容体（<when>和<otherwise>子标签）
</c:choose>
```

<c:choose>中可以放 1～n 个<c:when>标签，即至少要包含一个子标签<c:when>，可以同时存在多个<c:when>子标签。

<c:choose>中可以放 0～1 个<c:otherwise>子标签，即可以没有<c:otherwise>子标签，最多只能有一个<c:otherwise>子标签。

(2) <c:when>基本语法。

```
<c:when test="测试条件">
    内容体
</c:when>
```

test 属性返回 boolean 值，决定内容体是否被处理。

<c:when>不能单独使用，必须要有<c:choose>父标签。

<c:when>必须要出现在<c:otherwise>标签的前面。

(3) <c:otherwise>基本语法。

```
<c:otherwise>
    条件块
</c:otherwise>
```

在<c:choose>标签体内，如果没有<c:when>就返回真，则 JSP 容器处理<c:otherwise>中的条件块。

<c:otherwise>不能单独使用，必须要有<c:choose>父标签。

<c:otherwise>在<c:choose>体内，必须出现在最后。

【示例 5-9】

示例效果等同于 if…else if…else if…else，只要任何一个 test 返回真，就不再向下判断，执行内容体后，立即跳出<c:choose>。

```
<c:choose>
```

```
    <c:when test = " ${user.category == 'trial'}">
        ...
    </c:when>
    <c:when test = " ${user.category == 'member'}">
        ...
    </c:when>
    <c:when test = " ${user.category == 'vip'}">
        ...
    </c:when>
    <c:otherwise>
        ...
    </c:otherwise>
</c:choose>
```

【示例 5-10】

示例效果等同于 if…else。

```
<c:choose>
    <c:when test = " ${count == 0}">
        No records matched your selection.
    </c:when>
    <c:otherwise>
        ${count} records matched your selection.
    </c:otherwise>
</c:choose>
```

5.2.3 迭代标签<c:forEach>

视频讲解

标签<c:forEach>在 JSP 页面迭代输出集合中的数据，与 Java 脚本中的 for()循环功能类似，基本语法如下，属性信息见表 5-6。

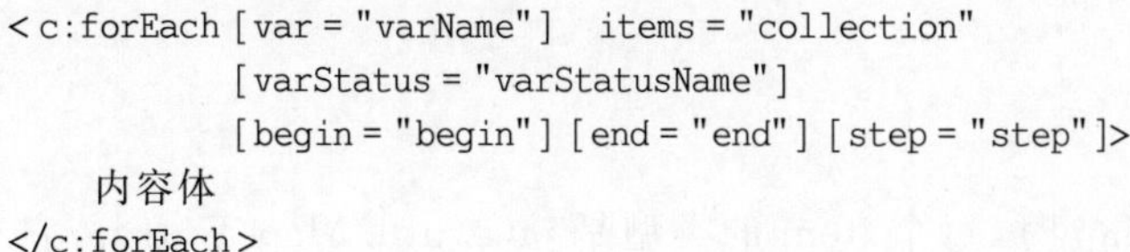

```
<c:forEach [var = "varName"]  items = "collection"
        [varStatus = "varStatusName"]
        [begin = "begin"] [end = "end"] [step = "step"]>
    内容体
</c:forEach>
```

视频讲解

表 5-6 <c:forEach>属性信息

属 性 名	动态支持	属性类型	描 述
var	false	String	迭代变量名
items	true	参见集合说明	迭代的集合对象
varStatus	false	String	显示迭代状态，参见 LoopTagStatus 接口
begin	true	int	迭代操作时，集合的起始索引
End	true	int	迭代操作时，集合的结束索引
Step	true	int	迭代操作的步长值

<c:forEach>说明信息：

- begin 索引必须≥0。
- 如果 end 指定的索引值小于 begin，则迭代不会执行。
- 步长值 step 必须≥1。
- 如果 items 集合为 null，不会抛出异常，按照空集合处理，即迭代不会执行。

items 支持如下集合类型：

- 基本类型的静态数组（迭代时会自动使用包装类）。
- java.util.Collection 接口的实现类（会调用 iterator()方法迭代集合）。
- java.util.Iterator 接口的实现类。
- java.util.Enumeration 接口的实现类。
- java.util.Map 接口实现类，var 变量的类型为 java.util.Map.Entry。
- 通用分隔符隔开的一个字符串。

1. 集合迭代

迭代静态数组、java.util.Collection、java.util.Iterator 等集合对象。

【示例 5-11】

迭代输出产品集合中的产品信息。

```
<c:forEach var="product" items="${products}">
    产品名：${product.name} 价格：${product.price}
</c:forEach>
```

【示例 5-12】

迭代输出顾客信息，并在<table>中显示。

```
<table>
    <c:forEach var="ct" items="${customers}">
        <tr><td>顾客：</td><td>${ct.name}</td></tr>
    </c:forEach>
</table>
```

2. Map 迭代

当 items 类型为 java.util.Map 时，每个 item 的类型是 java.util.Map.Entry。它有两个属性：key 和 value。

【示例 5-13】

```
<c:forEach var="entry" items="${myHashtable}">
    元素 key 是：    ${entry.key}  <br>
    元素 value 是：  ${entry.value}
</c:forEach>
```

【示例 5-14】

如下代码中的${entry.value}表示 User 对象，${entry.value.uname}表示用户名。

```
<body>
```

```
<%
    Map map = new HashMap<String,User>();
    map.put("tom", new User("tom"));
    map.put("jack", new User("jack"));
    map.put("rose", new User("rose"));
    request.setAttribute("map",map);
%>
<table>
    <c:forEach var="entry" items="${map}">
        <tr>
            <td>${entry.key}</td>
            <td>${entry.value.uname}</td>
        </tr>
    </c:forEach>
</table>
</body>
```

【示例 5-15】

使用嵌套<c:forEach>读取 Map 数据，${aParam.value}是集合对象。

```
<c:forEach var="aParam" items="${paramValues}">
    参数名: ${aParam.key}
    参数值:
    <c:forEach var="aValue" items="${aParam.value}">
        ${aValue}
    </c:forEach>
    <br>
</c:forEach>
```

3. 迭代状态

使用 varStatus 显示当前迭代状态。迭代状态的操作依赖接口 javax.servlet.jsp.jstl.core.LoopTagStatus，接口定义如下：

```
public interface LoopTagStatus {
    java.lang.Integer    getBegin();
    int                  getCount();
    java.lang.Object     getCurrent();
    java.lang.Integer    getEnd();
    int                  getIndex();
    java.lang.Integer    getStep();
    boolean              isFirst();
    boolean              isLast();
}
```

- getBegin：返回迭代的 begin 属性值，如果 begin 属性不存在，就返回 null。
- getCount：返回环绕迭代集合的当前数量。count 是个相对值，从 1 开始。例如迭代某个集合，begin=5，end=15，step=5，则 counts 值分别为 1、2、3。
- getCurrent：返回当前正在迭代的对象。
- getEnd：返回迭代的 end 属性值，如果 end 属性不存在，则返回 null。

➢ getIndex：返回环绕迭代集合的当前索引值,索引从 0 开始。
➢ getStep：返回迭代的 step 属性值,如果 step 属性不存在,则返回 null。
➢ isFirst:如果当前的迭代项是集合的第一项,则返回 true。
➢ isLast:如何当前的迭代项是集合的最后一项,则返回 true。

【示例 5-16】

```
    <body>
    <%
        int[] sz = new int[]{10,12,35,24,65};
        request.setAttribute("sz",sz);
    %>
    <table>
        <c:forEach var="item" items="${sz}" varStatus="st">
            <tr>
                <td>${st.count}</td>
                <td>${st.index}</td>
                <c:if test="${st.index%2==0}">
                    <td>${item}</td>
                </c:if>
            </tr>
        </c:forEach>
    </table>
</body>
```

输出结果如下：

```
1    0    10
2    1
3    2    35
4    3
5    4    65
```

4. 范围属性

使用属性 begin、end、step,可以在迭代集合时选择部分内容处理。

【示例 5-17】

```
<body>
    <%
        int[] sz = new int[]{10,12,35,24,65,78,102,205,12,31,20,309};
        request.setAttribute("sz",sz);
    %>
    <table>
        <c:forEach var="item" items="${sz}" varStatus="st"
            begin="2" end="10" step="2">
            <tr>
                <td>${st.count}</td>
                <td>${st.index}</td>
                <td>${item}</td>
            </tr>
```

```
        </c:forEach>
    </table>
</body>
```

输出结果如下：

```
1    2    35
2    4    65
3    6    102
4    8    12
5    10   20
```

5.2.4 URL 相关标签

在 JSP 页面链接、导入、重定向到其他 URL 资源，在 JSTL 中统称为 URL 相关标签。

1. <c:url>

<c:url>基本语法如下，属性信息见表 5-7。

```
<c:url value = "value" [context = "context"]
       [var = "varName"] [scope = "{page|request|session|application}"]/>
```

表 5-7 <c:url>属性信息

属 性 名	动 态 支 持	属 性 类 型	描 述
value	true	String	要处理的 URL
context	true	String	相对路径的 URL 依赖的外部 Context 名字
var	false	String	输出到 scope 对象的变量名
scope	false	String	域对象

<c:url>与锚点<a href="#">不同，它用于生成访问资源的 URL，但是并不会产生超链接。value 属性值可以使用绝对地址，也可使用相对地址。绝对地址不会重写，而相对地址在解析时会重写，会自动增加 context 前缀。如<c:url value="/ads/logo.html"/>，假设 Web 站点 context 为：/foo，则输出结果：/foo/ads/logo.html。

【示例 5-18】

重写<img>图片的相对路径，当前站点是/Hello，则图片链接为/*Hello*/*pic*/*flex.png*。

```
<body>
    <img src = "${pageContext.request.contextPath}/pic/flex.png">
    等效于
    <img src = "<% = request.getContextPath() %>/pic/flex.png">
    等效于
    <img src = "<c:url value = '/pic/flex.png'/>" />
    <a href = "<c:url value = '/pic/flex.png'/>"> flex 图片</a>
</body>
```

【示例 5-19】

设置 URL 资源后，将它存储在域对象中，然后通过 EL 表达式读取。

```
<body>
    <c:url value="/pic/flex.png" var="flexUrl" scope="page"></c:url>
    <img src="${flexUrl}" />
</body>
```

【示例 5-20】

url 设置 context 属性后，强制指向外部 context，图片指向/*Center*/*pic*/*flex.png*。

```
<body>
    <c:url value="/pic/flex.png" context="/Center" var="flexUrl"></c:url>
    <img src="${flexUrl}" />
</body>
```

2. <c:import>

<c:import>用于导入基于 URL 的资源，基本语法如下，属性信息见表 5-8。

```
<c:import url="url"    [context="context"]
      [var="varName"] [scope="{page|request|session|application}"]
      [charEncoding="charEncoding"]>
  可选内容体<c:param>子标签
</c:import>
```

表 5-8 <c:import>属性信息

属性名	动态支持	属性类型	描述
url	true	String	待导入资源的 URL，可以是相对路径或绝对路径
context	true	String	当使用相对路径访问外部 context 资源时，指明外部 context 的名字
var	false	String	用于存储所引入文本的变量
scope	false	String	var 属性存储在哪个域对象
charEncoding	true	String	引入资源的字符编码

说明：

- 如果 url 为 null、空串或无效，JspException 异常被抛出。
- 如果 charEncoding 为 null 或空串，这个配置会被忽略。
- <c:import>与<jsp:include>的功能相似，但是<jsp:include>只能嵌入当前 Web 应用的资源，而<c:import>还可以导入外部资源。

【示例 5-21】

嵌入头文件。

(1) 编写头文件 head.jsp。

```
<img src="${pageContext.request.contextPath}/pic/flex.png">
welcome ${user.uname}
```

(2) 在 hello.jsp 中嵌入 head.jsp。

```
<body>
    <c:import url="/main/head.jsp"></c:import>
```

```
    hello!
</body>
```

【示例 5-22】

使用绝对地址,导入外部资源文件。

```
<c:import url="ftp://ftp.acme.com/README"/>
```

3. <c:redirect>

<c:redirect>表示发送 HTTP 的 redirect 到客户端,与调用 HttpServletResponse.sendRedirect()相同,基本语法如下,属性见表 5-9。

```
<c:redirect    url="value"    [context="context"]    />
```

表 5-9 <c:redirect>属性信息

属性名	动态支持	属性类型	描述
url	true	String	重定向的目标 URL,绝对地址和相对地址都可以
context	true	String	当使用相对路径访问外部 context 资源时,指明外部 context 的名字

【示例 5-23】

用户登录后,根据身份不同,跳转到不同的页面。

```
<body>
    <c:choose>
        <c:when test="${user.role==1}">
            <c:redirect url="/main/back.jsp" />
        </c:when>
        <c:when test="${user.role==2}">
            <c:redirect url="/main/hello.jsp" />
        </c:when>
        <c:otherwise>
            <c:redirect url="http://www.sina.com.cn" />
        </c:otherwise>
    </c:choose>
</body>
```

4. <c:param>

<c:param>表示添加请求参数给 URL,在<c:import>、<c:url>、<c:redirect>中都可以使用,基本语法如下,属性信息见表 5-10。

```
<c:param name="参数名" value="参数值"/>
```

表 5-10 <c:param>属性信息

属性名	动态支持	属性类型	描述
name	true	String	HTTP 请求参数名
value	true	String	HTTP 请求参数值

【示例 5-24】

```
<c:import url="/exec/doIt">
    <c:param name="action" value="register"/>
</c:import>
```

使用<c:param>与 URL 中直接绑定参数的效果相同：

```
<c:import url="/exec/doIt?action=register"/>
```

5.3 格式化标签库

在 JSP 页面显示数字、货币、百分比、日期、时间等数据时，需要按照本地敏感或定制格式显示，这时使用格式化标签库非常方便。

5.3.1 格式化数字、货币、百分比

<fmt:formatNumber>标签可以格式化数字、货币、百分比，基本语法如下：

```
<fmt:formatNumber value="数值"
            [type="{number|currency|percent}"]
            [pattern="定制格式"]
            [currencyCode="货币编码"]
            [currencySymbol="货币符号"]
            [groupingUsed="{true|false}"]
            [maxIntegerDigits="最大整数数字"]
            [minIntegerDigits="最小整数数字"]
            [maxFractionDigits="最大小数数字"]
            [minFractionDigits="最小小数数字"]
            [var="变量名"]
            [scope="{page|request|session|application}"]/>
```

【示例 5-25】

```
<%@ taglib prefix="fmt" uri="http://java.sun.com/jsp/jstl/fmt" %>
<!DOCTYPE html>
<html>
    <body>
        <fmt:formatNumber value="9876543.21" type="currency"/>
    </body>
</html>
```

输出结果(自动按本地的货币格式显示)：￥9,876,543.21。

如果设置本地化环境为 en_US，则输出结果为美国货币格式：$9,876,543.21。

```
<body>
    <fmt:setLocale value="en_US" />
    <fmt:formatNumber value="9876543.21" type="currency"/>
</body>
```

【示例 5-26】

```
<body>
    <%
        int rand = (int)(Math.random() * 100);
        request.setAttribute("rand", rand);
    %>
    <fmt:formatNumber value="${rand/3}" pattern=".00"/>
    <fmt:formatNumber value="12.3" pattern=".00"/>
</body>
```

输出结果(保留两位小数)：

```
25.33
12.30
```

5.3.2 格式化日期和时间

使用<fmt:formatDate>标签可以在 JSP 页面格式化日期和时间，基本语法如下：

```
<fmt:formatDate  value="日期"
                 [type="{time|date|both}"]
                 [dateStyle="{default|short|medium|long|full}"]
                 [timeStyle="{default|short|medium|long|full}"]
                 [pattern="定制格式"]
                 [timeZone="时区"]
                 [var="变量名"]
                 [scope="{page|request|session|application}"]/>
```

【示例 5-27】

```
<%@ taglib prefix="fmt" uri="http://java.sun.com/jsp/jstl/fmt" %>
<!DOCTYPE html>
<html>
    <body>
        <fmt:formatDate value="<% = new Date() %>" pattern="dd/MM/yyyy"/><br>
        <fmt:formatDate value="<% = new Date() %>" pattern="yyyy-MM-dd HH:mm"/>
    </body>
</html>
```

输出结果：

```
28/02/2020
2020-02-28  20:46
```

5.4 本章习题

(1) 下列不属于核心库标签的是(　　)。

A. choose　　B. if　　C. fmt　　D. otherwise

(2) 下面不属于 JSTL 标签的是(　　)。

A. 核心标签库　　B. 国际化/格式化标签库
C. HTML 标签库　　D. SQL 标签库
E. 函数标签库

(3) 以下代码配置了一个自定义标签,这段代码应该位于(　　)文件中。

```
<description>Spring Framework JSP Tag Library</description>
<tlib-version>4.0</tlib-version>
<short-name>spring</short-name>
<uri>http://www.springframework.org/tags</uri>
```

A. Tomcat 的 conf/server.xml 文件中
B. Java Web 应用的 WEB-INF/web.xml 文件中
C. 一个 tld 文件
D. Java Web 应用的 META-INF/context.xml 文件中

(4) 以下不属于<c:forEach>标签属性的是(　　)。

A. var　　B. value　　C. items　　D. varStatus

(5) 如下数据类型中,<c:forEach>标签不能迭代的是(　　)。

A. java.util.Collection　　B. 静态数组
C. java.util.Map　　D. org.w3c.dom.Node
E. java.util.Iterator

(6) 如下属性不属于<c:out>标签的是(　　)。

A. var　　B. value　　C. escapeXml　　D. default

(7) <c:out>标签与<%=脚本表达式 %> 或 ${el 表达式}的功能基本一致。　(对/错)

(8) 使用<c:set>标签,可以把指定的值存储到 pageContext 域对象中。　(对/错)

(9) <c:choose>中至少要包含一个子标签<c:when>和一个<c:otherwise>。　(对/错)

(10) <c:import>导入资源,url 可以是绝对路径也可以是相对路径。　(对/错)

第 6 章 HTTP 状态管理

CHAPTER 6

访问 Java EE 8 的 Web 服务器，需要使用 HTTP。HTTP 的重要特性是无状态，即 HTTP 每次请求都是相对独立的，互不干扰。为了跨 HTTP 请求传递状态信息(如用户登录后再次访问 Web 应用，Web 服务器应该知道用户已经登录，而且不同的用户权限不同)，就需要 HTTP 状态管理技术。

HTTP 请求的状态信息可以存储在 Web 服务器端，也可以存储在客户端。存储位置不同，特性也完全不同。

6.1 session

视频讲解

session 对象是 JSP 的内置对象之一，它与一次 HTTP 请求对应。

session 对象的数据类型是 javax. servlet. http. HttpSession。

session 提供了跨越多个 HTTP 页面请求访问 Web 站点，并存储用户信息的方法。Sevlet 容器使用 HttpSession 接口创建 session 对象。session 在指定的时间段内，保存客户端的请求状态，超时没有新的请求，session 对象会被 Servlet 容器销毁。

Sevlet 容器维护 session 对象，使用 sessionid 识别不同的客户端。sessionid 通常存储在 cookie 中，或采用重写 URL 的方法。

session 存储于当前的 Web 应用中，依赖当前的 ServletContext。在负载均衡的 Web 服务器集群中，每台 Web 服务器都有自己的 session 对象。

【示例 6-1】

使用 session 存储用户登录信息。已经登录的用户，显示已登录的用户名和退出按钮；未登录的用户，显示登录按钮。

(1) 用户登录成功，把用户对象存储于 session 中。

```
@WebServlet(urlPatterns = "/LoginSvl")
public class LoginSvl extends HttpServlet {
    protected void doPost(HttpServletRequest request,
                          HttpServletResponse response)
                          throws ServletException, IOException {
        String uname = request.getParameter("uname");
```

```
            String pwd = request.getParameter("pwd");
            //调用服务层代码,完成用户登录校验...
            request.getSession().setAttribute("user", uname);
            String path = request.getContextPath();
            response.sendRedirect(path + "/main/main.jsp");
        }
    }
```

(2) 在 JSP 页面判断用户是否已经登录。

用户信息使用 EL 表达式直接从 session 中提取。

```
<%@ page language = "java" import = "java.util.*" pageEncoding = "utf-8" %>
<% String basePath = request.getContextPath(); %>
<c:if test = "${user != null}">
    ${user.uname}  <a href = "<% = basePath %> user/LogoutSvl">退出</a>
</c:if>
<c:if test = "${user == null}">
    <a href = "<% = basePath %> LoginSvl">登录</a>
</c:if>
```

6.1.1 客户端识别

Web 站点是一个高并发的环境,允许很多用户同时访问,这里的用户指的是 Web 客户端(不是业务系统的用户)。Web 客户端通常用浏览器表示,同一台客户机的不同浏览器,代表不同的用户。每个用户都有一个唯一的识别符,用于标识这次会话,简称 session id。

为了保证 session id 的唯一性,这个会话 id 必须由 Web 服务器动态创建。当浏览器第一次向 Web 站点发出请求时,Servlet 容器创建 session id 并回应给客户端浏览器。在同一个浏览器的第二次请求时,会携带这个 session id 一同访问 Web 服务器。Hello 站点抓包信息见图 6-1。

图 6-1 中,Cookie: JSESSIONID=9DD418A4DCF9A359BA53D8070A5FB25D,这表示 Web 服务器生成一个唯一的 session id,并把它存储到了客户端浏览器的 cookie 中(键值为 JSESSIONID)。

调用 HttpSession 的 getId()方法,可以读取每次 HTTP 请求所对应的会话 id。

```
public interface HttpSession {
    String  getId();
}
```

【示例 6-2】

新建控制器 SessionSvl。

使用不同的浏览器发送请求 http://localhost:8080/Hello/SessionSvl,结果显示:同一个浏览器的多次请求输出的 session id 相同;不同的浏览器输出的 session id 不同。

```
@WebServlet("/SessionSvl")
public class SessionSvl extends HttpServlet {
```

▾ General

Request URL: http://localhost:8080/Hello/main/main.jsp

Request Method: GET

Status Code: 200

Remote Address: [::1]:8080

Referrer Policy: no-referrer-when-downgrade

▾ Response Headers view source

Connection: keep-alive

Content-Length: 239

Content-Type: text/html;charset=utf-8

Date: Mon, 02 Mar 2020 03:54:52 GMT

Keep-Alive: timeout=20

▾ Request Headers view source

Accept: text/html,application/xhtml+xml,application/xml;q=0.9,image/webp,image/apng,*/*;q=0.8,application,

Accept-Encoding: gzip, deflate, br

Accept-Language: zh-CN,zh;q=0.9

Cache-Control: max-age=0

Connection: keep-alive

Cookie: JSESSIONID=9DD418A4DCF9A359BA53D8070A5FB25D

Host: localhost:8080

图 6-1 Hello 站点抓包信息

```
    protected void service(HttpServletRequest request,
                            HttpServletResponse response)
                            throws ServletException, IOException {
        String sid = request.getSession().getId();
        System.out.println(sid);
    }
}
```

6.1.2 session 的生命期

当 Web 客户端第一次访问 Web 站点时，Web 服务器会调用 HttpSession 接口创建一个对象，这个对象存储在 Web 服务器上。在回应时，Web 服务器会把 session id 传给客户端，session id 一般存储于客户端浏览器的 cookie 中(见图 6-2)。

Web 客户端的同一个浏览器第二次访问同一个 Web 站点时，在 HTTP 请求中会自动携带已经存储的 session id，后面的请求和回应都包含同一个 session id 值。这样，同一个浏览器访问同一个 Web 站点时，多次请求之间就建立了联系。

HttpSession 接口的如下几个方法，用于跟踪和管理 session 的生命期。

```
public interface HttpSession {
    long getCreationTime();
    long getLastAccessedTime();
    int getMaxInactiveInterval();
    void setMaxInactiveInterval(int interval);
```

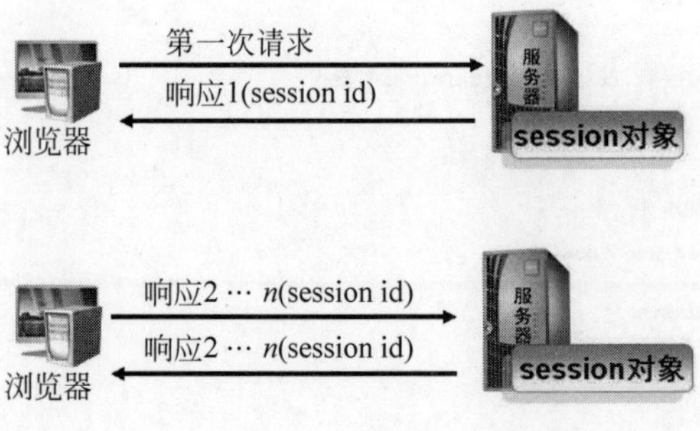

图 6-2　session id

```
    void invalidate();
    …
}
```

【示例 6-3】

测试 session 的创建时间。

HttpSession 接口的 getCreationTime()方法，返回 session 对象的创建时间，即 Web 客户端第一次访问 Web 站点的时间。

同一个浏览器多次访问同一个站点，session 的创建时间不会发生变化；不同浏览器访问相同的 Web 站点，session 的创建时间不同。

```
protected void service(HttpServletRequest request,
                       HttpServletResponse response)
                       throws ServletException, IOException {
    String sessionid = request.getSession().getId();
    long time = request.getSession().getCreationTime();
    Date createTime = new Date(time);
    SimpleDateFormat sd = new SimpleDateFormat("yyyy-MM-dd HH:mm:ss");
    System.out.println(sessionid + "创建于" + sd.format(createTime));
}
```

【示例 6-4】

测试最大间隔时间。

由于 Web 服务器的内存资源有限，因此当客户端不再访问 Web 服务器后，session 的内存必须要及时回收。Web 服务器采用的是倒计时机制，即每次 HTTP 请求都会作为最后一次访问对待，HTTP 请求结束就开始倒计时。调用 HttpSession 接口的 getLastAccessedTime()方法，会返回这个时间。

在最大间隔时间内，Web 客户端再次发起请求，则最后访问时间被更新，倒计时重新开始。在最大间隔时间内如果没有收到再次请求，当倒计时为 0 时，Web 服务器主动调用 HttpSession 的 invalidate()方法，标识 session 无效，回收 session 占用的内存。

Tomcat 9 的默认最大间隔时间为 1800s。我们也可以调用 setMaxInactiveInterval()方法设置 session 的生命期。HttpSession 接口的 getMaxInactiveInterval()方法，可以返回最

大间隔时间。

```
protected void service(HttpServletRequest request,
                       HttpServletResponse response)
                       throws ServletException, IOException {
    String sessionid = request.getSession().getId();
    long lastTime = request.getSession().getLastAccessedTime();
    SimpleDateFormat sd = new SimpleDateFormat("yyyy-MM-dd HH:mm:ss");
    System.out.println(sessionid + ",最后访问:" + sd.format(lastTime));
    int ms = request.getSession().getMaxInactiveInterval();
    System.out.println(sessionid + "最大间隔时间为:" + ms);
}
```

测试结果:

```
85E867ECB3B3159347352DB1EFCBC248,最后访问:2020-03-02 14:10:22
85E867ECB3B3159347352DB1EFCBC248 最大间隔时间为:1800
```

6.1.3 session的数据存储

接口 javax.servlet.http.HttpSession 通过 attribute 属性，跨 HTTP 请求传递数据。如用户登录成功，可以把已登录的 user 对象存储在 session 的 attribute 中，在 JSP 页面使用 getAttribute()读取，也可以使用 EL 表达式读取。

```
public interface HttpSession {
    Object getAttribute(String name);
    void setAttribute(String name,Object value);
}
```

接口 javax.servlet.http.HttpSession 的默认实现类是 StandardSession，属性数据存储在 ConcurrentMap 中：

```
public class StandardSession
        implements HttpSession, Session, Serializable {
    protected ConcurrentMap<String, Object> attributes;
}
```

一个 session 对象对应一个 Web 客户端，在 Web 服务器上，所有的 session 对象由类 ManagerBase 统一管理。Map<String, Session>中存储所有的 session 数据，key 值就是 session id。每次 HTTP 请求访问 Web 服务器，在 Map 中没找到 session id 就创建一个 session 对象，然后把 session id 返给客户端。如果 HTTP 请求中携带了 session id，就先到 ManagerBase 中找到 session 对象，再根据属性提取存储的数据。

```
public abstract class ManagerBase
            extends LifecycleMBeanBase implements Manager {
    protected Map<String, Session> sessions;
}
```

【示例 6-5】

在用户登录场景中，首先要清楚 LoginSvl 是单例，doPost()方法是一个高并发的环境，即同一时间可能有很多人同时登录。为了做用户识别，针对每个客户端请求，Web 服务器都会有一个单独的线程进行处理，因此每个请求对应的 request 对象也不同。通过 request 对象，先提取 HTTP 请求中的 session id（存储于 cookie 中），然后根据 session id 到 ManagerBase 中找到对应的 session 对象，最后调用 setAttribute()给找到的 session 对象赋值。

```
public class LoginSvl extends HttpServlet {
    protected void doPost(HttpServletRequest request,
                    HttpServletResponse response)
                    throws ServletException, IOException {
    ...
    request.getSession().setAttribute("uname", uname);
    ...
}
```

6.1.4 URL 重写

session 对象是通过在 cookie 中存储 session id 来进行识别的，如果客户端浏览器不允许使用 cookie，可以使用 URL 重写的方法实现 session 的追踪。

在 URL 字符串中，session id 可以编码为参数进行传递，参数名必须为 jsessionid。由于 URL 重写方式，session id 会暴露在日志、标签、参考头、缓存和浏览器地址栏中，安全性不高，因此如果 cookie 或 SSL session 可用时，不要采用 URL 重写方式。

例如：

```
http://www.example.com/catalog/index.html;jsessionid=1234
```

6.1.5 session 常见问题

提问：用户关闭浏览器后，session 是不是马上失效？

分析：session 是存储在 Web 服务器上的一块内存，客户端关闭浏览器，并不会通知 Web 服务器，因此与客户端对应的 session 对象不会马上失效。session 的唯一识别符是 session id，它通常存储于客户端浏览器的 cookie 中。浏览器关闭后，存储 session id 的这个 cookie 值会被马上删除，因此关闭浏览器的本质是 session id 丢失了。当然，session id 丢失后，存储于服务器的对应 session 对象无法被访问，倒计时超过最大间隔时间后，session 对象失效。

提问：在浏览器中打开一个新窗口，访问相同 Web 站点，两个窗口对应的 session 是否相同？

解析：不同的浏览器，如谷歌、火狐、IE、猎豹等浏览器都支持多窗口模式，多个窗口可能并不共享 cookie。同一个浏览器的不同版本，效果也可能不同。现在多数浏览器支持多窗口 cookie 共享，即多个窗口，只存储一份 cookie 对象，因此 session id 自然相同，对应的服务器 session 对象也相同。

视频讲解

6.2 application 与 ServletContext

application 对象是 JSP 的内置对象之一，它的数据类型是 javax. servlet. ServletContext。Servlet 容器自动创建了一个 ServletContext 对象，名字为 applicaton，在 JSP 的 Java 脚本中可以直接使用 application 对象。在 Servlet 环境使用 ServletContext 时，不要自己去创建对象，应该通过 request. getServletContext()找到默认已创建好的 application 对象。

ServletContext 翻译为 Servlet 上下文，它提供了多个方法，目的是管理 Servlet 与 Servlet 容器交互。基于每个 Java 虚拟机的 Java Web 应用，都有一个 Servlet 上下文环境。

在分布式 Web 集群环境中，每台 Web 服务器都提供一个 Servlet 上下文环境，在各个 Web 服务器之间，ServletContext 数据不能共享。因此要统计集群中多台 Web 服务器的 PV(PageView，页面访问次数)，不能使用 ServletContext，最好的方案是采用独立的 Redis 服务器。这个方案中，负载均衡的多台 Web 服务器可以共享相同的 Redis 数据服务器，因此可以统计所有 Web 应用的 PV。

6.2.1 读取全局配置参数

配置 Web 应用需要的全局参数，通过调用 ServletContext 接口的 getInitParameter()方法读取。

```
public interface ServletContext {
    String getInitParameter(String name);
}
```

【示例 6-6】

(1) 在 web. xml 中配置全局参数。

```
< context - param >
    < param - name > contextConfigLocation </param - name >
    < param - value >/WEB - INF/spring - mvc. xml </param - value >
</context - param >
```

(2) 在 servlet 中动态读取全局参数。

```
protected void doGet(HttpServletRequest request,
                     HttpServletResponse response)
                     throws ServletException, IOException {
    String fname = request.getServletContext()
                   .getInitParameter("contextConfigLocation");
    System.out.println(fname);
}
```

输出结果：

```
/WEB-INF/spring-mvc.xml
```

6.2.2 全局变量

使用 ServletContext 的属性存储数据，只要 Web 服务器不宕机，数据会一直存在，因此可以用于存储当前 Web 应用的全局数据。

```
public interface ServletContext {
    void removeAttribute(String name);                      //移除属性
    void setAttribute(String name, Object object);          //设置属性
    Object getAttribute(String name);                       //读取属性
}
```

【示例 6-7】

统计 HelloSvl 的访问次数。

(1) 所有访问 HelloSvl 的 HTTP 请求，都会首先进入 service()方法，因此在此处进行全局计数。计数后调用 super.service()方法，继续执行父类的请求分发工作。注意：示例代码比较简单，暂时没有考虑高并发和分布式的影响。

```
@WebServlet("/HelloSvl")
public class HelloSvl extends HttpServlet {
    public void service(HttpServletRequest req,
        HttpServletResponse res)throws ServletException,IOException{
        Object obj = req.getServletContext().getAttribute("PV");
        if(obj == null) {
            req.getServletContext().setAttribute("PV",1);
        }else {
            Integer pv = (Integer)obj;
            req.getServletContext().setAttribute("PV",pv + 1);
        }
        super.service(req, res);
    }
}
```

(2) 在 hello.jsp 中显示访问次数。

```
<body>
    访问次数: ${PV}
</body>
```

视频讲解

6.3 cookie

cookie 由 Web 服务器创建，然后返回给客户端浏览器存储的特殊对象。注意：cookie 不是 JSP 的内置对象，不要混淆。

cookie可以唯一识别客户端，在cookie中存储session id，详见6.1节讲述的内容。cookie的另外一个常用场景是用户自动登录，即把用户名和密码存储在客户端浏览器的cookie中，Web站点提取cookie中存储的用户信息，自动完成登录。

cookie的数据类型是javax.servlet.http.Cookie，即所有cookie都是javax.servlet.http.Cookie的实例对象。

Cookie类的基本定义如下：

```
public class Cookie implements Cloneable, Serializable {
    private final String name;
    private String value;
    private String comment;
    private String domain;
    private int maxAge = -1;
    private String path;
    public Cookie(String name, String value){}
    ...
}
```

6.3.1 创建cookie

cookie的构造函数需要两个参数，分别为名字和值。cookie最终要存储于客户端浏览器，因此参数名和参数值都必须是字符型，复杂数据类型无法存储到客户端文件中。

【示例6-8】

(1) 创建cookie，存储用户登录信息。

在LoginSvl中，new Cookie("user",value)创建cookie对象，cookie名和值都必须为字符型，而且在value中不能包含中文和特殊字符。调用response.addCookie()，把已经创建好的cookie对象写入客户端浏览器。

```
protected void doPost(HttpServletRequest request,
                      HttpServletResponse response)
                      throws ServletException, IOException {
    String uname = request.getParameter("uname");
    String pwd = request.getParameter("pwd");
    //调用服务层代码,用户登录校验
    request.getSession().setAttribute("uname", uname);
    String value = uname + ":" + pwd;
    Cookie myCookie = new Cookie("user",value);
    response.addCookie(myCookie);
    String path = request.getContextPath();
    response.sendRedirect(path + "/main/main.jsp");
}
```

(2) 在过滤器或其他Servlet读取cookie信息。

使用request对象的getCookies()方法，可以读取HTTP请求中的所有cookie对象。每次HTTP请求都会携带所有的cookie，因此Web服务器端读取cookie时应该先把所有的 cookie 取到，然后再查找自己想要的那个 cookie。

```
public void doFilter(ServletRequest request, ServletResponse response,
                     FilterChain chain) throws IOException, ServletException {
    HttpServletRequest req = (HttpServletRequest)request;
    Cookie[] cookies = req.getCookies();
    for(Cookie ck :cookies) {
        System.out.println(ck.getName() + "," + ck.getValue());
    }
    ...
}
```

6.3.2 cookie 的生命期

cookie 的 setMaxAge()方法用于管理 cookie 对象的生命期。

成员变量 maxAge 的默认值为−1。

cookie 类的源码如下：

```
public class Cookie implements Cloneable, Serializable{
    private int maxAge = -1;
    public void setMaxAge(int expiry) {
        maxAge = expiry;
    }
    public int getMaxAge() {
        return maxAge;
    }
}
```

参数 expiry 表示 cookie 对象的最大生命期，单位是秒。当 expiry 值大于 0，表示 cookie 对象存储到客户端浏览器后开始倒计时，倒计时为 0 后，客户端浏览器就会删除本地的 cookie 对象。当 expiry 值为 0，用于删除已有的 cookie 对象，修改了 expiry 值为 0 后，需要服务器重新写 cookie 到客户端浏览器。当 expiry 值为负数，表示客户端浏览器不会存储这个 cookie 对象，浏览器关闭时，这个 cookie 会马上消失，如存储 session id 的那个 cookie，就具有这个特点，它不需要持久存储。

【示例 6-9】

创建一个 cookie 对象，名字为 user。

设置这个 cookie 对象的生命期为 7 天。

```
Cookie myCookie = new Cookie("user",value);
myCookie.setMaxAge(24 * 3600 * 7);
response.addCookie(myCookie);
```

【示例 6-10】

删除 cookie。

新建一个控制器 CookieSvl，读取客户端传入的 cookie，找到名字为 user 的 cookie 对象，然后重新设置这个 cookie 对象的生命期为 0，下一步回写 cookie 给客户端。这样名字为

user 的 cookie 就会被客户端浏览器删除。

```
@WebServlet("/CookieSvl")
public class CookieSvl extends HttpServlet {
    protected void doGet(HttpServletRequest request,
                    HttpServletResponse response)
                    throws ServletException, IOException {
        Cookie[] cookies = request.getCookies();
        for(Cookie ck :cookies) {
            System.out.println(ck.getName() + "," + ck.getValue());
            if(ck.getName().equals("user")) {
                ck.setMaxAge(0);
                response.addCookie(ck);
            }
        }
    }
```

6.3.3 cookie 使用限制

Web 应用写 cookie 到客户端浏览器时，会自动设置 cookie 的 Path 属性为当前的 Web 站点名，如 Path 为"/Hello"。

客户端浏览器可能会访问很多的 Web 站点，cookie 是属于哪个站点的，必须要标识清楚。当浏览器向某个 Web 站点发起 HTTP 请求时，如 http://localhost:8080/Hello，这时客户端浏览器会把所有 Path 为"/Hello"的 cookie 都同 HTTP 请求一起，发给要访问的 Web 站点。

如果同一个 Web 站点下的 cookie 数量过多，就会严重影响 HTTP 的速度。为了优化性能，Java EE 8 对 cookie 的限制如下：

- 同一个 Web 站点，cookie 数量不能超过 20 个。
- 客户端浏览器存储的 cookie 总数不能超过 300 个。
- cookie 中只能存储字符型数据，单个 cookie 数据量不能超过 4KB。

6.4 本章习题

(1) 下面关于 session 对象说法错误的是(　　)。

A. session 对象的类型是 HttpSession

B. session 对象提供 HTTP 服务器和 HTTP 客户端之间的会话

C. session 可以跨 HTTP 请求储存访问者的一些特定信息

D. 当用户在同一站点的页面之间跳转时，存储在 session 对象中的变量不会丢失

(2) 下列关于 application 对象说法错误的是(　　)。

A. application 对象在 Tomcat 启动时自动创建

B. application 对象用来存储所有用户间的共享信息

C. application 对象可以在 Web 应用程序运行期间持久地保持数据

D. 在集群环境中，application 对象可用于存储所有站点的页面单击次数

(3) 不能在不同用户之间共享数据的方法是(　　)。

A. 利用 cookie　　B. 利用文件系统

C. 利用数据库　　D. 利用 ServletContext 对象

(4) session 对象的(　　)方法用于判断是否为开始了新会话。

A. begin()　　B. isNewSessionID()

C. invalidate()　　D. isNew()

(5) 如果编写一个计数器程序，用来记载当前网站的页面访问量，最好采用 JSP 中的(　　)对象计数。

A. page　　B. session　　C. request　　D. application

(6) Java EE 中，HttpSession 接口位于(　　)包中。

A. javax. servlet　　B. javax. servlet. http

C. javax. servlet. http. session　　D. javax. servlet. session

(7) 关于 ServletContext 的表述，不正确的是(　　)。

A. 上下文对象是用来存储全局范围信息的对象

B. 一个 Web 应用只有一个上下文对象

C. 当服务器关闭的时候，上下文对象不会销毁

D. 当服务器启动的时候，就会为每一个应用创建一个上下文对象

(8) 以下(　　)不是由 Servlet 容器创建的。

A. session 对象　　B. application 对象

C. cookie 对象　　D. page 对象

E. request 对象

(9) 首次访问一个自定义 HttpServlet 时，不会创建(　　)。

A. ServletRequest 对象　　B. ServletResponse 对象

C. ServletContext 对象　　D. ServletConfig 对象

(10) 以下选项(　　)用于在 Servlet 中删除指定的 cookie 对象。

A. response. deleteCookie(cookie);

B. cookie. setMaxAge(0);
　response. addCookie(cookie);

C. cookie. setMaxAge(-1);
　response. addCookie(cookie);

D. request. deleteCookie(cookie);

第 7 章 过　滤　器

CHAPTER 7

Java EE 中的过滤器，可以根据用户需要过滤客户端的请求信息。过滤器的典型应用场景：用户权限校验、cookie 自动登录、编码格式转换、数据加密、数字签名等。一个 Web 应用可以定义多个过滤器，形成过滤器链，客户端的 HTTP 请求分别被各个过滤器拦截后才能访问目标的 Web 资源（见图 7-1）。

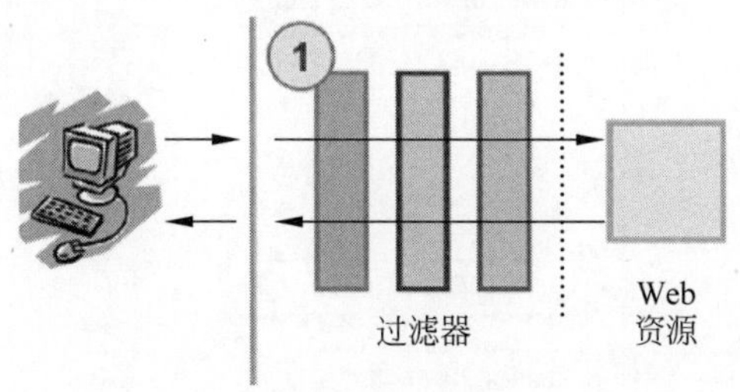

图 7-1　过滤器链

7.1 Filter 接口

用户自定义过滤器，需要实现 javax. servlet. Filter 接口。

```
public interface Filter {
    default void init(FilterConfig filterConfig)
                    throws ServletException {};
    default void destroy() {};
    void doFilter(ServletRequest request,
            ServletResponse response, FilterChain chain);
}
```

- init 方法：过滤器的初始化与 Servlet 的初始化非常相似，它通过参数 FilterConfig 读取初始化参数信息。Filter 实例后，Servlet 容器调用 init()方法对过滤器进行初始化，如果初始化未完成或发生异常，doFilter()方法不能工作。
- destroy 方法：Servlet 容器调用 destroy()方法，表示过滤器不再提供服务。使用 destroy()方法，可用于回收非托管资源。

➢ doFilter 方法：Servlet 容器拦截 HTTP 请求，对比所有过滤器设置的 urlPatterns，当 HTTP 请求与过滤器的 urlPatterns 匹配时，会把 request/response 对象引用传递给相应过滤器的 doFilter()方法。当前过滤器处理完，调用 FilterChain 把请求传递给过滤器链上的下一个对象。

7.2 过滤器声明

可以在 web.xml 中配置过滤器，也可以使用@WebFilter 来声明过滤器。过滤器配置分为声明和 URL 映射两个部分，见图 7-2 和图 7-3。

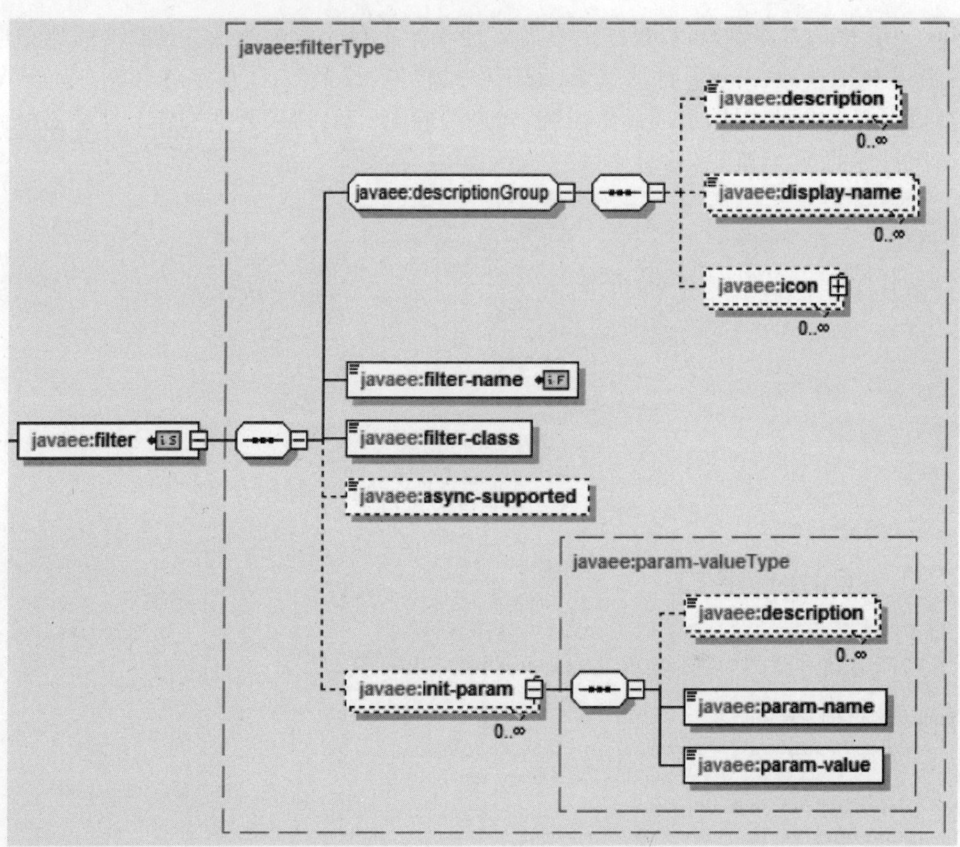

图 7-2 过滤器声明元素结构

【示例 7-1】

使用 web.xml 分别配置 CharacterEncodingFilter、LogFilter、AuthBackFilter 等过滤器。

```
<filter>
    <filter-name>CharacterEncodingFilter</filter-name>
```

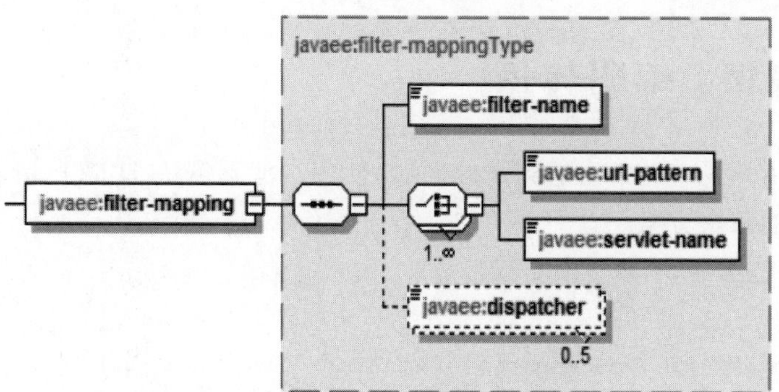

图 7-3 过滤器 URL 映射元素结构

```
    <filter-class>com.icss.bk.filter.CharacterEncodingFilter</filter-class>
    <init-param>
        <param-name>encoding</param-name>
        <param-value>GBK</param-value>
    </init-param>
</filter>
<filter-mapping>
    <filter-name>CharacterEncodingFilter</filter-name>
    <url-pattern>/*</url-pattern>
</filter-mapping>
<filter>
    <filter-name>LogFilter</filter-name>
    <filter-class>com.icss.bk.filter.LogFilter</filter-class>
</filter>
<filter-mapping>
    <filter-name>LogFilter</filter-name>
    <url-pattern>/*</url-pattern>
</filter-mapping>
<filter>
    <filter-name>AuthBackFilter</filter-name>
    <filter-class>com.icss.bk.filter.AuthBackFilter</filter-class>
</filter>
<filter-mapping>
    <filter-name>AuthBackFilter</filter-name>
    <url-pattern>/back/*</url-pattern>
</filter-mapping>
```

【示例 7-2】

使用@WebFilter 声明过滤器。

```
@WebFilter(urlPatterns = "/*",
       initParams = {@WebInitParam(name = "encoding",value = "utf-8")})
public class CharacterEncodingFilter implements Filter {}

@WebFilter(filterName = "/UserFilter",urlPatterns = "/user/*")
public class UserFilter implements Filter {}
```

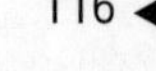

视频讲解

7.3 案例：编码转换

在Web应用开发中经常会遇到乱码问题，使用过滤器解决HTTP请求导致的乱码问题，是十分有效的解决方案。

(1) 自定义过滤器，实现Filter接口。

```
@WebFilter(urlPatterns = "/*",
    initParams = {@WebInitParam(name = "encoding", value = "utf-8")})
public class CharacterEncodingFilter implements Filter {}
```

- urlPatterns="/*"表示对所有的HTTP请求进行过滤。
- 设置了初始化参数，名字为encoding，参数值可以按需要配置。

(2) 在初始化方法中读取参数。

```
public class CharacterEncodingFilter implements Filter {
    private String encoding;
    public void init(FilterConfig filterConfig)
                throws ServletException {
        this.encoding = filterConfig.getInitParameter("encoding");
    }
}
```

(3) 在doFilter中过滤请求。

先把HTTP请求的参数转换成单字节码ISO-8859-1，然后用配置的encoding进行编码。此处只对GET请求进行了处理，POST请求一般不会乱码。

```
public void doFilter(ServletRequest request, ServletResponse response,
        FilterChain chain) throws IOException, ServletException {
    if (encoding != null){
        request.setCharacterEncoding(encoding);
    }
    HttpServletRequest r = (HttpServletRequest)request;
    if(r.getMethod().equalsIgnoreCase("get")){
      Enumeration<?> names = request.getParameterNames();
        while (names.hasMoreElements()){
            String[] values = request.getParameterValues
                                (names.nextElement().toString());
            for (int i = 0; i < values.length; ++i){
                values[i] = new String(values[i].getBytes("ISO-8859-1"), encoding );
            }
        }
    }
    chain.doFilter(request, response);
}
```

7.4 案例：权限校验

一般 Web 应用系统都需要用户注册与登录。如何识别用户是否已经登录，在过滤器中统一进行登录权限校验是最简单的方法。

(1) 用户登录成功，把用户对象保存到 session 中。

```
@WebServlet("/LoginSvl")
public class LoginSvl extends HttpServlet {
    protected void doPost(HttpServletRequest request,
                HttpServletResponse response)
                throws ServletException, IOException {
        //调用服务层代码,用户登录校验
        request.getSession().setAttribute("user",user);
        ...
    }
}
```

(2) 定义用户权限过滤器，过滤所有 URL 为"/user/ * "的请求。

```
@WebFilter(filterName = "/UserFilter",urlPatterns = "/user/ * ")
public class UserFilter implements Filter {}
```

(3) 判断当前请求的用户是否已经登录。

未登录用户访问/user 下的资源，自动转到登录页。

```
public void doFilter(ServletRequest request, ServletResponse response,
        FilterChain chain)throws IOException, ServletException {
    HttpServletRequest req = (HttpServletRequest)request;
    Object object = req.getSession().getAttribute("user");
    if(object != null){
        chain.doFilter(request, response);       //向下访问资源
    }else{
        request.setAttribute("msg","请先登录");
        req.getRequestDispatcher("/WEB - INF/main/login.jsp")
                                    .forward(request, response);
    }
}
```

7.5 本章习题

(1) 所有的过滤器都应该实现(　　)接口。

A. Filter　　B. FilterConfig　　C. FilterChain　　D. FilterName

(2) (　　)不属于过滤器的生命期管理方法。

A. 过滤器构造函数　　B. init()方法

C. destroy()方法　　D. service()方法

(3)(　　)不属于 FilterConfig 接口。

A. getInitParameter()　　B. getInitParameterNames()

C. getFilter()　　D. getServletContext()

(4)(　　)属于 FilterChain 接口。

A. doFilter()　　B. doChain()　　C. getFilter()　　D. getChain()

(5)过滤器都是单例模式,即 Servlet 容器会自动创建一个唯一的过滤器对象。(对/错)

(6)过滤器用于处理 HTTP 的请求信息,HTTP 的回应信息不会做过滤处理。(对/错)

第 8 章 监　听　器

CHAPTER 8

在 Java EE 中定义了很多监听器，如 ServletContextListener、HttpSessionListener、ServletRequestListener、AsyncListener 等，它们统一采用了事件通知机制，即某个 Java EE 对象的状态发生变化时，会向外发送通知。注册了监听事件的观察者会收到通知。监听器的工作模式见图 8-1。

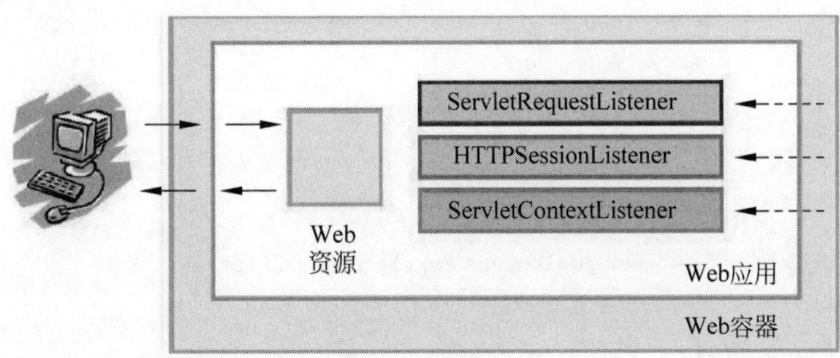

图 8-1　监听器

8.1 监听器声明

视频讲解

可以在 web.xml 中配置监听器，也可以使用@WebListener 来声明监听器。监听器的元素结构见图 8-2。

【示例 8-1】

web.xml 中配置监听器。

```
<listener>
    <listener-class>
        org.springframework.web.context.ContextLoaderListener
    </listener-class>
</listener>
<listener>
    <listener-class>com.icss.bk.listener.PageViewListener</listener-class>
</listener>
```

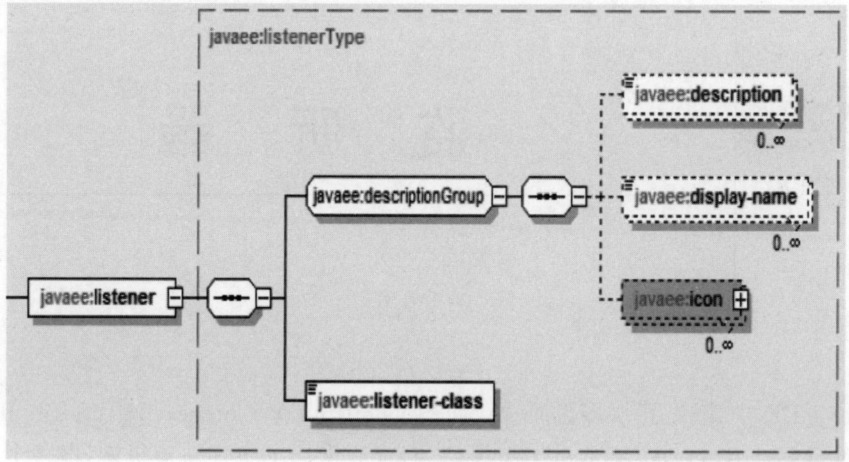

图 8-2　监听器元素结构

```
<listener>
    <listener-class>com.icss.bk.listener.OnLineUserListener</listener-class>
</listener>
```

【示例 8-2】

注解配置监听器。

```
@WebListener
public class MyContextListener implements ServletContextListener {}
```

8.2　ServletContextListener

当 ServletContext 生命期发生变化时，使用 ServletContextListener 监听器接收变化的通知。ServletContext 是 Servlet 的上下文环境，当 Tomcat 启动时自动创建 ServletContext 对象；当 Tomcat 停止后 ServletContext 对象被释放。

ServletContextListener 非常有用，典型的应用场景就是在 Web 站点启动时，加载业务系统的配置信息，进行系统业务数据初始化等。

ServletContextListener 接口定义如下：

```
public interface ServletContextListener {
    default void contextInitialized(ServletContextEvent sce) {}
    default void contextDestroyed(ServletContextEvent sce) {}
}
```

【示例 8-3】

(1) 在 Hello 项目下新建包 com.icss.listener，然后新建监听器 MyContextListener。

```
public class MyContextListener implements ServletContextListener {
    public void contextInitialized(ServletContextEvent sce)  {
```

```
        System.out.println("Tomcat 启动,创建 ServletContext");
    }
    public void contextDestroyed(ServletContextEvent sce)  {
        System.out.println("ServletContext 结束,释放资源");
    }
}
```

(2) 在 web.xml 配置监听器。

```
<listener>
    <listener-class>com.icss.listener.MyContextListener</listener-class>
</listener>
```

(3) 部署 Hello 项目,启动 Tomcat。

在 Console 平台,可以观察到输出信息:

```
Tomcat 启动,创建 ServletContext
```

(4) 关闭 Tomcat。

如图 8-3 所示,在 Console 平台选定 Tomcat 9 服务器后,右击,在弹出的菜单中选择 Stop 命令,关闭 Tomcat。

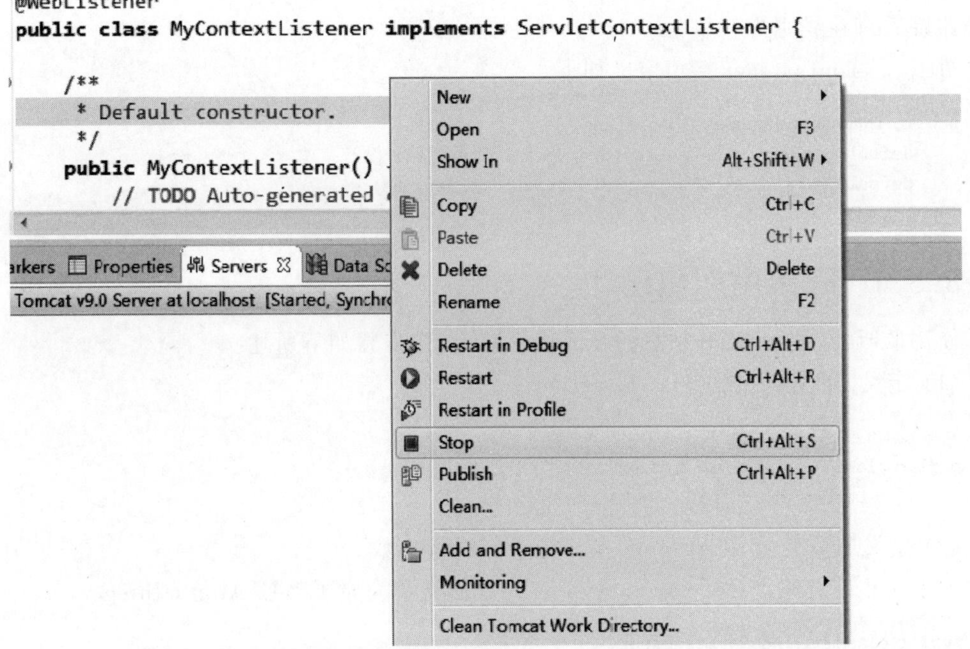

图 8-3 关闭 Tomcat

在 Console 平台,可以观察到输出信息:

```
ServletContext 结束,释放资源
```

(5) 启动监听器,可以在 web.xml 配置监听器,如步骤(2)所示,也可以使用@WebListener 注解,这样更加简单。

```
@WebListener
public class MyContextListener
            implements ServletContextListener {}
```

使用@WebListener 注解,需要在 web.xml 中增加 metadata-complete="false"属性配置,否则监听器不会加载。

```
<web-app xmlns:xsi="http://www.w3.org/2001/XMLSchema-instance"
xmlns="http://xmlns.jcp.org/xml/ns/Java EE"
xsi:schemaLocation="http://xmlns.jcp.org/xml/ns/Java EE
http://xmlns.jcp.org/xml/ns/Java EE/web-app_4_0.xsd"
id="WebApp_ID" version="4.0" metadata-complete="false">
```

8.3 HttpSessionListener

HttpSessionListener 监听器,主要用于监听 HttpSession 对象的生命期变化,如创建 session 和释放 session 事件。一个 session 代表一个在线用户,因此常用 HttpSessionListener 监听器跟踪管理在线用户。

HttpSessionListener 接口定义如下:

```
public interface HttpSessionListener {
    default void sessionCreated(HttpSessionEvent se) {}
    default void sessionDestroyed(HttpSessionEvent se) {}
}
```

视频讲解

8.3.1 在线用户数统计

使用监听器,统计 Web 站点的在线用户数,操作步骤如下所述。

(1) 定义监听器 OnlineUserListerner。

```
@WebListener
public class OnlineUserListerner
        implements HttpSessionListener {}
```

(2) 定义成员变量 userCount,用于记录在线用户数。

为了防止高并发产生影响,userCount 的数据类型为原子整数 AtomicInteger。

```
public class OnlineUserListerner
            implements HttpSessionListener {
    private AtomicInteger userCount;
    public OnlineUserListerner() {
        userCount = new AtomicInteger(0);
    }
}
```

(3) 新用户上线，触发 sessionCreated 事件。

```
public void sessionCreated(HttpSessionEvent se)  {
    int user = userCount.incrementAndGet();
    System.out.println("在线用户数: " + user);
}
```

(4) 当 session 超时失效时，会触发 sessionDestroyed 事件。

```
public void sessionDestroyed(HttpSessionEvent se)  {
    int user = userCount.decrementAndGet();
    System.out.println("在线用户数: " + user);
}
```

总结：

HttpSessionListener 监听器默认为单例模式，在 Tomcat 启动时会自动创建监听器对象。因此，在线用户数可以使用成员变量记录。有些监听器不是单例模式，使用成员变量要非常小心。

用户主动退出系统，调用 HttpSession 的 invalidate()方法会销毁当前的 session，但是 Web 应用会自动创建另外一个会话对象，因此在线人数不会变。只有用户超时未操作，服务器主动删除 session 对象时，在线用户数才会减少。

8.3.2 网络聊天室管理

视频讲解

Web 站点通常会有游客与注册用户的区别，注册用户可以参与评论、收藏、购物、聊天等活动。使用 HttpSessionListener 可以有效管理登录用户的行为，如网络聊天室发言不当，即可"踢出"聊天室。

把已登录用户"踢"下线的操作步骤如下所述。

(1) 新建监听器 OnlineUserListerner，使用 Map 存储所有在线用户数据(含游客)。Map 的 key 值为会话 id，value 是会话对象。注意：allUser 对象是静态的，是为了外部可以访问所有在线用户。

```
@WebListener
public class OnlineUserListerner implements HttpSessionListener {
    public static Map < String, HttpSession > allUser;
    static {
        allUser = new ConcurrentHashMap <>();
    }
    public void sessionCreated(HttpSessionEvent se)  {
        HttpSession session = se.getSession();
        allUser.put(session.getId(), session);
    }
    public void sessionDestroyed(HttpSessionEvent se)  {
```

```
            HttpSession session = se.getSession();
            allUser.remove(session.getId());
        }
    }
```

(2) 在控制器 LoginSvl 中存储所有登录用户的数据。Map 的 key 值是登录用户名，value 是当前会话 id。

```
@WebServlet("/LoginSvl")
public class LoginSvl extends HttpServlet {
    private Map<String,String> loginedUsers = new ConcurrentHashMap<>();
}
```

(3) 用户登录成功,存储登录用户名和会话 id 到 Map 中。

```
protected void doPost(HttpServletRequest request,
                      HttpServletResponse response)
                      throws ServletException, IOException {
    String uname = request.getParameter("uname");
    String pwd = request.getParameter("pwd");
    LoginBiz biz = new LoginBiz();
    User user = biz.login(uname, pwd);
    request.getSession().setAttribute("user", uname);
    loginedUsers.put(uname,request.getSession().getId());
    request.getRequestDispatcher("/main/main.jsp")
                                  .forward(request, response);
}
```

(4) 当聊天室需要“踢”某人下线时,先根据登录用户名在 LoginSvl 的 loginedUsers 中找到登录用户的会话 id。

```
String sessionid = loginedUsers.get(uname);
```

(5) 根据会话 id,在 OnlineUserListerner 的 allUser 中找到会话对象。使会话对象失效,即可把登录用户“踢”下线。

```
HttpSession session = OnlineUserListerner.allUser.get(sessionid);
session.invalidate();
```

视频讲解

8.4 ServletRequestListener

ServletRequestListener 监听器用于接收 request 对象的初始化和销毁通知。

request 对象在 HTTP 请求访问第一个 Servlet 或过滤器时被创建,当退出最后一个 Servlet 或过滤器链时被销毁。

ServletRequestListener 接口定义如下：

```
public interface ServletRequestListener {
    default void requestDestroyed(ServletRequestEvent sre) {}
    default void requestInitialized(ServletRequestEvent sre) {}
}
```

【示例 8-4】

统计 Web 站点被访问次数(一次 HTTP 请求为一次访问)。

(1) 新建监听器,实现 ServletRequestListener 接口。

```
@WebListener
public class PageViewListener
            implements ServletRequestListener{}
```

(2) 定义成员变量 pv,统计 Web 站点所有被访问次数。

Tomcat 启动时会自动创建 PageViewListener 对象,这个监听器默认为单例模式。

```
public class PageViewListener implements ServletRequestListener{
    AtomicInteger pv;
    public PageViewListener() {
        System.out.println("PageViewListener 构造");
        pv = new AtomicInteger(0);
    }
}
```

(3) 每次 HTTP 请求,都会通知 requestInitialized()方法。在这里给计数器 pv 加 1。

```
public void requestInitialized(ServletRequestEvent sre) {
    System.out.println(pv.incrementAndGet());
}
```

8.5 本章习题

(1) Servlet API 中定义了一些事件类型,下列说法不正确的是(　　)。

A. Servlet 上下文相关事件　　B. ServletRequest 相关事件

C. Cookie 相关事件　　D. HttpSession 相关事件

(2) 给 application 对象设置属性信息时,会触发(　　)事件。

A. HttpSessionListener　　B. ServletContextListener

C. ServletContextAttributeListener　　D. ServletRequestAttributeListener

(3) 统计在线用户的数量,应该使用(　　)监听器。

A. ServletRequestListener　　B. HttpSessionListener

C. ServletContextListener　　D. PageListener

(4) 统计 Web 站点的被访问次数,应该使用(　　)监听器。

A. ServletRequestListener　　B. HttpSessionListener

C. ServletContextListener　　D. PageListener

(5) 在 Tomcat 启动时读取配置文件、加载对象,应该使用(　　)监听器。

A. ServletRequestListener　　B. HttpSessionListener

C. ServletContextListener　　D. ServletContextEvent

(6) 自定义监听器,默认都是单例对象。　　(对/错)

(7) @WebListener 与 web.xml 中配置<listener>都可以声明监听器。　　(对/错)

第9章 文件上传

CHAPTER 9

图片、压缩包等实体文件从客户端上传到 Web 服务器，是 B/S 架构下的常见业务场景。实体文件上传与 form 表单的普通提交模式不同，Web 服务器端数据接收方式也与普通模式完全不同。

实体文件上传时，HTML 页面中的 form 表单，必须要指明 enctype 属性。enctype 用来设置或返回用于编码表单内容的 MIME 类型。如果表单没有设置 enctype 属性，那么提交文本时的默认值是 "application/x-www-form-urlencoded"。当上传文件时，enctype 值必须要设置为 "multipart/form-data"，否则服务器无法正常接收数据。

普通表单提交时，网络传输的是字符流，服务器 Servlet 用 request.getParameter()接收参数信息。文件上传的同时，还会有文件名等文本信息一起提交，网络传输的是"字符流＋字节流"格式，因此使用传统的 request.getParameter()无法正常解析数据。

文件上传数据的解析：传统方案可以使用第三方的 SmartUploard.jar，或 apache 提供的 commons-fileupload.jar，这两个方案的应用都很普遍。从 Java EE 6 开始，甲骨文公司官方提供了 Part 解决方案，即不使用第三方的类库，同样可以解析上传的文件。

9.1 文件上传页面

视频讲解

在 Hello 项目的 main 文件夹下，新建 uploadFile.jsp，页面显示效果如图 9-1 所示。页面代码操作步骤如下所述。

文件上传

文件名： 选择文件 未选择任何文件

提交

文件上传

文件名：flex.png 选择文件 flex.png

提交

图 9-1 文件上传

(1) 编写 JSP 代码,form 表单的 enctype 属性必须要设置为 multipart/form-data,上传文件使用标准的< input type="file">控件。

```
<body>
    <h1>文件上传</h1>
    <form method="post" action="<%=basePath%>form.do" enctype="multipart/form-
data">
        文件名:<input type="text" name="fname" id="fname"/>
            <input type="file" name="file" onchange="show(this)" /> <br>
        <input type="submit" value="提交" />
        ${msg}
    </form>
</body>
```

(2) 用户选择要上传的文件后,为了在输入框中显示选中的文件信息,此处使用了 JS 脚本动态获取选择的文件名。

```
<script src="<%=basePath%>js/jquery-1.4.4.min.js"></script>
<script type="text/javascript">
    function show(source) {
        var arrs = $(source).val().split('\\');
        var filename=arrs[arrs.length-1];
        $('#fname').val(filename);
    }
</script>
```

9.2 SmartUpload 方案

使用 SmartUpload 第三方解决方案上传文件的操作步骤如下所述。

(1) 复制 smartupload.jar 到 Hello 项目的 WEB-INF/lib 下。

(2) 新建控制器 FileSvl。

```
@WebServlet("/FileSvl")
public class FileSvl extends HttpServlet {}
```

(3) 在 doPost()方法中接收上传信息。

文本类型的参数,如上传的文件名,传统的 HttpServletRequest 的 getParameter()无法正常接收,应该使用 com.jspsmart.upload.Request 接收。

```
protected void doPost(HttpServletRequest request, HttpServletResponse response)
                throws ServletException, IOException {
    SmartUpload smu = new SmartUpload();
    smu.initialize(this.getServletConfig(),request,response);
    smu.setCharset("utf-8");
    smu.setAllowedFilesList("gif,jpg,png,bmp");
    smu.setMaxFileSize(300*1024);                //最大上传文件允许 300KB
    try {
```

```
        smu.upload();                              //开始接收上传数据
        com.jspsmart.upload.Request  req =  smu.getRequest();
        String fname = req.getParameter("fname");
        com.jspsmart.upload.File file = smu.getFiles().getFile(0);
        String picPath = request.getServletContext().getRealPath("/") + "pic";
        file.saveAs(picPath + "/" + fname);
        request.setAttribute("msg",fname + " -- 录入成功");
    }   catch (Exception e) {
        e.printStackTrace();
        request.setAttribute("msg",e.getMessage());
    }
    request.getRequestDispatcher("/main/uploadFile.jsp")
                                    .forward(request, response);
}
```

(4) 文件上传成功后，控制器把文件保存到 Hello 站点的 pic 文件夹下；然后转到 uploadFile.jsp，显示上传成功的文件信息(见图 9-2)。

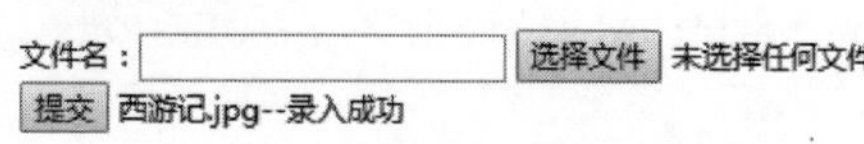

图 9-2　文件上传成功

9.3　Commons 方案

使用 Apache 提供的 Commons 文件上传方案，操作步骤如下所述。

(1) 从 Apache 官网下载 Commons 项目下的 commons-fileupload.jar 和 commons-io.jar，把两个包导入 Hello 项目的 WEB-INF/lib 文件夹下。

(2) 在控制器的 doPost()中编写代码。

DiskFileitemFactory 类负责管理磁盘文件，ServletFileUpload 类负责上传和解析文件，FileItem 类负责保存每个表单数据项的信息。FileItem 的 isFormField()返回真，表示接收的是普通文本信息，否则为字节流数据。

```
protected void doPost(HttpServletRequest request, HttpServletResponse response)
                    throws ServletException, IOException {
    ServletFileUpload upload = new ServletFileUpload(new DiskFileItemFactory());
    upload.setHeaderEncoding("utf-8");
    upload.setFileSizeMax(300 * 1024);
    try {
        List<FileItem> items = upload.parseRequest(request);
        for(FileItem item : items) {
            if (item.isFormField()) {
                if(item.getFieldName().equals("fname")) {
                    System.out.println(item.getString());
                }
            }else {
                byte[] file = item.get();
                String fname = item.getName();
                String picPath = request.getServletContext()
                                        .getRealPath("/") + "pic";
```

```
                    FileUtils.writeByteArrayToFile(new File(picPath +
                                                "/" + fname), file);
                    request.setAttribute("msg",fname + "-- 录入成功");
                }
            }
        }   catch (Exception e) {
            e.printStackTrace();
            request.setAttribute("msg",e.getMessage());
        }
        request.getRequestDispatcher("/main/uploadFile.jsp")
                                            .forward(request, response);
    }
```

总结：

Apache 的 commons-fileupload 方案，在 MVC 框架中被普遍应用，如框架 Struts 2 和 Spring MVC 都封装了 commons-fileupload 这使得接收上传文件的操作非常简单。

9.4 Part 方案

javax.servlet.http.Part 是 Java EE 6 之后新增的接口，用于处理 multipart/form-data 类型的 Post 请求。

使用 Part 处理文件上传，比第三方的 smartupload 和 commons-fileupload 更加简单，因此是文件上传处理的首选方案。

代码操作步骤如下所述。

(1) 使用@MultipartConfig 限制上传文件的大小，此处约束为 300KB。

```
@WebServlet("/FileSvl")
@MultipartConfig(maxFileSize = 300 * 1024)
public class FileSvl extends HttpServlet {}
```

(2) 在控制器的 doPost()中编写代码。

调用 request.getParameter()直接读取文本型参数值，调用 request.getPart()直接返回上传文件信息，调用 Part 的 write()方法直接把上传的文件写到磁盘上。

```
protected void doPost(HttpServletRequest request, HttpServletResponse response)
                    throws ServletException, IOException {
    String fname = request.getParameter("fname");
    try {
        Part part = request.getPart("file");
        String picPath = request.getServletContext().getRealPath("/") + "pic";
        part.write(picPath + "/" + fname);
        request.setAttribute("msg",fname + "-- 录入成功");
    }   catch (Exception e) {
        e.printStackTrace();
        request.setAttribute("msg",e.getMessage());
```

```
    }
    request.getRequestDispatcher("/main/uploadFile.jsp")
                                        .forward(request, response);
}
```

9.5 本章习题

(1) 使用 form 表单上传图片或文件，如下属性配置不正确的是(　　)。

A. method="post"　　B. action="<%=basePath%> FileSvl"

C. enctype="multipart"　　D. name="myform"

(2) 使用(　　)不能实现在 Servlet 中接收浏览器上传的实体文件。

A. SmartUplaod　　B. Apache 的 FileUpload

C. form 表单　　D. Part

(3) (　　)方法不属于接口 Part。

A. getSize()　　B. write(String fileName)

C. getInputStream()　　D. getWriter()

(4) 实体文件上传时，文件名使用<input type="text" name="fname"/>同时上传，在 Servlet 中，可以使用 request.getParameter()直接接收文件名。　　(对/错)

第 10 章 AJAX 与 Applet

CHAPTER 10

AJAX(Asynchronous Javascript And XML)是异步 JavaScript 与 XML 的简称，在 1.4.3 节简单介绍了 AJAX 架构(见图 1-21)。AJAX 与 MVC 都是 Java EE 开发的重要模式，本章将详细介绍 AJAX 的应用。

AJAX 的早期应用是在 2005 年左右，由谷歌、亚马逊等公司在 Web 2.0 技术的旗帜下推广开的，现在已经广泛应用于 Web 站点开发。AJAX 的典型应用场景：谷歌地图、百度搜索提示、网站用户异步登录等。

AJAX 是异步模式，可以局部刷新页面，因此可以使浏览器与服务器的交互只需要很少的数据，极大地提高了 HTTP 请求与回应的速度，大大提升了用户的体验。

视频讲解

10.1 XMLHttpRequest

图 1-21 中的 AJAX 引擎，指的是 JS 脚本中的一个内置对象，名字为 XMLHttpRequest。所有 AJAX 的交互，目前使用的都是 XMLHttpRequest 对象。

下面使用 XMLHttpRequest 对象，演示用户注册时，用户名唯一性的校验方法，这个业务场景我们经常会遇到。

(1) 新建用户注册页 regist.jsp，如图 10-1 所示。

图 10-1 用户注册

当输入用户名的文本框失去焦点时，会触发 onblur() 事件。

```
<table>
    <tr>
        <td>用户名</td>
        <td>
            <input type="text" id="uname" name="uname" onblur="validUname()">
            <span id="nameAlert" style="color: red; font-size: 12px"></span>
        </td>
    </tr>
    <tr>
        <td>密码</td>
```

```
        <td><input type="password" name="pwd"></td>
    </tr>
    <tr>
        <td>密码确认</td>
        <td><input type="password" name="pwd2"></td>
    </tr>
    <tr>
        <td colspan="2" align="center"><input type="submit" value="提交"></td>
    </tr>
</table>
```

(2) 在JS脚本中动态创建XMLHttpRequest对象。

```
function validUname() {
    if (window.XMLHttpRequest) {
        xmlhttp = new XMLHttpRequest();                //针对 Mozilla 等浏览器
    }else if(window.ActiveXObject) {
        xmlhttp = new ActiveXObject("Microsoft.XMLHTTP");
    }
    ...
}
```

(3) 注册回调函数,用于接收Web服务器的返回信息。

调用xmlhttp对象的send()方法,向目标地址UnameSvl发出AJAX请求。

```
function validUname() {
    ...
    if (xmlhttp!= null){
       xmlhttp.onreadystatechange = stateChange;              //注册回调函数
       var uname = document.getElementById("uname").value;
       var url = "<% = basePath %> UnameSvl?uname = " + uname;
       xmlhttp.open("GET", url, true);
       xmlhttp.send(null);
    }
}
```

(4) 在回调函数中接收AJAX的回应信息。

```
var xmlhttp;          //全局变量,指向创建好的 XMLHttpRequest 对象
function stateChange(){
    if (xmlhttp.readyState == 4){
          if (xmlhttp.status == 200){
               var result = xmlhttp.responseText;
               var info;
               if(result == "0"){
                     info = "用户名为空";
               }else if(result == "1"){
                     info = "用户名已被占用";
               }else if(result == "2"){
                     info = "可以使用";
               }
```

```
                document.getElementById("nameAlert").innerHTML = info;
            }
        }
}
```

(5) 新建控制器,接收 AJAX 用户名校验的请求。

```
@WebServlet("/UnameSvl")
public class UnameSvl extends HttpServlet {}
```

(6) 在控制器的 service()方法中接收 AJAX 请求。

用户名的校验结果,使用 PrintWriter 输出字符流给客户端的 AJAX 引擎。此处没有连接数据库,模拟服务器有 admin 和 tom 两个用户。

```
protected void service(HttpServletRequest request, HttpServletResponse response)
                throws ServletException, IOException {
    PrintWriter out = response.getWriter();
    String uname = request.getParameter("uname");
    if(uname == null || uname.equals("")) {
        out.print("0");
    }else {
        if(uname.equals("admin") || uname.equals("tom")) {
            out.print("1");
        }else {
            out.print("2");
        }
    }
    out.flush();
    out.close();
}
```

视频讲解

10.2 jQuery

jQuery 是一个应用非常广泛的 JS 框架,它有很多功能,其中一项就是它包装了 XMLHttpRequest 对象,简化了 AJAX 的操作。

jQuery 的简单调用样式如下,其中,url 为异步提交的目标地址,data 为 HTTP 的参数,success 表示 AJAX 请求成功,msg 为 Web 服务器返回的数据。

```
$.ajax({
    type: "POST",
    url: "some.php",
    data: "name = John&location = Boston",
    success: function(msg){
        alert("Data Saved: " + msg);
    }
}       );
```

下面使用 jQuery 来实现 10.1 节的用户校验工作。控制器 UnameSvl 与 service()中的代码不变，regist.jsp 中只需要用 jQuery 替换原来的 XMLHttpRequest 相关脚本代码，操作步骤如下所述。

(1) 复制 jquery-1.4.4.min.js 到 WebContent/js 文件夹下。

(2) 在< script >中指明 jquery-1.4.4.min.js 的位置。

```
<script src="<%=basePath%>js/jquery-1.4.4.min.js"></script>
```

(3) 使用 jQuery 的 $.ajax()发送异步请求。

$('#id')是 jQuery 的元素 id 选择器，与 document.getElementById()等效。

```
function validUname() {
    var uname =  $('#uname').val();
    var url = "<%=basePath%>UnameSvl?uname=" + uname;
    var info;
    $.ajax(   {
        type : "POST",
        url : url,
        success : function(msg) {
            if (msg == "0") {
               info = "用户名为空";
            }     else if (msg == "1") {
               info = "用户名已被占用";
            }     else if (msg == "2") {
               info = "可以使用";
            }
            document.getElementById("nameAlert").innerHTML = info;
        }
    }    );
}
```

总结：

使用 jQuery 实现用户名校验，比直接使用 XMLHttpRequest 对象，代码节省了很多。在实际的 AJAX 开发中，直接使用 XMLHttpRequest 对象的场景很少，应该熟练掌握 jQuery 的 AJAX 操作。

10.3 JSON

JSON(JavaScript Object Notation)是一种轻量级的数据交换格式。它基于 ECMAScript (欧洲计算机协会制定的 JS 规范)的一个子集，采用完全独立于编程语言的文本格式来存储和表示数据。简洁和清晰的层次结构使得 JSON 成为理想的数据交换语言，易于人们阅读和编写，同时也易于机器解析和生成，并有效地提升网络传输效率。

JSON 最早是 Douglas Crockford 在 2001 年开始推广使用的数据格式，在 2005—2006 年正式成为网络交互的主流数据格式，雅虎和谷歌就在那时候开始广泛地使用 JSON 格式。

JSON 数据放在一对大括号中，由无序键值对组成，键值对的 key 与 value 之间用英文冒号分隔；键值对与键值对之间使用英文逗号分隔；数组数据使用方括号包含。

【示例 10-1】

```
{
"name": "John Doe",
"age": 18,
"address": {"country" : "china", "zip-code": "10000"}}
```

视频讲解

10.3.1 JSON 与 XML

传统网络数据交换的格式是 XML(eXtensible Markup Language)。XML 的优点：严谨性、自描述性、扩展性、可读性等。XML 广泛应用于 Web 服务、系统配置、网络数据交换等业务场景。

XML 与 JSON 都是非常好的数据交互格式，两者的区别是什么？

【示例 10-2】

下面分别使用 XML 和 JSON 来描述一张唱片，看看两种数据格式的区别所在。

artist 是作者，title 是标题，releaseYear 为发布时间，tracks 下为多首歌曲名称。

(1) XML 的数据描述。

```
<?xml version="1.0" encoding="UTF-8"?>
<album>
    <artist>Phish</artist>
    <title>A Picture of Nectar</title>
    <releaseYear>1992</releaseYear>
    <tracks>
        <track>Llama</track>
        <track>Eliza</track>
        <track>Cavern</track>
        <track>Poor Heart</track>
        <track>Stash</track>
        <track>Manteca</track>
        <track>Guelah Papyrus</track>
        <track>Magilla</track>
        <track>The Landlady</track>
        <track>Glide</track>
        <track>Tweezer</track>
        <track>The Mango Song</track>
        <track>Chalk Dust Torture</track>
        <track>Faht</track>
        <track>Catapult</track>
        <track>Tweezer Reprise</track>
    </tracks>
</album>
```

（2）JSON 的数据描述。

```
{
    "artist" : "Phish",
    "title" : "A Picture of Nectar",
    "releaseYear" : 1992,
    "tracks" : [
        "Llama",
        "Eliza",
        "Cavern",
        "Poor Heart",
        "Stash",
        "Manteca",
        "Guelah Papyrus",
        "Magilla",
        "The Landlady",
        "Glide",
        "Tweezer",
        "The Mango Song",
        "Chalk Dust Torture",
        "Faht",
        "Catapult",
        "Tweezer Reprise"
    ]
}
```

通过这个唱片示例，可以看到 XML 数据必须要有声明、根元素，所有的元素必须成对匹配。而 JSON 数据则是无序键值对，JSON 没有 XML 的自描述特性，但是 JSON 的最大优势就是简洁、数据量小。在网络交互时，传输的数据量小，传输速度自然要快很多。

XML 格式很容易阅读和理解，但是和 JSON 格式相比，XML 会占用更多的系统开销。当然，还可以在 XML 中定义模式来验证数据的类型，并对 XML 数据应用 XSLT 转换，这些都是 JSON 所不具备的，但是对于许多应用程序来说，并不需要这种额外的灵活性。

在浏览器中反串行化 JSON 格式的数据，有一个 XML 不具备的独特优势，就是 JS 解析执行 JSON 非常快。JSON 利用了 JavaScript 中的对象表示法，因此访问 JSON 编码的数据只需使用脚本内置函数 eval 来操作它生成的类型。

使用 JS 解析音碟代码如下，eval()解析 JSON 串后，直接成为 JS 的对象：

```
<html xmlns = "http://www.w3.org/1999/xhtml" >
<head id = "Head1" runat = "server">
<title > Networking </title >
<script type = "text/javascript">
    var JSONstring = '{' +
        '"artist" : "Phish",' +
        '"title" : "A Picture of Nectar",' +
        '"releaseYear" : 1992,' +
        '"tracks" : [' +
        '"Llama",' +
```

```
            '"Eliza",' +
            '"Cavern",' +
            '"Poor Heart",' +
            '"Stash",' +
            '"Manteca",' +
            '"Guelah Papyrus",' +
            '"Magilla",' +
            '"The Landlady",' +
            '"Glide",' +
            '"Tweezer",' +
            '"The Mango Song",' +
            '"Chalk Dust Torture",' +
            '"Faht",' +
            '"Catapult",' +
            '"Tweezer Reprise"' +
            ']' +
        '}';
    function pageLoad() {
        var album = eval("(" + JSONstring + ")");
        var innerHTML = "artist = " + album.artist + "<br />" +
            "title = " + album.title + "<br />" +
            "releaseYear = " + album.releaseYear;
        document.getElementById("p1").innerHTML = innerHTML;
        var tracks = "";
        for(var i = 0; i < album.tracks.length; i++) {
            tracks += "track #" + i + " = " + album.tracks[i] + "<br />";
        }
        document.getElementById("p2").innerHTML = tracks;
    }
    </script>
    </head>
        <body onload = "pageLoad()">
        <form id = "form1">
            <div id = "p1"></div>
            <div id = "p2"></div>
        </form>
        </body>
    </html>
```

视频讲解

10.3.2 each函数

在jQuery中使用each函数,可以在回调中遍历传入的数组对象。在AJAX操作中,返回的data经常为JSON数组,如请求结果为用户列表。每个用户为一个JSON串,多个用户就是JSON数组格式。

```
$("元素 id").each(function(data){
        //执行体
});
```

【示例 10-3】

迭代输出图片。

(1) 新建 each.html,定义三个<img/>标签。

```
<body>
    <img/>
    <img/>
    <img/>
</body>
```

(2) 使用 jQuery 的 each 函数动态给<img/>赋值。

$("img")为 jQuery 的元素选择器,找到三个<img/>标签后,用 each 循环赋值。

```
<script src="jquery-1.4.4.js"></script>
<script type="text/javascript">
    $(function(){
        $("img").each(function(i){
            this.src = "test" + i + ".jpg";
        });
    });
</script>
```

(3) 在 each.html 的相同目录下放三幅图片,分别为 test0.jpg、test1.jpg、test2.jpg。

$(function(){})表示页面启动时加载图片,显示效果见图 10-2。

图 10-2　each 输出图片

【示例 10-4】

迭代输出学生列表。

(1) 新建页面 StuList.jsp,见图 10-3。

```
<table border="1" width=100% id="myTable">
    <tr>
        <td>学号</td>
        <td>学生姓名</td>
        <td>所在城市</td>
        <td>联系方式</td>
```

```
    </tr>
</table>
```

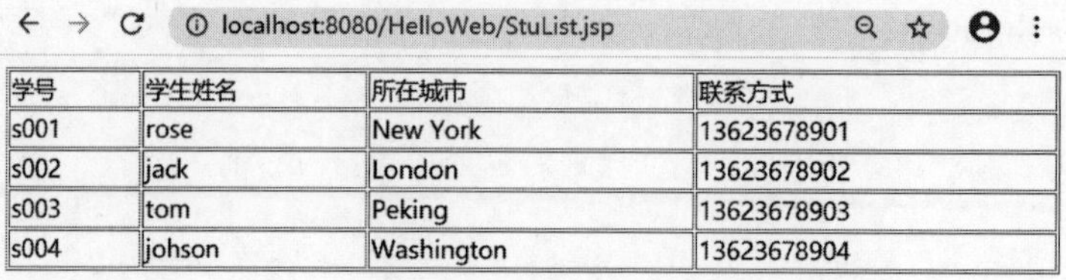

localhost:8080/HelloWeb/StuList.jsp

学号	学生姓名	所在城市	联系方式
s001	rose	New York	13623678901
s002	jack	London	13623678902
s003	tom	Peking	13623678903
s004	johson	Washington	13623678904

图 10-3　学生列表

(2) 在 StuList.jsp 中,用 JS 脚本动态加载学生数据。

StuSvl 返回的 data 为 JSON 集合,用 each 函数遍历学生列表。

```
<script src="<%=basePath%>js/jquery-1.4.4.min.js"></script>
<script type="text/javascript">
    $(function(){
        $.getJSON("<%=basePath%>StuSvl", function(data){
            $(data).each(function(i){
                $("#myTable").append("<tr><td>" + data[i].sno
                        + "</td><td>" + data[i].name + "</td><td>"
                        + data[i].address + "</td><td>"
                        + data[i].tel + "</td></tr>");
            }   );
        }   );
    }   );
</script>
```

(3) 新建控制器 StuSvl。

```
@WebServlet("/StuSvl")
public class StuSvl extends HttpServlet {}
```

(4) 在 service()方法中返回学生数据。

service()接收 AJAX 请求,学生列表用 JSON 集合返回。

```
protected void service(HttpServletRequest request, HttpServletResponse response)
                    throws ServletException, IOException {
    Student s1 = new Student("s001","rose","New York","1362367890");
    Student s2 = new Student("s002","jack","London","1362367890");
    Student s3 = new Student("s003","tom","Peking","1362367890");
    Student s4 = new Student("s004","johson","Washington","1362367890");
    List stus = new ArrayList<>();
    stus.add(s1);
    stus.add(s2);
    stus.add(s3);
    stus.add(s4);
    JSONArray jsonArray = JSONArray.fromObject(stus);
    response.setCharacterEncoding("utf-8");
```

```
    response.getWriter().print(jsonArray.toString());
}
```

(5) JSONArray 属于第三方包 json-lib-2.3-jdk15.jar，它可以把 List 集合转换为 JSON 串数组。转换后的学生数据格式如下：

```
[{"address":"New York","name":"rose","sno":"s001","tel":"1362367890"},
{"address":"London","name":"jack","sno":"s002","tel":"1362367890"},
{"address":"Peking","name":"tom","sno":"s003","tel":"1362367890"},
{"address":"Washing ton","name":"johson","sno":"s004","tel":"1362367890"}]
```

10.3.3 案例：省市区三级联动

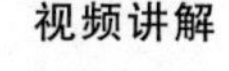

使用 AJAX 实现省市区三级联动效果(见图 10-4)，即选择省后，该省下的所有市数据动态填充到下拉框中，区县数据也会根据市的变化而动态填充该市下的区县数据。

图 10-4 省市区联动

省市区三级联动，在位置查找时非常有用，如查找景点、查找酒店等操作。

项目操作步骤如下(鉴于篇幅影响，服务层代码请参考源代码，这里不再展示)。

(1) 定义省、市、区三个实体对象。

```
public class Province {
    private String id;
    private String name;
    private List<City> cityList;
}
public class City {
    private String id;
    private String name;
    private List<Country> countryList;
}
public class Country {
    private String id;
    private String name;
}
```

(2) 新建 city.jsp，显示省市区信息。

```
<table border = "1">
    <tr><td>省级:</td>
        <td><select name = "shengSelect" onchange = "getShiList();"
                 id = "shengID" onclick = "getShengName()">
            <option value = "nullSelect">-- 请选择 --</option>
            <c:forEach var = "sheng" items = "${arrSheng}">
```

```
                    <option value="${sheng.id}">
                        ${sheng.name}
                    </option>
                </c:forEach>
            </select></td>
            <td>市级：</td>
            <td><select name="shiSelect" id="shiID" onchange = "getQvList()">
                    <option> --请选择--</option>
                </select></td>
            <td>区县：</td>
            <td><select name="qvSelect" id="qvID" onclick="getQvName()">
                        <option>     --请选择--</option>
                </select></td>
        </tr>
    </table>
```

(3) 访问 http://localhost:8080/CityThree/，web.xml 中的欢迎页指向 GetShengSvl。

```
<welcome-file-list>
    <welcome-file>GetShengSvl</welcome-file>
</welcome-file-list>
```

(4) 新建控制器 GetShengSvl。

```
@WebServlet("/GetShengSvl")
public class GetShengSvl extends HttpServlet {}
```

读取所有省的数据，并转向 city.jsp。

```
public void doPost(HttpServletRequest request,
                  HttpServletResponse response)
                  throws ServletException, IOException {
    TestBiz testBiz = new TestBiz();
    List<Province> arrSheng = testBiz.getAllSheng();
    if(arrSheng != null){
    request.setAttribute("arrSheng", arrSheng);
    request.getRequestDispatcher("/WEB-INF/main/city.jsp")
                                .forward(request, response);
}
```

(5) 参见 city.jsp，所有省的数据是使用 JSTL 填充的。

```
<c:forEach var="sheng" items="${arrSheng}">
    <option value="${sheng.id}">
        ${sheng.name}
    </option>
</c:forEach>
```

(6) 在 city.jsp 页选择省的数据，会触发下拉框的 onchange()事件。

```
function getShiList() {
    if($("#shengID").val() != "nullSelect"){
        $.getJSON("GetShiSvl",{sheng:$("#shengID").val()},
```

```
                function callback(data) {
            $ ("#shiID").empty();
            $ (data).each( function(i){
            $ ("<option value=" + data[i].id + ">"
                  + data[i].name +"</option>").appendTo("#shiID");;
            }       );
           $ ("#shiID").change();          //触发#shiID 的 onChange 事件
    }     );
    }else{
        $ ("#shiID").empty();
        $ ("#qvID").empty();
        $ ("<option>--请选择--</option>").appendTo("#shiID");
        $ ("<option>--请选择--</option>").appendTo("#qvID");
    }
}
```

(7) 新建控制器 GetShiSvl,根据省的 id 返回该省下的所有市数据。

```
public void doPost(HttpServletRequest request, HttpServletResponse response)
                throws ServletException, IOException {
    String shengID = request.getParameter("sheng");
    TestBiz testBiz = new TestBiz();
    List<City> cityList = testBiz.getShiBySheng(shengID);
    JSONArray jsonArray = JSONArray.fromObject(cityList);
    response.setCharacterEncoding("utf-8");
    response.getWriter().print(jsonArray.toString());
}
```

(8) 选择市,会触发下拉框的 onchange()事件。

```
function getQvList(){
    $ .getJSON("GetQvSvl",{shi: $ ("#shiID").val(),
        sheng: $ ("#shengID").val()}, function callback(data) {
        $ ("#qvID").empty();
        $ (data).each(      function(i){
            $ ("<option value=" + data[i].id + ">"
                         + data[i].name +"</option>").appendTo("#qvID");;
    }     );
    $ ("#qvID").click();
    }     );
}
```

(9) 新建控制器 GetQvSvl,根据市的 id 返回该市下的所有区县数据。

```
@WebServlet("/GetQvSvl")
public class GetQvSvl extends HttpServlet {
    public void service(HttpServletRequest request, HttpServletResponse response)
        throws ServletException, IOException {
        String provinceID =request.getParameter("sheng");
        String cityID = request.getParameter("shi");
        TestBiz biz = new TestBiz();
        List<Country> qvList = biz.getCountrys(provinceID, cityID);
```

```
            JSONArray jsonArray = JSONArray.fromObject(qvList);
            response.setCharacterEncoding("utf-8");
            response.getWriter().print(jsonArray.toString());
        }
    }
```

(10) 选择省,根据省的id返回该省下的所有市数据,JSON格式如下:

[{"id":"tj01","name":"和平区"},{"id":"tj02","name":"河东区"},{"id":"tj03","name":"河西区"},{"id":"tj04","name":"南开区"},{"id":"tj05","name":"河北区"},{"id":"tj06","name":"红桥区"},{"id":"tj07","name":"塘沽区"},{"id":"tj08","name":"汉沽区"},{"id":"tj09","name":"大港区"},{"id":"tj10","name":"东丽区"},{"id":"tj11","name":"西青区"},{"id":"tj12","name":"津南区"},{"id":"tj13","name":"北辰区"},{"id":"tj14","name":"武清区"},{"id":"tj15","name":"宝坻区"}]

(11) 选择市,根据市的id返回的该市下的所有区县数据,JSON格式如下:

[{"id":"tj16","name":"宁河县"},{"id":"tj17","name":"静海县"},{"id":"tj18","name":"蓟县"}]

视频讲解

10.4 案例:旅游景点

下面演示一个完整的项目案例,同时使用AJAX与MVC技术,显示选定城市的旅游景点信息。城市选择,使用AJAX的省市两级联动技术实现;景点列表使用MVC技术实现。旅游景点查询效果图见图10-5。

图10-5 旅游景点查询效果图

10.4.1 表设计

数据库使用 MySQL 8.0，表设计使用 PowerDesigner 进行物理建模(见图 10-6)。当前的项目功能只是显示景点信息，因此目前只有三张表，随着业务功能的增加，可以再加表。

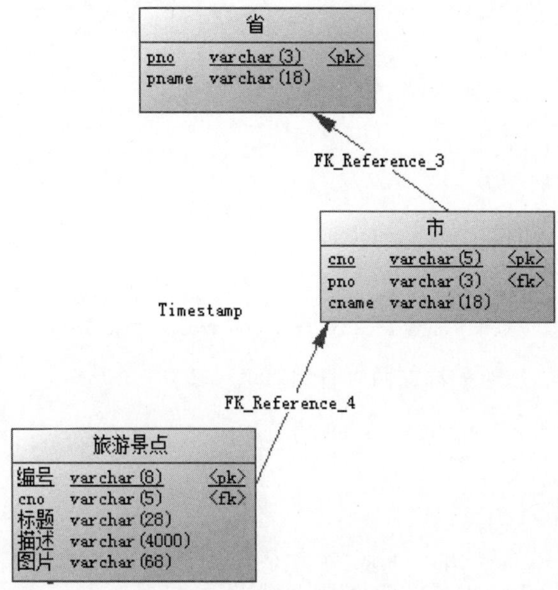

图 10-6 旅游景点表设计

物理建模后，导出 SQL 语句如下所示。

(1) 创建数据库。

```
create database lv;
show databases;
use lv;
```

(2) 省的表结构。

```
create table TProvince
(
    pno     varchar(3) not null,
    pname   varchar(18),
    primary key (pno)
);
```

(3) 市的表结构与外键约束。

```
create table TCity
(
    cno     varchar(5) not null,
    pno     varchar(3),
    cname   varchar(18),
```

```
    primary key(cno)
);
alter table TCity add constraint FK_Reference_3 foreign key (pno)
  references TProvince (pno) on delete restrict on update restrict;
```

(4) 旅游景点表结构与外键约束。

```
create table Travel
(
    lno     varchar(8)  not null,
    cno     varchar(5),
    title   varchar(28),
    info    varchar(4000),
    pic     varchar(68),
    primary key(lno)
);
alter table Travel add constraint FK_Reference_4 foreign key (cno)
     references TCity (cno) on delete restrict on update restrict;
```

(5) 添加省的数据,暂时只添加两个直辖市。

```
insert into TProvince values('bj','北京');
insert into TProvince values('tj','天津');
```

(6) 添加市的数据。

```
insert into TCity  values('bj01','bj',"东城区");
insert into TCity  values('bj02','bj',"西城区");
insert into TCity  values('bj03','bj',"崇文区");
insert into TCity  values('bj04','bj',"宣武区");
insert into TCity  values('bj05','bj',"朝阳区");
insert into TCity  values('bj06','bj',"丰台区");
insert into TCity  values('bj07','bj',"石景山区");
insert into TCity  values('bj08','bj',"海淀区");
insert into TCity  values('bj09','bj',"门头沟区");
insert into TCity  values('bj10','bj',"房山区");
insert into TCity  values('bj11','bj',"通州区");
insert into TCity  values('bj12','bj',"顺义区");
insert into TCity  values('bj13','bj',"昌平区");
insert into TCity  values('bj14','bj',"大兴区");
insert into TCity  values('bj15','bj',"怀柔区");
insert into TCity  values('bj16','bj',"平谷区");
insert into TCity  values('bj17','bj',"密云县");
insert into TCity  values('bj18','bj',"延庆县");
insert into TCity  values('tj01','tj',"和平区");
insert into TCity  values('tj02','tj',"河东区");
insert into TCity  values('tj03','tj',"河西区");
insert into TCity  values('tj04','tj',"南开区");
insert into TCity  values('tj05','tj',"河北区");
insert into TCity  values('tj06','tj',"红桥区");
insert into TCity  values('tj07','tj',"塘沽区");
insert into TCity  values('tj08','tj',"汉沽区");
```

```
insert into TCity  values('tj09','tj',"大港区");
insert into TCity  values('tj10','tj',"东丽区");
insert into TCity  values('tj11','tj',"西青区");
insert into TCity  values('tj12','tj',"津南区");
insert into TCity  values('tj13','tj',"北辰区");
insert into TCity  values('tj14','tj',"武清区");
insert into TCity  values('tj15','tj',"宝坻区");
insert into TCity  values('tj16','tj',"宁河县");
insert into TCity  values('tj17','tj',"静海县");
insert into TCity  values('tj18','tj',"蓟县");
```

(7) 添加旅游景点数据。

```
insert into Travel values('t001','bj01',
    '惠州罗浮山','惠州罗浮山风景区是春天爬山、泡温泉休闲好去处','/images/01.jpg');
insert into Travel values('t002','bj01',
    '西丽水库','西丽水库历史悠久,风景优美,是春天骑行的好去处','/images/02.jpg');
insert into Travel values('t003','bj02',
    '婺源','漫步在婺源油菜花田间,不知有多么的诗情画意','/images/03.jpg');
insert into Travel values('t004','bj02','故宫',
    '明清两代皇宫基础上的中国最大综合性博物馆','/images/04.jpg');
insert into Travel  values('t005','bj02','前门',
    '正阳门是明清两朝北京内城的正南门','/images/05.jpg');
insert into Travel values('t006','bj02','天坛',
    '明、清两代帝王祭祀皇天、祈五谷丰登之场所','/images/06.jpg');
insert into Travel values('t007','bj02','八达岭',
    '明长城中保存最好的一段长城','/images/07.jpg');
```

10.4.2 页面设计

新建页面 travel.jsp,显示景点和景点查询信息。

(1) 新建头文件 mhead.jsp,显示登录、退出等所有页面的共有信息。

```
<%@ page language="java" contentType="text/html; charset=utf-8"
                              pageEncoding="utf-8"%>
<%@ taglib prefix="c" uri="http://java.sun.com/jsp/jstl/core"%>
<%
  String basePath = request.getContextPath();
%>
<div class="ui-title-subcnt fn-right">
    <c:if test="${user!= null}">
    欢迎${user.uname}  
    <a href="#">退出</a>
    </c:if>
    <c:if test="${user == null}">
    <a href="#">登录</a>  
    <a href="#">注册</a>  
    </c:if>
    <a href="#">主页</a>  
</div>
```

(2) 在 travle.jsp 中嵌入头文件,布局省市联动信息。

```
<jsp:include page="mhead.jsp"></jsp:include>
<div class="ui-box fn-clear">
<table border="0">
    <tr><td width="50">省级:</td>
        <td><select name="shengSelect" onchange="getShiList()" id="shengID">
                <c:forEach var="provinces" items="${shengList}">
                    <option value="${provinces.pno}">
                        ${provinces.pname}
                    </option>
                </c:forEach>
            </select></td>
        <td width="50">市级: </td>
        <td><select name="shiSelect" id="shiID" >
                <option value="allCity">所有</option>
                    <c:forEach var="city" items="${cityList }">
                        <option value="${city.cno }">
                            ${city.cname}
                        </option>
                    </c:forEach>
            </select></td>
        <td><input type="button" onclick="tijiao()" value="浏览"></td>
    </tr>
  </table>
</div>
```

(3) 布局景点显示信息。

```
<div class="ui-box fn-clear">
<div class="ui-title">
    <h2 class="ui-title-cnt fn-left">
        <em>${info}</em>
    </h2>
</div>
<ul class="poi_hot" id="poi_hot">
    <c:forEach var="travel" items="${travelList}">
    <li>
        <a title="${travel.title}" href="#">
            <img src="<%=basePath%>${travel.pic}" width="221" height="300">
        </a>
        <p class="alpha-txt alpha-txt-green">
        <a target="_blank" title="${travel.title}" href="#">${travel.title}</a>
        </p>
    </li>
    </c:forEach>
</ul>
</div>
```

10.4.3 脚本设计

在 travle.jsp 中，使用 AJAX 脚本控制省市的两级联动。

```
window.addEventListener("load",function(){
    $("#shengID").change();
})
function getShiList() {
    if( $("#shengID").val() != ""){
        $.getJSON("GetShiSvl",{sheng: $("#shengID").val()},
        function callback(data) {
            $("#shiID").empty();
            $("<option value=allCity>所有</option>").appendTo("#shiID");
            $(data).each( function(i){
            $("<option value=" + data[i].cno + ">"
                    + data[i].cname +"</option>").appendTo("#shiID");;
            });
        });
    }else{
        $("#shiID").empty();
        $("<option>--请选择--</option>").appendTo("#shiID");
    }
  }
```

单击“浏览”按钮，提交景点查询请求给 SpotLookSvl 控制器。

```
function tijiao() {
    if( $("#shiID").val() == "allCity"){
    window.location.href = "<% = basePath %>/SpotLookSvl?pno = " + $("#shengID").val();
}else{
    window.location.href = "<% = basePath %>/SpotLookSvl?cno = " + $("#shiID").val();
}
```

10.4.4 控制层设计

1. 控制器 TravelSvl

首次访问当前系统 http://localhost: 8080/city/，默认主页 index.jsp 自动转向控制器 TravelSvl。

```
<%
    request.getRequestDispatcher("/TravelSvl").forward(request, response);
%>
```

控制器 TravelSvl 的主要作用是：

- 提取省的所有数据，传递给 travel.jsp，填充省的下拉框。
- 根据第一个省的编号，默认提取该省下的所有景点数据，通过域对象 request 传递给 travel.jsp。
- 使用 Dispatcher 转向 travel.jsp。

控制器 TravelSvl 的代码如下：

```
protected void service(HttpServletRequest request, HttpServletResponse response)
        throws ServletException, IOException {
    CityBiz cityBiz = new CityBiz();
    TravelBiz travelBiz = new TravelBiz();
    try {
        List<Province> provinces = cityBiz.getAllProvince();
        //默认提取第一个省下的所有景点
        Province pFirst = provinces.get(0);
        List<Travel> spots = travelBiz.getProvinceSpots(pFirst.getPno());
        request.setAttribute("shengList", provinces);
        request.setAttribute("travelList", spots);
        request.setAttribute("info",pFirst.getPname() + "-所有景点");
        request.getRequestDispatcher("/main/travel.jsp")
                                    .forward(request, response);
    }   catch (Exception e) {
        e.printStackTrace();
        request.getRequestDispatcher("/error/error.jsp")
                                    .forward(request, response);
    }
}
```

2. 控制器 SpotLookSvl

选择省和市位置后，单击“浏览”按钮，查询景点。

(1) 新建控制器 SpotLookSvl。

```
@WebServlet("/SpotLookSvl")
public class SpotLookSvl extends HttpServlet {}
```

(2) 接收景点查询请求，根据参数返回景点数据。

如果省编号不为空，表示查询该省下的所有景点；否则查询指定市的景点。

```
protected void service(HttpServletRequest request, HttpServletResponse response)
                    throws ServletException, IOException {
    String shengID = request.getParameter("pno");
    String shiID = request.getParameter("cno");
    CityBiz cityBiz = new CityBiz();
    TravelBiz travelBiz = new TravelBiz();
    try {
        List<Travel> spots;
        String info;
        if (shengID != null) {
            spots = travelBiz.getProvinceSpots(shengID);
            Province p = cityBiz.getProvince(shengID);
            info = p.getPname() + "-所有景点";
        }  else {
            spots = travelBiz.getCitySpots(shiID);
            PCtity pcity = cityBiz.getCity(shiID);
            info = pcity.getPname() + "-" + pcity.getCname();
```

```
        }
        List<Province> provinces = cityBiz.getAllProvince();
        request.setAttribute("shengList", provinces);
        request.setAttribute("travelList", spots);
        request.setAttribute("info", info);
        request.getRequestDispatcher("/main/travel.jsp")
                                    .forward(request, response);
    }   catch (Exception e) {
        e.printStackTrace();
        request.getRequestDispatcher("/error/error.jsp")
                                    .forward(request, response);
    }
}
```

3. 控制器 GetShiSvl

在 travel.jsp 页面切换省的选择,会自动触发下拉框的 onchange()事件。根据省的编号,AJAX 请求控制器 GetShiSvl,使用 JSON 返回指定省下的市区数据。

(1) 新建控制器 GetShiSvl。

```
@WebServlet("/GetShiSvl")
public class GetShiSvl extends HttpServlet {}
```

(2) 接收 AJAX 请求,返回选定省的市数据。

```
public void doPost(HttpServletRequest request, HttpServletResponse response)
                throws ServletException, IOException {
    String shengID = request.getParameter("sheng");
    CityBiz cityBiz = new CityBiz();
    List<City> cityList;
    try {
        response.setCharacterEncoding("utf-8");
        cityList = cityBiz.getCityByProvince(shengID);
        if(cityList.size() > 0) {
            JSONArray jsonArray = JSONArray.fromObject(cityList);
            response.getWriter().print(jsonArray.toString());
        }
    }   catch (Exception e) {
        e.printStackTrace();
    }
}
```

10.4.5 服务层设计

1. 业务类 TravelBiz

业务类 TravelBiz 用于处理和景点相关的业务,它包含如下几个方法。

(1) 根据省的编号,获取省下所有市的景点列表。

```
public List<Travel> getProvinceSpots(String pno) throws Exception{
    TravelDao dao = new TravelDao();
```

```
    try {
        return dao.getProvinceSpots(pno);
    }finally {
        dao.closeConnection();
    }
}
```

(2) 根据市的编号,获得该市下的景点列表。

```
public List<Travel> getCitySpots(String cno) throws Exception {
    TravelDao dao = new TravelDao();
    try {
        return dao.getCitySpots(cno);
    }   finally {
        dao.closeConnection();
    }
}
```

(3) 根据景点编号,提取景点信息。

```
public Travel getSpotInfo(String pno)throws Exception{
    TravelDao dao = new TravelDao();
    try {
        return dao.getSpotInfo(pno);
    }finally {
        dao.closeConnection();
    }
}
```

2. 业务类 CityBiz

业务类 CityBiz 用于处理省、市等位置信息,它包含如下几个方法。

(1) 读取所有省的数据。

```
public List<Province> getAllProvince()throws Exception{
    CityDao dao =  new CityDao();
    try {
        return dao.getAllProvince();
    }finally {
        dao.closeConnection();
    }
}
```

(2) 根据省的编号,获取该省下的市数据。

```
public List<City> getCityByProvince(String pno)throws Exception{
    CityDao dao =  new CityDao();
    try {
        return dao.getCityByProvince(pno);
    }finally {
```

```
        dao.closeConnection();
    }
}
```

(3) 根据省的编号,找到省对象。

这个操作用于显示省的名字。

```
public Province getProvince(String pno)throws Exception {
    CityDao dao = new CityDao();
    try {
        return dao.getProvince(pno);
    }finally {
        dao.closeConnection();
    }
}
```

(4) 根据市编号,读取省和市的信息。

这个操作根据市的编号,显示该市的名字和所属省的名字。

```
public PCtity getCity(String cno)throws Exception {
    CityDao dao = new CityDao();
    try {
        return dao.getCity(cno);
    }finally {
        dao.closeConnection();
    }
}
```

10.4.6 实体层设计

每个物理表一般会有一个实体对象对应。联合查询的结果一般用 DTO 对象接收。注意:为了节省页面,属性的 set/get 方法这里不再显示。

(1) 省的实体,与表 TProvince 对应。

```
public class Province {
    private String pno;
    private String pname;
}
```

(2) 市的实体,与表 TCity 对应。

```
public class City {
    private String pno;
    private String cno;
    private String cname;
}
```

(3) 旅游景点实体,与表 Travel 对应。

```
public class Travel {
```

```
    private String lno;
    private String title;
    private String info;
    private String pic;
    private String cno;
}
```

(4) PCtity 为数据传输对象,与实体对象有区别。

为了根据市的编号,同时显示市的名字和所属省的名字,增加了这个 DTO 对象。

```
public class PCtity {
    private String pno;
    private String pname;
    private String cno;
    private String cname;
}
```

10.4.7 持久层设计

持久层对象用于封装数据库的相关操作。简单的业务,即一个服务层对象对应一个持久层对象;复杂的业务,即一个服务层对象可以对应多个持久层对象。

1. 父类 BaseDao

编写持久层对象的公共父类 BaseDao,封装数据库的打开、关闭操作。

```
public class BaseDao {
    protected Connection conn;
    public void openConnection() throws Exception {
        if (this.conn == null || this.conn.isClosed()) {
            Class.forName("com.mysql.cj.jdbc.Driver");
            conn = DriverManager.getConnection(
                    "jdbc:mysql://localhost:3306/lv?useSSL = false
                    &serverTimezone = UTC&allowPublicKeyRetrieval = true",
                    "root",
                    "123456");
        }
    }
public void closeConnection() {
    if (this.conn != null) {
        try {
            this.conn.close();
        }   catch (Exception e) {
            e.printStackTrace();
        }
    }
    }
}
```

2. 持久类 TravelDao

持久类 TravelDao 与业务类 TravelBiz 对应,用于完成和景点相关的数据访问操作。

TravelDao 中包含如下方法。

(1) 根据景点编号,获取景点信息。

```
public Travel getSpotInfo(String lno)throws Exception{
    Travel tr = null;
    String sql = "select * from Travel where lno = ?";
    this.openConnection();
    PreparedStatement ps = this.conn.prepareStatement(sql);
    ps.setString(1, lno);
    ResultSet rs = ps.executeQuery();
    while(rs.next()) {
        tr = new Travel();
        tr.setLno(rs.getString("lno"));
        tr.setTitle(rs.getString("title"));
        tr.setInfo(rs.getString("info"));
        tr.setPic(rs.getString("pic"));
        tr.setCno(rs.getString("cno"));
        break;
    }
    rs.close();
    ps.close();
    return tr;
}
```

(2) 根据省的编号,读取该省下的所有景点信息。

```
public List<Travel> getProvinceSpots(String pno) throws Exception{
    List<Travel> spots;
    String sql = "select * from Travel t,tcity c where t.cno = c.cno and c.pno = ? ";
    this.openConnection();
    PreparedStatement ps = this.conn.prepareStatement(sql);
    ps.setString(1, pno);
    ResultSet rs = ps.executeQuery();
    spots = new ArrayList<>();
    while (rs.next()) {
        Travel tr = new Travel();
        tr.setLno(rs.getString("lno"));
        tr.setTitle(rs.getString("title"));
        tr.setInfo(rs.getString("info"));
        tr.setPic(rs.getString("pic"));
        tr.setCno(rs.getString("cno"));
        spots.add(tr);
    }
    rs.close();
    ps.close();
    return spots;
}
```

(3) 根据市的编号,获得该市下的景点列表。

```
public List<Travel> getCitySpots(String cno) throws Exception {
```

```
    List<Travel> spots;
    String sql = "select * from Travel where cno = ?";
    this.openConnection();
    PreparedStatement ps = this.conn.prepareStatement(sql);
    ps.setString(1, cno);
    ResultSet rs = ps.executeQuery();
    spots = new ArrayList<>();
    while (rs.next()) {
        Travel tr = new Travel();
        tr.setLno(rs.getString("lno"));
        tr.setTitle(rs.getString("title"));
        tr.setInfo(rs.getString("info"));
        tr.setPic(rs.getString("pic"));
        tr.setCno(rs.getString("cno"));
        spots.add(tr);
    }
    rs.close();
    ps.close();
    return spots;
}
```

3. 持久类 CityDao

持久类 CityDao 与业务类 CityBiz 对应,用于完成和省市位置相关的数据访问操作。CityDao 中包含如下方法。

(1) 读取所有省的数据,用于填充省的下拉框。

```
public List<Province> getAllProvince()throws Exception{
    String sql = "select * from tprovince";
    this.openConnection();
    PreparedStatement ps = this.conn.prepareStatement(sql);
    ResultSet rs = ps.executeQuery();
    List<Province> plist = new ArrayList<Province>();
    while(rs.next()) {
        Province pro = new Province();
        pro.setPno(rs.getString("pno"));
        pro.setPname(rs.getString("pname"));
        plist.add(pro);
    }
    rs.close();
    ps.close();
    return plist;
}
```

(2) 根据省的编号,查找该省下的市数据。

```
public List<City> getCityByProvince(String pno)throws Exception{
    String sql = "select * from tcity where pno = ?";
    this.openConnection();
    PreparedStatement ps = this.conn.prepareStatement(sql);
    ps.setString(1, pno);
```

```
    ResultSet rs = ps.executeQuery();
    List<City> clist = new ArrayList<City>();
    while(rs.next()) {
        City ct = new City();
        ct.setPno(rs.getString("pno"));
        ct.setCno(rs.getString("cno"));
        ct.setCname(rs.getString("cname"));
        clist.add(ct);
    }
    rs.close();
    ps.close();
    return clist;
}
```

(3) 根据省的编号,读取省对象。

```
public Province getProvince(String pno)throws Exception {
    Province pro  =  null;
    String sql  =  "select * from tprovince where pno = ?";
    this.openConnection();
    PreparedStatement ps  =  this.conn.prepareStatement(sql);
    ps.setString(1, pno);
    ResultSet rs  =  ps.executeQuery();
    if(rs.next()) {
         pro  =  new Province();
         pro.setPno(rs.getString("pno"));
         pro.setPname(rs.getString("pname"));
    }
    rs.close();
    ps.close();
    return pro;
}
```

(4) 根据市的编号,读取市的信息和所属省的信息。

```
public PCtity getCity(String cno)throws Exception {
    PCtity pcity  =  null;
    String sql  =  "select * from tprovince p,tcity c where p.pno = c.pno and c.cno = ?";
    this.openConnection();
    PreparedStatement ps  =  this.conn.prepareStatement(sql);
    ps.setString(1, cno);
    ResultSet rs  =  ps.executeQuery();
    if(rs.next()) {
        pcity  =  new PCtity();
        pcity.setPno(rs.getString("pno"));
        pcity.setPname(rs.getString("pname"));
        pcity.setCno(rs.getString("cno"));
        pcity.setCname(rs.getString("cname"));
    }
    rs.close();
    ps.close();
```

```
        return pcity;
    }
```

10.4.8 运行环境

运行旅游景点项目，需要的环境为 JDK 8.0、Java EE 8、Tomcat 9、MySQL 8.0，开发工具使用 Eclipse 或 idea。

系统同时需要如下包支持：

➢ MySQL 8.0 的驱动包：mysql-connector-java-8.0.11。

➢ JSTL 包：jstl-impl-1.2.jar 和 jstl-api-1.2.jar。

➢ JSON 转换包：json-lib-2.3-jdk15.jar 和它的依赖包。

视频讲解

10.5 Applet

在 Java EE 8 的架构图中(见图 1-1)，客户端通过 Applet 可以访问 Servlet 容器。架构图中的 Applet Container 指的是浏览器，Applet 是用 Java 语言开发的一种运行于浏览器中的小程序。Applet 与传统的浏览器中的标签完全不同，它就是一个本地小程序，只是通过包装后运行在了浏览器中。Applet 的安全隐患非常大，因此多数浏览器要经过非常多的设置，才能允许 Applet，这也是 Applet 几乎很少使用的主要原因。

下面通过 Applet 实现在浏览器中的三连棋游戏功能，来看看 Applet 是如何开发、运行的(此处只摘取了部分核心代码，其他参考源文件)，操作步骤如下所述。

(1) 新建 Java Project(不是 Web 项目)。

(2) 新建类 ThreeGame，继承 java.applet.Applet。

此处实现了 MouseListener 接口，是为了响应本地的鼠标事件，用鼠标下棋。

```
public class ThreeGame extends Applet
                    implements MouseListener {}
```

(3) 编写 ThreeGame 的屏幕绘图方法 paint，这个方法与 Swing 开发中的 paint 用法一致。

```
public void paint(Graphics g) {
    Dimension d = getSize();
    g.setColor(Color.black);
    int xoff = d.width / 3;
    int yoff = d.height / 3;
    g.drawLine(xoff, 0, xoff, d.height);
    g.drawLine(2 * xoff, 0, 2 * xoff, d.height);
    g.drawLine(0, yoff, d.width, yoff);
    g.drawLine(0, 2 * yoff, d.width, 2 * yoff);
    int i = 0;
    for (int r = 0; r < 3; r++) {
        for (int c = 0; c < 3; c++, i++) {
```

```
                if ((white & (1 << i)) != 0) {
                    g.drawImage(notImage, c * xoff + 1, r * yoff + 1, this);
                }     else if ((black & (1 << i)) != 0) {
                    g.drawImage(crossImage, c * xoff + 1, r * yoff + 1, this);
                }
            }
        }
    }
```

(4) 编写鼠标事件 mouseReleased。

```
public void mouseReleased(MouseEvent e) {
    int x = e.getX();
    int y = e.getY();
    switch (status()) {
    case WIN:
    case LOSE:
    case STALEMATE:
        play(getCodeBase(), "audio/return.au");
        white = black = 0;
        if (first) {
            white |= 1 << (int) (Math.random() * 9);
        }
        first = !first;
        repaint();
        return;
    }
    Dimension d = getSize();
    int c = (x * 3) / d.width;
    int r = (y * 3) / d.height;
    if (yourMove(c + r * 3)) {
        repaint();
        switch (status()) {
        case WIN:
            play(getCodeBase(), "audio/yahoo1.au");
            break;
        case LOSE:
            play(getCodeBase(), "audio/yahoo2.au");
            break;
        case STALEMATE:
            break;
        default:
            if (myMove()) {
                repaint();
                switch (status()) {
                case WIN:
                    play(getCodeBase(), "audio/yahoo1.au");
                    break;
                case LOSE:
                    play(getCodeBase(), "audio/yahoo2.au");
```

```
                    break;
                case STALEMATE:
                    break;
                default:
                    play(getCodeBase(), "audio/ding.au");
                }
            }   else {
                play(getCodeBase(), "audio/beep.au");
            }
        }
    }   else {
        play(getCodeBase(), "audio/beep.au");
    }
}
```

(5) 在代码处右击,选择 Run As→Java Applet(见图 10-7)。

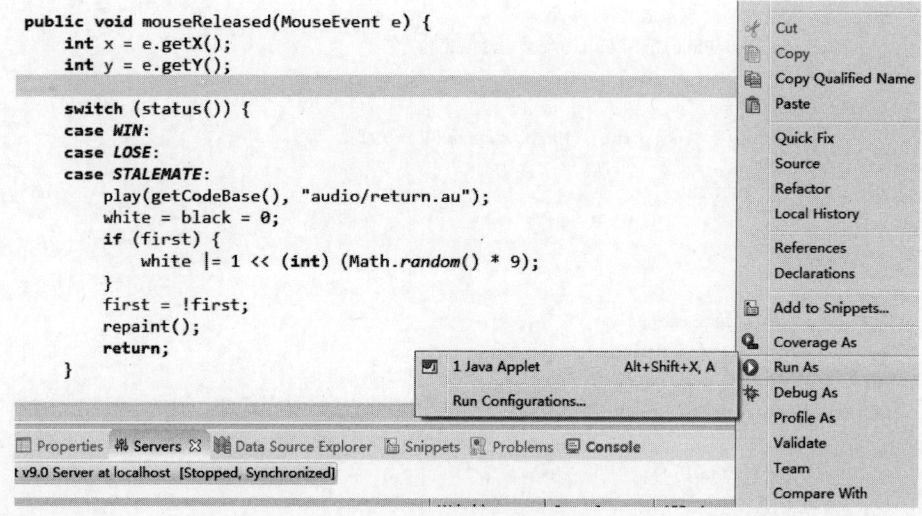

图 10-7 运行 Applet

Applet 运行效果见图 10-8。

(6) Applet 程序在本地测试成功后,就可以导出一个 jar 包,如 sanGame.jar。

(7) 在 Hello 项目的 testApplet.html 中想运行三连棋这个 Applet,需要导入 sanGame.jar,然后在 testApplet.html 中编写如下代码即可在浏览器中运行 Applet 对象。注意:由于 Applet 受限于本地浏览器的安全限制,不同的浏览器配置不同,都需要放开本地的权限限制。

```
<body>
    Applet 实现三连棋游戏
    <br>
    <applet codebase = "." code = "com.icss.obj.ThreeGame.class"
        name = "TestApplet" width = "500" height = "300" hspace = "0" vspace = "0"
```

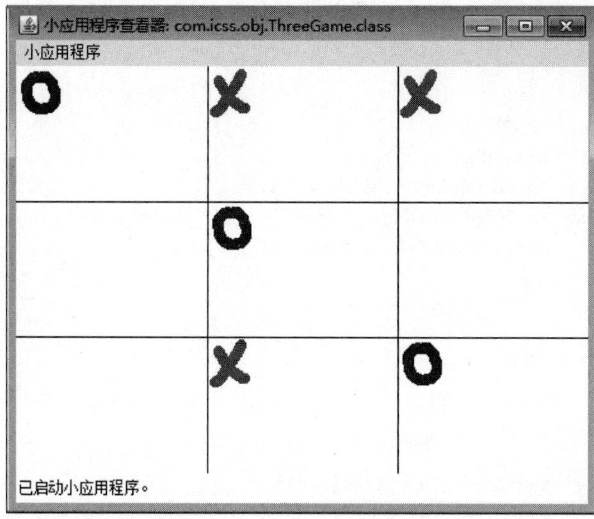

图 10-8 Applet 运行效果

```
    align = "middle"> </applet >
</body >
```

10.6 本章习题

(1) XMLHttpRequest 对象发送请求后,状态值 readyState 个数为(　　)。

A. 3 个　　B. 4 个　　C. 5 个　　D. 6 个

(2) 使用 AJAX 会带来很多好处,不是 AJAX 的好处的是(　　)。

A. 减少了 Web 服务器的并发压力　　B. 局部刷新页面

C. 用户反馈更及时　　D. 利用客户端闲暇时间下载数据

(3) 下面(　　)技术,与 AJAX 无关。

A. 异步　　B. CSS　　C. XML　　D. JS

(4) jQuery 的 AJAX 操作,依赖于下面(　　)技术。

A. DOM　　B. JS 的异步

C. 封装了 XMLHttpRequest　　D. eval()

(5) JSON 与 XML 比较,下面不正确的是(　　)。

A. JSON 传输数据量小,XML 传输数据量大

B. XML 数据可以自描述,JSON 数据不能自描述

C. XML 和 JSON 都可以使用 DOM 解析

D. XML 中可以使用注释,JSON 不能使用注释

(6) 如下(　　)方法,不属于 XMLHttpRequest 对象。

A. abort()　　B. send()　　C. open()　　D. getJson()

(7) 使用 jQuery,不能发送 AJAX 请求的是(　　)。

A. 如下所示,使用$.ajax发送请求

```
$.ajax({
        type: "POST",
        url: "some.php",
        data: "name = John&location = Boston",
        success: function(msg){
            alert( "Data Saved: " + msg );
        }
});
```

B. `$.get("test.php", { name: "John", time: "2pm" })`

C. `$.post("test.php", { 'choices[]': ["Jon", "Susan"] });`

D. `$.send("test.php", { name: "John", time: "2pm" })`

E.
```
$.getJSON("test.js", function(json){
      alert("JSON Data: " + json.users[3].name);
});
```

(8) 使用 Applet 也可以发送客户端的异步请求给 Web 服务器。　　　　(对/错)

第 11 章 服务器异步

CHAPTER 11

AJAX 的本质是 HTTP 请求由 XMLHttpRequest 对象发送与接收，而普通模式的 HTTP 请求是由浏览器发送与接收的。浏览器的工作线程是主线程，XMLHttpRequest 对象的操作是在独立的线程中完成的，它与主线程互不干扰，因此说 AJAX 是客户端异步操作模式。

与 AJAX 客户端异步模式对应，Java EE 8 还提供了服务器异步模式。

参考图 1-1 的 Java EE 8 架构图，Servlet 容器是一个多线程工作模式。Web 服务器收到每个客户端的 HTTP 请求，都会分配一个独立的线程用于处理请求和回应。HTTP 请求的特点就是短连接、无状态，这样可以减少服务器压力。Web 服务器的线程数量受限于自身的硬件条件，为了让 Web 服务器满足尽量多的 HTTP 请求，HTTP 1.1 和 HTTP 2.0 都有连接(Connection)的重用机制；而且 Web 服务器都会采用线程池方案，重用线程连接(见图 11-1)。在 Web 服务器收到客户端的 HTTP 请求后，不会去创建新线程，而是从线程池中返回一个线程用于处理客户端请求。

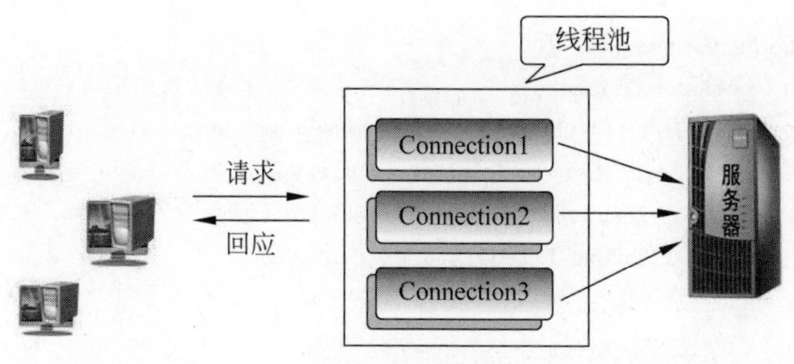

图 11-1　线程池

在 Java EE 8 中，对传统的线程池模式进行了进一步的优化。因为有些客户端请求无法马上回应，需要较长时间的等待，这样就会无谓的占用过多服务器资源。比如 12306 的抢票场景，网站在指定时间发售火车票，大量人员在同一时间来抢票，这给服务器带来非常大的压力；而出票是个复杂的过程，服务器无法短时间内给用户回应。问题：用户等待抢票结果的过程中，如何尽量少的占用服务器资源呢？

使用异步线程池方案来解决 12306 抢票等待问题，是一个不错的选择。如图 11-2 所示，在原有线程池的基础上，增加了另外一个线程池，专门用于异步回应。

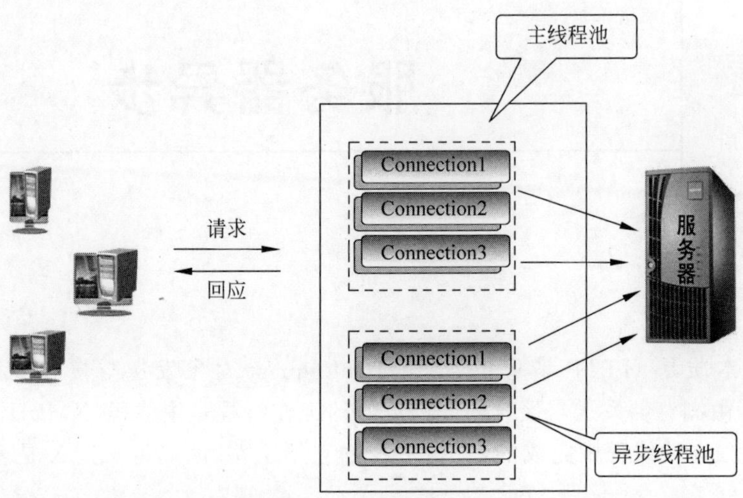

图 11-2 异步线程池

视频讲解

11.1 AsyncContext

AsyncContext 表示 HTTP 请求的异步处理环境。AsyncContext 对象由 ServletRequest 创建，即只要当前 Servlet 支持异步模式，请求 Servlet 的 HTTP 请求就可以由 ServletRequest 对象创建一个异步环境来处理并回应。

ServletRequest 接口中，关于 AsyncContext 相关操作如下：

```
public interface ServletRequest {
    AsyncContext getAsyncContext();
    AsyncContext startAsync() throws IllegalStateException;
    AsyncContext startAsync(ServletRequest servletRequest,
                   ServletResponse servletResponse)
                   throws IllegalStateException;
    …
}
```

调用 ServletRequest 接口的 startAsync()方法，可以创建一个 AsyncContext 对象。调用 startAsync()方法后，当前 HTTP 请求会进入异步处理环境，与 request 关联的 response 对象的数据回应将被推迟到 AsyncContext.complete()结束或者是异步操作超时结束。

【示例 11-1】

(1) 新建 asynTest.jsp，客户端使用 AJAX 发送异步测试请求。

```
<head>
    <script src="<% =basePath %>js/jquery-1.4.4.min.js"></script>
```

```
    <script type="text/javascript">
    function tijiao() {
        var url = "<%=basePath%>AsynSvl";
        $.ajax({
            type : "get",
            url : url,
            success : function(msg) {
                document.getElementById("info").innerHTML = msg;
            }
        });
    }
    </script>
</head>
<body>
    <input type="button" value="测试" onclick="tijiao()"><br>
    <span id="info" style="color: red; font-size: 12px"></span>
</body>
```

(2) 新建控制器 AsynSvl。

```
@WebServlet(urlPatterns = "/AsynSvl",
        asyncSupported = true)
public class AsynSvl extends HttpServlet {}
```

(3) 异步回应,输出结果见图 11-3。

```
protected void doGet(HttpServletRequest request,
                     HttpServletResponse response)
                     throws ServletException, IOException {
    AsyncContext ac = request.startAsync();
    ServletResponse res = ac.getResponse();
    res.setCharacterEncoding("utf-8");
    PrintWriter out = res.getWriter();
    try {
        Thread.sleep(3000);
    } catch (Exception e) {
    }
    out.println("异步输出: ok");
    out.flush();
    out.close();
}
```


图 11-3 异步测试

(4) HTTP请求如果在到达AsynSvl之前,会被过滤器拦截,则过滤器也要设置为异步模式。

```
@WebFilter(urlPatterns = "/ * ",
        asyncSupported = true,
        initParams = {@WebInitParam(name = "encoding",value = "utf - 8")})
public class CharacterEncodingFilter implements Filter {}
```

视频讲解

11.2 异步监听器

AsyncContext可以添加异步监听器AsyncListener,检测AsyncContext的执行情况。调用AsyncContext的addListener()方法注册异步监听器。

AsyncListener接口的通知方法如下:

```
public interface AsyncListener {
    void onStartAsync(AsyncEvent event) throws IOException;
    void onComplete(AsyncEvent event)throws IOException;
    void onTimeout(AsyncEvent event)throws IOException;
    void onError(AsyncEvent event) throws IOException;
    ...
}
```

- onStartAsync: AsyncContext重新创建时通知onStartAsync()方法。
- onComplete: 通知异步监听器,异步操作已经完成。异步操作结束后,可以调用AsyncContext的complete()方法马上通知服务器异步结束。如果没有调用complete()方法,服务器会查找AsyncContext的Timeout值,Timeout倒计时为0,异步操作结束。默认的Timeout值为30s,也可以通过调用setTimeout()方法自己设置。
- onTimeout: Timeout倒计时为0,通知onTimeout方法。
- onError: 异步操作失败,没有正常complete,就会通知onError方法。

【示例11-2】

在11.1节的示例11-1中,增加异步监听器。

(1) 在AsynSvl中新建内部类MyListener,实现AsyncListener接口。

```
public class AsynSvl extends HttpServlet {
    class MyListener implements AsyncListener{
        public void onComplete(AsyncEvent e) throws IOException {
            System.out.println(e.getAsyncContext().hashCode() + "onComplete");
        }
        public void onError(AsyncEvent e) throws IOException {
            System.out.println(e.getAsyncContext().hashCode() + "onError");
        }
        public void onStartAsync(AsyncEvent e) throws IOException {
            System.out.println(e.getAsyncContext().hashCode() + "onStartAsync");
```

```
        }
        public void onTimeout(AsyncEvent e) throws IOException {
            System.out.println(e.getAsyncContext().hashCode() + "onTimeout");
        }
    }
}
```

(2) 给 AsyncContext 添加异步监听器。

```
protected void doGet(HttpServletRequest request,
                     HttpServletResponse response)
                     throws ServletException, IOException {
    AsyncContext ac = request.startAsync();
    ac.addListener(new MyListener());           //添加异步监听器
    ServletResponse res = ac.getResponse();
    res.setCharacterEncoding("utf-8");
    PrintWriter out = res.getWriter();
    try {
        Thread.sleep(3000);
    }   catch (Exception e) {
    }
    out.println("异步输出: ok");
    out.flush();
    out.close();
    ac.complete();
}
```

调用 asynTest.jsp 中的异步测试，onComplete()方法会收到异步完成通知。

(3) 删除 ac.complete()，onTimeout()在 30s 后收到超时结束通知。

AsyncContext 的 setTimeout()方法可以设置超时时间，默认为 30s 超时。

(4) 删除 ac.complete()，设置 ac.setTimeout(5000)，onTimeout()在 5s 后收到超时结束通知。

11.3 案例：12306 抢票

视频讲解

案例描述：模拟 12306 网上抢票的业务场景。春节等高峰时期，车票资源非常紧张，因此在约定时间放票，会存在大量抢票行为。服务器为了缓解并发高峰时的压力，抢票请求会用消息中间件进行排队处理。出票行为在服务器的独立线程中进行，这样主线程主要用于接收购票请求，异步线程用于出票，会大大缓解服务器的压力。

操作步骤如下所述。

(1) 新建控制器支持异步模式。

```
@WebServlet(asyncSupported = true, urlPatterns = "/AuctionSvl")
public class AuctionSvl extends HttpServlet {}
```

(2) 控制器的 service()方法是一个高并发环境。

每个 HTTP 请求都使用独立的 request 对象。调用 request.startAsync(),为每个 HTTP 请求创建一个异步回应的环境。

```
public void service(HttpServletRequest request,
        HttpServletResponse response)throws ServletException, IOException {
    System.out.println("servlet 主线程: " + Thread.currentThread().getId());
    String linenum = request.getParameter("lineNum");     //lineNum 为行号
    AsyncContext act = request.startAsync();
    act.getRequest().setAttribute("linenum", linenum);
    AuctionListener.add(act);
}
```

(3) 所有异步回应在独立线程中统一处理。

AuctionListener 实现了 ServletContextListener 监听器,因此在 Tomcat 启动时被加载。BlockingQueue 为阻塞队列,装载所有与请求对应的 AsyncContext 对象。

```
public class AuctionListener implements ServletContextListener{
    private static final BlockingQueue<AsyncContext> queue
              = new LinkedBlockingQueue<AsyncContext>();
      private volatile Thread thread;
      public static void add(AsyncContext c) {
        queue.add(c);
      }
      contextInitialized();            //参见下面的代码实现
}
```

ServletContextListener 的 contextInitialized()方法代码如下,独立的后台线程从队列 queue 中顺序提取 AsyncContext 对象,然后分别调用每个 AsyncContext 的 response 对象,给不同的客户端回应数据。

```
public void contextInitialized(ServletContextEvent servletContextEvent) {
    thread = new Thread(new Runnable() {
      public void run() {
        while (true) {
            AsyncContext acontext = null;
            while (queue.peek() != null) {
              try {
                    acontext = (AsyncContext)queue.poll();
                    ServletResponse response = acontext.getResponse();
                    response.setContentType("text/html;charset = utf - 8");
                    PrintWriter out = response.getWriter();
                    Thread.sleep(200);
                    String name = "异步线程: " + Thread.currentThread().getId();
                    long duration = System.currentTimeMillis();
                    //提取前面输入的行号,并输出
                    out.println(acontext.getRequest().getAttribute("linenum")
```

```
                        + " " + name + " " + duration);
                    out.close();
                }       catch (Exception e) {
                    throw new RuntimeException(e.getMessage(), e);
                }       finally {
                    if(acontext != null)
                        acontext.complete();
                }
            }
        }
    }
    }    );
    thread.start();
}
```

(4) 客户端模拟多用户并发抢票,循环发出 20 个异步请求。

```
$.ajax({
    url: "AuctionSvl",
    type:"post",
    dataType:"html",
    data: data,
    timeout:50000,
    cache:false,
    dataFilter:function (data, type) {
            return data;
    },
    success:function(data,testStatus){
        var dataArray = Array();
        dataArray = data.split(" ");
        /* 填充表格 */
        $("#table1").append("<tr id='tr" + i + "' class='mytr'></tr>");
        for(var j = 0; j < dataArray.length; j++){
            $("#tr" + i).append("<td>" + dataArray[j] + "</td>");
        }
    },
    error:function(msg) {
    }
});
```

(5) 对比服务器异步回应和同步回应,异步抢票结果见图 11-4。

视频讲解

在这个示例中,所有用户的并发购票请求,都会先存在一个阻塞队列中,然后由一个后台异步线程,顺序从阻塞队列中提取请求,当出票结束后再回应客户端。这样做的好处是服务器的压力很小,虽然用户的等待时间较长,但是这样保证了用户购票请求的正确处理。

userno	threadName	duration
	start	
0	异步线程：14	1574324654214
1	异步线程：14	1574324655216
2	异步线程：14	1574324656219
4	异步线程：14	1574324657223
3	异步线程：14	1574324658229
5	异步线程：14	1574324659233
6	异步线程：14	1574324660235
7	异步线程：14	1574324661238
8	异步线程：14	1574324662239
9	异步线程：14	1574324663241
10	异步线程：14	1574324664245
11	异步线程：14	1574324665246
12	异步线程：14	1574324666252
13	异步线程：14	1574324667253
14	异步线程：14	1574324668265
15	异步线程：14	1574324669266
16	异步线程：14	1574324670267

图 11-4 12306 抢票

11.4 非阻塞 IO

非阻塞 IO 简称 NIO 模式。

Servlet 的底层 IO 是通过 ServletInputStream 和 ServletOutputStream 实现的。ServletInputStream 用于读取输入流的数据，ServletOutputStream 用于写数据到输出流。从 Servlet 3.1 开始，ServletInputStream 中增加了 setReadListener(ReadListener listener)方法，实现非阻塞模式读取数据。在 ServletOutputStream 新增了一个 setWriterListener(WriteListener listener)方法，实现非阻塞模式写数据。

非阻塞 IO 只能工作在 Servlet 和过滤器的异步模式下。NIO 的交互协议是基于 HTTP 的升级处理。NIO 模式可以减缓 Web 服务器的压力，提升服务器的并发响应能力。

```
public interface ReadListener {
    void onDataAvailable()throws IOException;
    void onAllDataRead() throws IOException;
    void onError(Throwable t);
}
```

- onDataAvailable：ReadListener 实例注册给 ServletInputStream 对象后，当输入流中的数据可读时，Servlet 容器将调用这个方法。
- onAllDataRead：当 HTTP 请求的所有数据已被读取后，激活这个方法。
- onError：处理请求发生错误时，激活这个方法。

```
public interface WriteListener {
```

```
    void onWritePossible();
    void onError(Throwable t);
}
```

- onWritePossible：WriteListener 实例注册给 ServletOutputStream 对象后，当使用输出流可以写数据时，激活这个方法。
- onError：在 NIO 模式下写数据出现错误时，激活这个方法。

11.4.1 NIO 读数据

视频讲解

通过给 ServletInputStream 设置监听事件 setReadListener(ReadListener listener)，可以使用 NIO 的方式从 Servlet 输入流中读取数据。NIO 需要依赖 AsyncContext，在独立的异步线程中完成，因此会减小服务器的压力。

【示例 11-3】

NIO 读取上传文件的字节流。

(1) 文件上传页面，见第 9 章的 uploadFile.jsp。

(2) 新建控制器 FileSvl，接收上传的文件。

```
@WebServlet(urlPatterns = "/FileSvl",asyncSupported = true)
@MultipartConfig(maxFileSize = 300 * 1024)
public class FileSvl extends HttpServlet {}
```

(3) 传统接收字节流的方案，是把文件接收成字节数组。

```
protected void doPost(HttpServletRequest request,
                      HttpServletResponse response)
                      throws ServletException, IOException {
    String fname = request.getParameter("fname");
    try {
        Part part = request.getPart("file");
        InputStream in = part.getInputStream();
        ByteArrayOutputStream out = new ByteArrayOutputStream();
        byte[] buff = new byte[1024];
        int len;
        while((len = in.read(buff)) != -1) {
            out.write(buff, 0, len);
        }
        byte[] file = out.toByteArray();          //把上传的文件保存成字节数组
        request.setAttribute("msg",fname + " -- 录入成功");
    } catch (Exception e) {
        e.printStackTrace();
    }
    request.getRequestDispatcher("/main/uploadFile.jsp")
                                   .forward(request, response);
}
```

(4) 异步读取字节流方案，需要新建内部类 MyListener，实现 ReadListener 接口。把步骤(3)中读取字节流的代码，在 onAllDataRead()方法中实现。

```
class MyListener implements ReadListener{
    private AsyncContext ac;
    private InputStream in;
    public MyListener(AsyncContext ac,InputStream in) {
        this.ac = ac;
        this.in = in;
    }
    public void onAllDataRead() throws IOException {
        ByteArrayOutputStream out = new ByteArrayOutputStream();
        byte[] buff = new byte[1024];
        int len;
        while((len = in.read(buff)) != -1) {
            out.write(buff, 0, len);
        }
        byte[] file = out.toByteArray();
        System.out.println("文件上传成功!");
        ac.complete();
    }
    public void onDataAvailable() throws IOException {
    }
    public void onError(Throwable t) {
        t.printStackTrace();
    }
}
```

(5) 开启异步模式,ServletInputStream 设置监听事件。

```
protected void doPost(HttpServletRequest request,
                    HttpServletResponse response)
                    throws ServletException, IOException {
    String fname = request.getParameter("fname");
    try {
        Part part = request.getPart("file");
        AsyncContext ac = request.startAsync();
        InputStream in = part.getInputStream();
        ac.getRequest().getInputStream()
                .setReadListener(new MyListener(ac,in));
        request.setAttribute("msg",fname + "--录入成功");
    } catch (Exception e) {
        e.printStackTrace();
    }
    request.getRequestDispatcher("/main/uploadFile.jsp")
                                .forward(request, response);
}
```

视频讲解

11.4.2 NIO 写数据

通过给 ServletOutputStream 设置监听事件 setWriterListener(WriteListener listener),可以使用 NIO 的方式从 Servlet 输出流中写数据。

下面通过项目案例,演示图片异步输出到客户端的操作步骤。

(1) Hello 项目 WebContent 下新建 StuPic 文件夹,复制几个学生头像到这个目录下。

在实际的项目中,图片使用 blob 字段存储于数据库中,根据学生的编号,从数据库提取图片的字节流。现在为了演示方便,未连数据库,图片数据直接从 StuPic 下读取。

(2) 新建 StuList.jsp 显示学生列表(见图 11-5)。

```
<table border = "1" width = 100 % >
    <c:forEach var = "stu" items = " $ {stus}">
        <tr>
            <td rowspan = 3 >< img width = 100 height = 100
                                    src = "<% = basePath %> ImgSvl?sno = $ {stu.sno}" />
            </td>
            <td colspan = 2 align = center style = "color:red"> $ {stu.name}
            </td>
        </tr>
        <tr>
            <td>所在城市</td>
            <td> $ {stu.address}</td>
        </tr>
        <tr>
            <td>联系方式</td>
            <td> $ {stu.tel}</td>
        </tr>
    </c:forEach>
</table>
```

	rose	
	所在城市	New York
	联系方式	13623678901
	jack	
	所在城市	London
	联系方式	13623678902
	tom	
	所在城市	Peking
	联系方式	13623678903
	johson	
	所在城市	Washington
	联系方式	13623678904

图 11-5 学生列表

(3) 新建控制器 StuSvl,模拟学生列表数据。

```
@WebServlet("/StuSvl")
public class StuSvl extends HttpServlet {
    protected void service(HttpServletRequest request,
                                    HttpServletResponse response)
```

```
                                    throws ServletException, IOException {
            Student s1 = new Student("s001","rose","New York","1362367890");
            Student s2 = new Student("s002","jack","London","1362367890");
            Student s3 = new Student("s003","tom","Peking","1362367890");
            Student s4 = new Student("s004","johson","Washington","1362367890");
            List stus = new ArrayList<>();
            stus.add(s1);
            stus.add(s2);
            stus.add(s3);
            stus.add(s4);
            request.setAttribute("stus", stus);
            request.getRequestDispatcher("/main/StuList.jsp")
                                    .forward(request, response);
        }
    }
```

(4) 浏览器访问 http://localhost:8080/Hello/StuSvl,会显示学生列表。每个学生的头像,会由浏览器自动发出请求,从 ImgSvl 控制器输出,如/*Hello*/*ImgSvl*?*sno*=*s*001。

(5) 新建控制器 ImgSvl,支持异步模式。

```
@WebServlet(urlPatterns = "/ImgSvl",asyncSupported = true)
public class ImgSvl extends HttpServlet {}
```

(6) 在 ImgSvl 的 service()方法,读取图片数据到字节数组,启动 AsyncContext,然后给 ServletOutputStream 设置 WriteListener 监听器。

```
public void service(HttpServletRequest request, HttpServletResponse response)
        throws ServletException, IOException {
    String sno = request.getParameter("sno");
    String path = request.getServletContext().getRealPath("/") + "stuPic";
    String fname = path + "/" + sno + ".jpg";
    byte[] pic = FileUtils.readFileToByteArray(new File(fname));
    AsyncContext acontext = request.startAsync();
    ServletOutputStream out = acontext.getResponse().getOutputStream();
    out.setWriteListener(new MyPicWriter(out,acontext,pic));
}
```

(7) 在异步监听器中,输出字节流到客户端浏览器。

```
public class MyPicWriter implements WriteListener{
    private ServletOutputStream out;
    private AsyncContext ac;
    private byte[] pic;
    public MyPicWriter(ServletOutputStream out,AsyncContext ac,byte[] pic){
        this.ac = ac;
        this.out = out;
        this.pic = pic;
    }
    public void onError(Throwable t) {
        t.printStackTrace();
```

```
    }
    public void onWritePossible() throws IOException {
        try {
            if(pic != null && out.isReady()){
                out.write(pic);
                //out.flush();    ---- 此处不能使用 flush()
                out.close();
            }
        }   catch (Exception e) {
            e.printStackTrace();
        }finally{
            ac.complete();
        }
    }
}
```

11.5 本章习题

(1) 下面(　　)环境对象表示 Web 服务器异步环境。

A. pageContext　　B. AsyncContext

C. ServletContext　　D. ApplicationContext

(2) 如何创建 AsyncContext 环境？(　　)

A. ServletRequest 接口直接调用静态方法 startAsync()方法

B. request 对象调用 startAsync()方法

C. new AsyncContext()

D. response 对象调用 startAsync()方法

(3) 启动 AsyncContext 环境后,使用如下(　　)方式,会结束 response 对象的数据回应流。

A. 调用 AsyncContext 的 complete()方法

B. 异步操作异常退出

C. 调用 response 的 close()方法

D. 异步超时关闭

(4) 在同一线程中,重复调用 ServletRequest. startAsync(),会发生的是(　　)。

A. 再次创建新的 AsyncContext 对象　　B. 再次初始化 AsyncContext 对象

C. 返回相同的 AsyncContext 对象　　D. 二次调用不会做任何操作

(5) (　　)方法不属于异步监听器 AsyncListener。

A. onStartAsync()　B. onStopAsync()　C. onComplete()

D. onTimeout()　　E. onError()

(6) 关于非阻塞 IO 的描述,以下选项描述不正确的是(　　)。

A. NIO 的底层是通过 ServletInputStream 和 ServletOutputStream 来实现的

B. ServletInputStream 设置 setReadListener()监听器,可以实现非阻塞读

C. ServletOutputStream 设置 setWriterListener()监听器,可以实现非阻塞写

D. 非阻塞 IO 操作,在同步模式和异步模式下都支持

(7)(　　)方法不属于 ReadListener 监听器。

A. onDataAvailable()　　B. onAllDataRead()

C. onError()　　D. onReadReady()

(8)(　　)方法属于 WriteListener 监听器。

A. onWritePossible()　　B. onError()

C. onAllDataWrite()　　D. onDataAvailable()

(9) 参见如下代码,Servlet 的 doGet()方法的入参 request、response 对象,与 AsyncContext 中获取的 request2、response2 对象是完全不同的对象。　　(对/错)

```
protected void doGet(HttpServletRequest request,
                     HttpServletResponse response)
                     throws ServletException, IOException {
    AsyncContext ac = request.startAsync();
    ServletRequest request2 = ac.getRequest();
    ServletResponse response2 = ac.getResponse();
}
```

第 12 章 网上书城项目实战

CHAPTER 12

前面我们学习了 JSP 和 Servlet 的基础知识，下面用一个实际的 Web 项目演示 Java Web 开发的所有流程和步骤。参考当当网，我们实现一个中型的网上书城项目。如果是大型 Web 项目，会使用很多分布式技术，架构模式和开发技术会有很大变化。

12.1 项目结构与权限

书城项目分为前台和后台两个部分：前台是普通用户和游客访问；后台为管理员访问。

用户的角色分为四种：游客、注册用户、会员（会员为预留用户）、管理员。

游客为非注册用户，可以浏览主页和图书详情。

注册用户可以添加商品到购物车，并提交结算。

会员也可称为 VIP 用户，可以进入会员专区。

管理员进入后台，可以浏览用户订单、上传图书。

12.2 开发环境说明

项目环境以 Java EE 8 为基础，具体包括 Java 8、Tomcat 9、Servlet 4.0、SP2.3。

数据库：MySQL 8(预留接口，考虑兼容 Oracle 11g)。

IDE 为 Eclipse，选择 eclipse-jee-photon、eclipse-jee-oxygen 或更高版本。

数据库的设计工具使用 PowerDesigner。

逻辑设计使用 Rational Rose。

12.3 书城项目表结构设计

视频讲解

网上书城项目同时支持两套数据库，即 MySQL 和 Oracle，还可以扩展支持其他数据库。当前项目演示以 MySQL 8 为主。

注意：本书城项目主要是为了在实际项目中演示前面知识点的应用方法，应该尽量覆盖更多知识点，而不是功能完善，因此设计上不能过于复杂，重复功能都尽量省略了，这与大型的实际企业级项目是有一定区别的。

书城 Oracle 表结构见图 12-1。

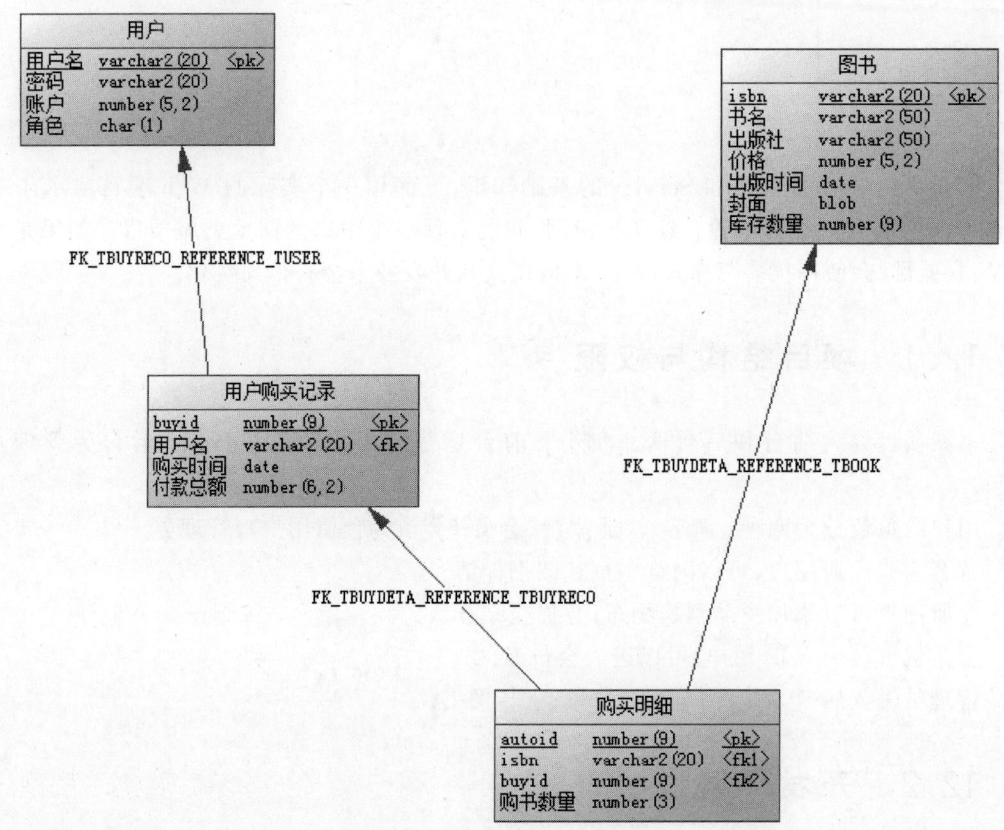

图 12-1 书城 Oracle 表结构

用户购买记录也可称为订单表。一个用户可以有多条订单，每个订单有多个订单明细。图书表用 isbn 做主键，即每个 isbn 只存储一条记录，不是每本书一条记录。这与大型设备的管理模式不同，大型设备如汽车，必须是一辆车存储一条记录。

书城 MySQL 表结构见图 12-2。

Oracle 与 MySQL 使用注意几点区别：

(1) Oracle 中使用 varchar2，MySQL 中使用 varchar。

(2) Oracle 中的整型和浮点数推荐使用 number，MySQL 中使用 int 和 double。

(3) 两个库的所有字段名称和数量相同，唯一的区别是“用户购买记录”表的主键 buyid，Oracle 使用的是 number，而 MySQL 使用更有意义的 varchar。其实 Oracle 和

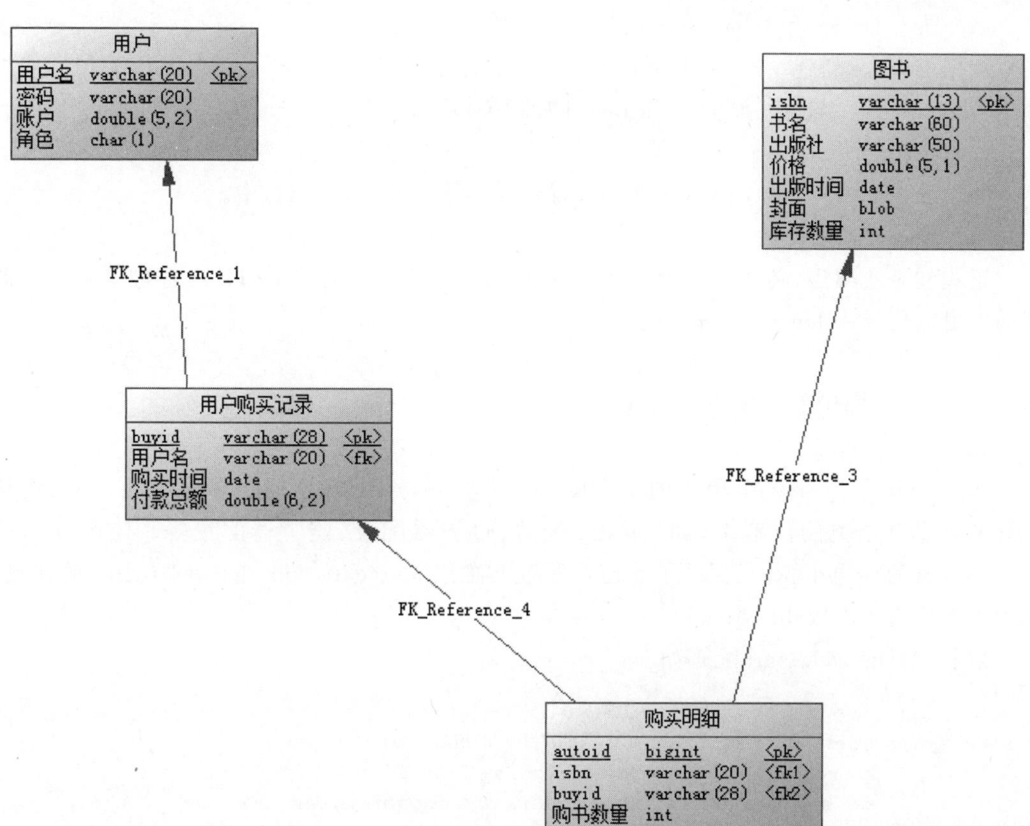

图 12-2　书城 MySQL 表结构

MySQL 中的 buyid 统一使用字符型更好，这里是故意设计成不同类型，用于事务操作对比的。

(4)"购买明细"表的主键为自增长的整型，为了代码移植性好，项目中都采用的是"最大值+1"模式，没有采用数据库的专有设计 sequence 或 auto_increment。在非高并发的环境下，"最大值+1"与 sequence 效果相同；但如果是高并发环境，使用 sequence 或 auto_increment 可以防止并发时的主键冲突。

12.4　项目需要哪些 jar 包

企业项目开发中，根据需要导入外部包。当外部包很多时，包冲突是很常见的现象。因此应该知道每个包的含义，尽量不要导入无用的冗余包，尽量避免包冲突。

(1) 首先需要导入数据库驱动包。

- MySQL 8 驱动：mysql-connector-java-8.0.11.jar。
- Oracle 11 驱动：jdbc6.jar。

(2) 导入 JRE 8 和 Java EE 8 相关包。

使用 Eclipse 新建动态 Web 项目时，会被自动导入 JRE. Servlet、JSP 等相关包。如果使用 Maven 开发，需要配置 JRE 和 Java EE 相关包。

(3) 导入 JSTL 包。

jstl-api-1.2.jar 和 jstl-impl-1.2.jar，需要手动导入 Eclipse 项目中。

(4) 导入日志工具包。

正式的企业项目，必须要使用工具记录日志。log4j 就是最常用的日志管理工具。因此当前项目需要导入 log4j-1.2.8.jar。

12.5 配置 web.xml

web.xml 是 Java Web 项目的核心配置文件。Java EE 8 中的很多配置项，都已经从 web.xml 移到了类的注解上，如 Servlet 配置、过滤器配置、监听器配置等。当前项目的 web.xml 配置信息很少，只保留了欢迎页配置。注意 metadata-complete="*false*"的配置，是为了支持注解@WebListener。

当前项目的 web.xml 配置如下：

```
<?xml version = "1.0" encoding = "UTF - 8"?>
< web - app xmlns:xsi = "http://www.w3.org/2001/XMLSchema - instance"
         xmlns = "http://xmlns.jcp.org/xml/ns/Java EE"
         xsi:schemaLocation = "http://xmlns.jcp.org/xml/ns/Java EE
              http://xmlns.jcp.org/xml/ns/Java EE/web - app_4_0.xsd"
         id = "WebApp_ID" metadata - complete = "false" version = "4.0">
    < display - name > BookShop </display - name >
    < welcome - file - list >
         < welcome - file > index.jsp </welcome - file >
    </welcome - file - list >
</web - app >
```

12.6 log4j 日志

log4j 日志对于 Java Web 项目的调试，非常有帮助。当前项目使用 log4j 1.2.8 记录日志信息。

(1) log4j 的配置如下。

在 src 下新建 log4j.properties：

```
log4j.rootLogger = INFO,BB,AA
log4j.appender.AA = org.apache.log4j.ConsoleAppender
log4j.appender.AA.layout = org.apache.log4j.SimpleLayout
log4j.appender.BB = org.apache.log4j.FileAppender
log4j.appender.BB.File = book.log
```

```
log4j.appender.BB.layout = org.apache.log4j.PatternLayout
log4j.appender.BB.layout.ConversionPattern
            = %d{yyyy - MM - dd HH:mm:ss} %l %F %p %m%n
```

(2) 日志封装。

为了在代码中调用方便,无须频繁创建 log4j 的日志对象,因此在 com.icss.util 下新建一个日志类 Log:

```
public class Log {
    public static Logger logger = Logger.getLogger(Log.class.getName());
}
```

(3) 日志调用。

在代码中捕获异常的位置,记录异常日志如下:

```
try {                    ...
    }
catch (Exception e) {
      Log.logger.error(e.getMessage(),e);
}
```

在需要信息跟踪的位置,记录信息日志如下:

```
Log.logger.info("MainSvl 初始化");
```

12.7 配置数据库连接

在 src 下新建 db.properties,配置 MySQL 8 的数据库连接串,如果是其他版本的 MySQL,如 MySQL 5.5 的配置信息与此不同。注意 MySQL 的驱动包,一定要与数据库版本一致,否则可能出现不可预知的异常。

```
driver = com.mysql.cj.jdbc.Driver
url = jdbc:mysql://localhost:3306/book2?useSSL = false
          &serverTimezone = UTC&allowPublicKeyRetrieval = true
username = root
password = 123456
```

Oracle 与 MySQL 使用同一个配置文件,即键相同,value 不同。

当有业务需求切换数据库时,修改相关配置信息即可。

12.8 权限设置

视频讲解

所有游客可以访问书城主页和图书明细页,无须权限校验。

购物车、商品结算、用户退出等功能,需要注册用户登录后才能操作。

图书上传、用户购买记录等,只有管理员才能在后台查看。

权限校验统一使用过滤器处理,用/user 和/back 识别:

- 注册用户模块,URL 的统一格式为:/user/ * 。
- 后台管理员模块,URL 的统一格式为:/back/ * 。

12.8.1 注册用户鉴权

注册用户使用 UserFilter 过滤器校验权限。拦截所有"/user/ * "的请求,只有登录成功的用户,才能访问/user/ * 下的资源,如购物车、商品购买等操作。

(1) 新建过滤器 UserFilter,支持异步模式。

```
@WebFilter(filterName = "/UserFilter",
                    urlPatterns = "/user/ * ",
                    asyncSupported = true)
   public class UserFilter implements Filter {}
```

(2) 拦截所有/user/ * 类型的请求。

```
public void doFilter(ServletRequest request,
                    ServletResponse response, FilterChain chain)
                    throws IOException, ServletException {
    if(request instanceof HttpServletRequest){
        HttpServletRequest req = (HttpServletRequest)request;
        Object object = req.getSession().getAttribute("user");
        if(object != null){
            chain.doFilter(request, response);              //访问后面资源
        }else{
            request.setAttribute("msg","请先登录");
            req.getRequestDispatcher("/WEB - INF/views/main/login.jsp")
                                          .forward(request, response);
        }
    }
}
```

12.8.2 管理员鉴权

后台用户使用 AuthFilter 过滤器校验权限。拦截所有"/back/ * "的请求,只有登录成功、而且身份为 Admin 的用户,才能访问后台资源。

(1) 新建过滤器 AuthFilter,支持异步模式。

```
@WebFilter(filterName = "/AuthFilter",
    urlPatterns = "/back/ * ",asyncSupported = true)
public class AuthFilter implements Filter{}
```

(2) 拦截所有/back/ * 类型的请求。

首先通过 session 判断用户是否已登录,然后要判断用户的权限是否为管理员。

```
public void doFilter(ServletRequest request, ServletResponse response,
                    FilterChain chain) throws IOException, ServletException {
```

```
    HttpServletRequest req = (HttpServletRequest)request;
    Object object = req.getSession().getAttribute("user");
    if(object != null){
        TUser user = (TUser)object;
        if(user.getRole() == IRole.ADMIN){
            chain.doFilter(request, response);          //访问后面资源
        }else{
            request.setAttribute("msg","管理员才能访问");
            req.getRequestDispatcher("/WEB - INF/main/login.jsp")
                                        .forward(request, response);
        }
    }else{
        request.setAttribute("msg","请先登录");
        req.getRequestDispatcher("/WEB - INF/main/login.jsp")
                                        .forward(request, response);
    }
}
```

12.8.3　JSP 访问权限

参见图 1-20 的 MVC 架构图，JSP 页面在 MVC 架构中的定位是视图，所有 JSP 页面都应该从控制器转向 JSP，不允许客户端直接通过浏览器访问 JSP 页面。

为了 JSP 页面的数据访问安全，书城项目把所有 JSP 页面都放到网站的 WEB-INF 文件夹下。WEB-INF 不允许客户端浏览器访问，因此所有 JSP 页面都被强制为只能通过服务器端的控制器访问。

12.9　共性代码抽取

12.9.1　持久层提取

视频讲解

书城项目中所有操作 MySQL 数据库的 JDBC 代码，都封装在持久层。在持久层的每个方法，都会面临数据库的打开、数据库连接关闭的操作。这些共性代码统一抽取到类 BaseDao 中。这里要非常小心的是：一个服务层对象，可以调用多个持久层对象，为了重用数据库的 Connection，数据库的连接最好在服务层关闭。

也就是说，数据库的连接最好在持久层打开，在服务层关闭。在同一个 HTTP 请求中，数据库的连接 Connectin 应该只打开一个，不同的 Dao 对象重用 Connection。

BaseDao 的代码如下(还有其他封装方式，如使用 ThreadLocal 模式)所示。

(1) 新建抽象类。

```
public abstract class BaseDao {
    protected Connection connection;
    public Connection getConnection() {
        return connection;
```

```
    }
    public void setConnection(Connection connection) {
        this.connection = connection;
    }
}
```

(2) 封装数据库的打开操作,获得的 Connection 用成员变量接收。

数据库打开出错,需要抛出异常。

```
public void openConnection() throws Exception {
    try {
        if (connection == null || connection.isClosed()) {
            DbInfo dbInfo = DbInfo.instance();
            Class.forName(dbInfo.getDriver()); //反射检查驱动包是否存在
            connection = DriverManager.getConnection(dbInfo.getUrl(),
                                dbInfo.getUname(), dbInfo.getPwd());
        }
    }   catch (ClassNotFoundException e) {
        Log.logger.error(e.getMessage(),e);
        throw e;
    }   catch (SQLException e) {
        Log.logger.error(e.getMessage(),e);
        throw e;
    }
}
```

(3) 关闭数据库连接,即使出错,也无须抛出异常。

```
public void closeConnection() {
    if (this.connection != null) {
        try {
            this.connection.close();
        }   catch (Exception e) {
            Log.logger.error(e.getMessage(),e);
        }
    }
}
```

(4) 开启事务封装。

```
public void beginTransaction() throws Exception {
    this.openConnection();
    this.connection.setAutoCommit(false);
}
```

(5) 事务提交封装。

```
public void commit() throws Exception {
    if (this.connection != null)
        this.connection.commit();
}
```

（6）事务回滚封装。

```
public void rollback() throws Exception {
    if (this.connection != null)
        this.connection.rollback();
}
```

12.9.2 视图层提取

所有的JSP页面，通常会有一致的页头和页尾。为了显示效果一致，避免重复调试，我们把前台共享的信息抽取到mhead.jsp中，后台共享的信息抽取到bhead.jsp中。

（1）mhead.jsp代码。

```
<%@ page language = "java" import = "java.util.*" pageEncoding = "utf-8" %>
<%@ taglib prefix = "c"  uri = "http://java.sun.com/jsp/jstl/core" %>
<%
    String path = request.getContextPath();
    String basePath = request.getScheme() + "://" + request.getServerName()
        + ":" + request.getServerPort() + path + "/";
%>
<c:if test = "${user != null}">
      welcome you ${user.uname}  
      <a href = "<% = basePath %> user/ShopCarSvl">购物车</a>  
      <a href = "<% = basePath %> user/LogoutSvl">退出</a>
      <c:if test = "${user.role == 1}">
          <a href = "<% = basePath %> back/BookAddSvl">后台</a>
      </c:if>
</c:if>
<c:if test = "${user == null}">
     <a href = "<% = basePath %> LoginSvl">登录</a>
       <a href = "<% = basePath %> RegistSvl">注册</a>
</c:if>
```

（2）bhead.jsp代码。

```
<%@ page language = "java" import = "java.util.*" pageEncoding = "utf-8" %>
<%
    String path = request.getContextPath();
    String basePath = request.getScheme() + "://" + request.getServerName()
            + ":" + request.getServerPort() + path + "/";
%>
<tr>
    <td align = right >管理员: admin   <a
        href = "<% = basePath %> user/LogoutSvl">退出</a>
    </td>
</tr>
<tr>
    <td align = center ><a href = "<% = basePath %> back/BookAddSvl">新书上架</a>
      <a href = "#">书增加库存</a>   <a href = "#">书下架</a>   <a
    href = "#">用户管理</a>   <a href = "#">修改售价</a>   <a
```

```
    href = "<% = basePath %> back/BuyRecordSvl">用户购买记录</a></td>
</tr>
```

视频讲解

12.10 主页图书列表实现

网上书城主页见图 12-3。功能是从数据库动态提取已上架的图书,用列表方式显示(此处暂未做翻页,在后台订单查询中演示翻页功能)。

welcome you admin 购物车 退出 后台

	三国演义	
	商品价格	16.0
	出版社	安徽教育出版社
	水浒传	
	商品价格	11.7
	出版社	安徽教育出版社
	红楼梦	
	商品价格	12.0
	出版社	安徽教育出版社
	西游记	
	商品价格	20.8
	出版社	安徽教育出版社

图 12-3 网上书城主页

访问 Web 站点 http://localhost:8080/BookShop,默认调用欢迎页 index.jsp,从index.jsp 转向控制器 MainSvl。index.jsp 的代码如下:

```
<%
    request.getRequestDispatcher("/MainSvl").forward(request, response);
%>
```

控制器 MainSvl 和 main.jsp 代码如下所示。

(1) 新建控制器 MainSvl。

```
@WebServlet("/MainSvl")
public class MainSvl extends HttpServlet { }
```

(2) 在 service()中读取所有上架的图书,然后转向 main.jsp 显示。

```
public void service(HttpServletRequest request, HttpServletResponse response)
                    throws ServletException, IOException {
    BookBiz biz = new BookBiz();
    try {
        List<TBook> books = biz.getAllBooks();
        request.setAttribute("books",books);
        request.getRequestDispatcher("/WEB-INF/main/main.jsp")
                                    .forward(request, response);
    }   catch (Exception e) {
        request.setAttribute("msg", "网络异常,请和管理员联系");
```

```
            request.getRequestDispatcher("/error.jsp").forward(request, response);
        }
    }
```

(3) 服务层类 BookBiz 中的 getAllBooks 定义如下：

```
public List<TBook> getAllBooks() throws Exception{
    IBookDao dao = new BookDaoMysql();
    try {
        return dao.getAllBooks();
    }finally{
        dao.closeConnection();
    }
}
```

(4) 持久层 BookDaoMysql 中的 getAllBooks 定义如下：

注意：图书信息中不能包含图片，图片数据需要 JSP 页面单独发送请求来读取。

```
public List<TBook> getAllBooks() throws Exception{
    List<TBook> books = null;
    String sql = "select isbn,bname,press,price,pdate from tbook order by isbn";
    this.openConnection();
    PreparedStatement ps = this.connection.prepareStatement(sql);
    ResultSet rs = ps.executeQuery();
    if(rs != null){
        books = new ArrayList<TBook>();
        while(rs.next()){
            TBook bk = new TBook();
            bk.setBname(rs.getString("bname"));
            bk.setIsbn(rs.getString("isbn"));
            bk.setPdate(rs.getDate("pdate"));
            bk.setPress(rs.getString("press"));
            bk.setPrice(rs.getDouble("price"));
            books.add(bk);
        }
    }
    return books;
}
```

(5) 在 main.jsp 中，使用 JSTL 迭代输出图书列表。

图书列表数据通过 request 域对象，从 MainSvl 传递给 main.jsp。

```
<table border="1" width=100%>
    <c:forEach var="bk" items="${books}">
        <tr><td rowspan=3>
            <img width=100 height=100
                src="<%=basePath%>BookPicSvl?isbn=${bk.isbn}"/>
        </td>
        <td colspan=2 align=center style="color:red">
```

```
            <a href="<% =basePath %>BookDetailSvl?isbn=${bk.isbn}">
                ${bk.bname}</a>
        </td></tr>
        <tr><td>商品价格</td><td>${bk.price}</td></tr>
        <tr><td>出版社</td><td>${bk.press}</td></tr>
    </c:forEach>
</table>
```

12.11 图书封面

网上书城主页(见图 12-3)与图书明细页(见图 12-4),都需要显示图书封面。图书封面的数据存储在 MySQL 数据库中,使用 blob 字段存储。关于图片的存储,大的图片需要放在 Web 站点的 pic 文件夹下,小的图片可以放在数据库中。大型网站的图片都需要专门的图片服务器存储。

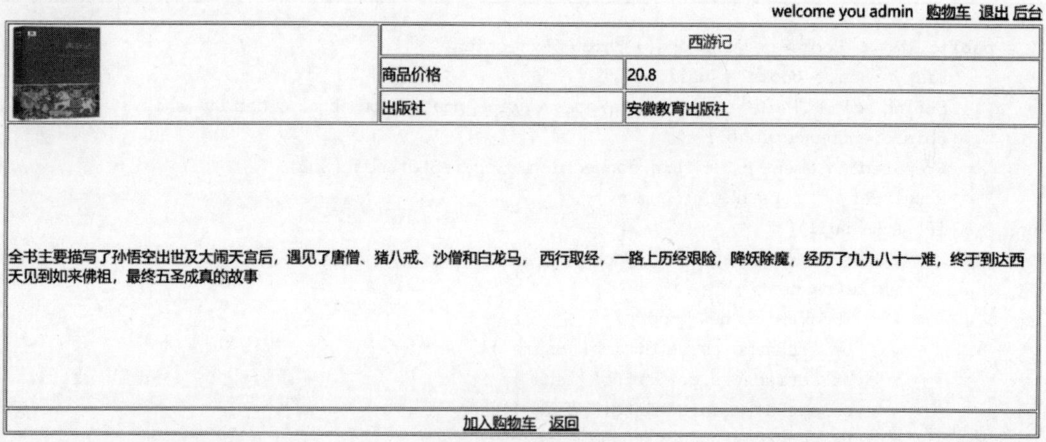

welcome you admin 购物车 退出 后台

	西游记	
	商品价格	20.8
	出版社	安徽教育出版社

全书主要描写了孙悟空出世及大闹天宫后，遇见了唐僧、猪八戒、沙僧和白龙马，西行取经，一路上历经艰险，降妖除魔，经历了九九八十一难，终于到达西天见到如来佛祖，最终五圣成真的故事

加入购物车 返回

图 12-4 图书明细页

前面讲过非阻塞 IO 流技术,在书城项目中,所有的图书封面都可以使用 NIO 技术输出。

(1) 新建控制器,支持异步模式。

```
@WebServlet(urlPatterns = "/BookPicSvl",asyncSupported = true)
public class BookPicSvl extends HttpServlet {}
```

(2) 在 service 方法中,开启异步模式,注册 WriteListener 监听器。

```
public void service(HttpServletRequest request,
                    HttpServletResponse response)
                    throws ServletException, IOException {
    String isbn = request.getParameter("isbn");
    if(isbn == null) {
        throw new RuntimeException("isbn不能为null");
```

```
    }
    BookBiz biz = new BookBiz();
    try {
        byte[] pic = biz.getBookPic(isbn);
        if(pic != null){
            AsyncContext acontext = request.startAsync();
            ServletOutputStream out =  acontext.getResponse().getOutputStream();
            out.setWriteListener(new MyPicWriter(out,acontext,pic));
        }
    }   catch (Exception e) {
        Log.logger.error(e.getMessage(),e);
        request.setAttribute("msg", "网络异常,请检查");
        request.getRequestDispatcher("/error.jsp").forward(request, response);
    }
}
```

(3) 新建内部类 MyPicWriter,实现接口 WriteListener。

在监听器的 onWritePossible 中实现图片的异步输出。

```
public class MyPicWriter implements WriteListener{
    private ServletOutputStream out;
    private AsyncContext ac;
    private byte[] pic;
    public MyPicWriter(ServletOutputStream out,AsyncContext ac,byte[] pic){
        this.ac = ac;
        this.out = out;
        this.pic = pic;
    }
    public void onError(Throwable t) {
         t.printStackTrace();
    }
    public void onWritePossible() throws IOException {
        try {
            if(pic != null && out.isReady()){
                out.write(pic);
                //out.flush();    ---- 此处不能使用 flush()
                out.close();
            }
        }   catch (Exception e) {
            e.printStackTrace();
        }finally{
             ac.complete();
        }
    }
}
```

(4) 服务层 BookBiz 的 getBookPic 方法。

```
public byte[] getBookPic(String isbn) throws Exception{
    IBookDao dao = new BookDaoMysql();
    try {
```

```
        return dao.getBookPic(isbn);
    }finally{
        dao.closeConnection();
    }
}
```

(5) 持久层 BookDaoMysql 的 getBookPic 方法。

```
public byte[] getBookPic(String isbn) throws Exception{
    byte[] pic = null;
    String sql = "select pic from tbook where isbn = ?";
    this.openConnection();
    PreparedStatement ps = this.connection.prepareStatement(sql);
    ps.setString(1, isbn);
    ResultSet rs = ps.executeQuery();
    if(rs != null){
        while(rs.next()){
            pic = rs.getBytes("pic");
            break;
        }
    }
    rs.close();
    ps.close();
    return pic;
}
```

(6) 在 main.jsp 和 BookDetail.jsp 中,使用<img>标签请求图片的字节流数据。

```
<img src="<%=basePath%>BookPicSvl?isbn=${bk.isbn}"/>
```

12.12 图书明细页实现

单击主页图书列表中的任意图书,跳转到图书详情页(见图 12-4)。

链接请求: http://localhost:8080/BookShop/BookDetailSvl? isbn=9787552276886。

(1) 新建控制器 BookDetailSvl。

```
@WebServlet("/BookDetailSvl")
public class BookDetailSvl extends HttpServlet {}
```

(2) 编写控制器 service 代码。

```
public void service(HttpServletRequest request,
                    HttpServletResponse response)
                    throws ServletException, IOException {
    String isbn = request.getParameter("isbn");
    if(isbn == null) {
        throw new RuntimeException("isbn 不能为 null");
    }
    BookBiz biz = new BookBiz();
```

```
    try {
        TBook book = biz.getBookDetail(isbn);
        request.setAttribute("book", book);
        request.getRequestDispatcher("/WEB-INF/main/BookDetail.jsp")
                                            .forward(request, response);
    }   catch (Exception e) {
        Log.logger.error(e.getMessage(),e);
        request.setAttribute("msg", "网络异常,请和管理员联系");
        request.getRequestDispatcher("/error.jsp")
                                            .forward(request, response);
    }
}
```

(3) 编写服务层 BookBiz 中的 getBookDetail。

```
public TBook getBookDetail(String isbn) throws Exception{
    IBookDao dao = new BookDaoMysql();
    try {
        return dao.getBookDetail(isbn);
    }finally{
        dao.closeConnection();
    }
}
```

(4) 编写持久层 BookDaoMysql 中的 getBookDetail,返回结果不包含图片信息。

```
public TBook getBookDetail(String isbn) throws Exception{
    TBook book = null;
    String sql = "select isbn,bname,press,price,pdate from tbook where isbn = ?";
    this.openConnection();
    PreparedStatement ps = this.connection.prepareStatement(sql);
    ps.setString(1, isbn);
    ResultSet rs = ps.executeQuery();
    if(rs != null){
        while(rs.next()){
            book = new TBook();
            book.setBname(rs.getString("bname"));
            book.setIsbn(rs.getString("isbn"));
            book.setPdate(rs.getDate("pdate"));
            book.setPress(rs.getString("press"));
            book.setPrice(rs.getDouble("price"));
            break;
        }
    }
    return book;
}
```

(5) 编写图书详情页面 BookDetail.jsp。

```
<table border = "1" width = 100 % >
  <tr><td rowspan = 3 >
    <img width = 100 height = 100 src = "<% = basePath %> BookPicSvl?isbn = ${book.isbn}"/>
```

```
    </td>
    <td colspan=2 align=center style="color:red">${book.bname}</td></tr>
    <tr><td>商品价格</td><td>${book.price}</td></tr>
    <tr><td>出版社</td><td>${book.press}</td></tr>
    <tr><td height=300 colspan=3>图书简介信息</td></tr>
    <tr><td colspan=3 align=center>
        <a href="<%=basePath%>user/ShopCarAddSvl?isbn=${book.isbn}">加入购物车</a>
                      <a href="<%=basePath%>MainSvl">返回</a></td>
    </tr>
</table>
```

视频讲解

12.13 用户管理

12.13.1 用户登录

在用户登录页面(见图 12-5)中输入用户名和密码,提交登录请求。如果登录成功,创建一个购物车存于 session 中,用户对象也存于 session 中,然后转到书城主页;如果登录失败,返回登录页,提示重新登录。

用户名: admin
密码: •••
提交 注册

图 12-5 用户登录

(1) 新建控制器 LoginSvl。

```
@WebServlet("/LoginSvl")
public class LoginSvl extends HttpServlet {}
```

(2) 单击主页右上角的"登录"按钮,发出 GET 请求:http://localhost:8080/BookShop/LoginSvl。

控制器 LoginSvl 的 doGet 转向 login.jsp 页。

```
public void doGet(HttpServletRequest request,
                HttpServletResponse response)
                throws ServletException, IOException {
    request.getRequestDispatcher("/WEB-INF/main/login.jsp")
                            .forward(request, response);
}
```

(3) 在用户登录页面输入用户名、密码,然后单击"提交"按钮。

用户登录成功,马上创建一个购物车,后面操作无须判断购物车是否存在,这样会节省很多代码。用户对象也需要存储在 session 中,然后由 LoginSvl 转发到 main.jsp 页面。

用户名或密码错误,返回登录页。用户名或密码输入为空,返回登录页并提示。

```
public void doPost(HttpServletRequest request, HttpServletResponse response)
        throws ServletException, IOException {
    String uname = request.getParameter("uname");
    String pwd = request.getParameter("pwd");
    if(uname != null && pwd != null && !uname.equals("") && !pwd.equals("")){
```

```
        UserBiz biz = new UserBiz();
        try {
            TUser user = biz.login(uname, pwd);
            if(user != null){
                request.getSession().setAttribute("user",user);
                Map<String,Integer> shopCar = new HashMap<String,Integer>();
                request.getSession().setAttribute("ShopCar",shopCar);
                request.getRequestDispatcher("/MainSvl")
                                        .forward(request, response);
            }else{
                request.setAttribute("msg", "用户名、或密码错误,请检查");
                request.getRequestDispatcher("/WEB-INF/main/login.jsp")
                                            .forward(request, response);
            }
        }   catch (InputNullExcepiton e) {
            request.setAttribute("msg",e.getMessage());
            request.getRequestDispatcher("/WEB-INF/main/login.jsp")
                                            .forward(request, response);
        }   catch (Exception e) {
            Log.logger.error(e.getMessage(),e)
            request.setAttribute("msg", "网络异常,请和管理员联系");
            request.getRequestDispatcher("/error.jsp")
                                            .forward(request, response);
        }
    }else{
        request.setAttribute("msg","用户名或密码,不能为空");
        request.getRequestDispatcher("/WEB-INF/main/login.jsp")
                                            .forward(request, response);
    }
}
```

(4) 服务层 UserBiz 的 login 方法。

```
public TUser login(String uname, String pwd) throws Exception {
    TUser user = null;
    if (uname == null || pwd == null || uname.equals("") || pwd.equals("")) {
        throw new InputNullExcepiton("用户名或密码不能为空");
    }
    IUserDao dao = new UserDaoMysql();
    try {
        user = dao.login(uname, pwd);
    }   finally {
        dao.closeConnection();              //数据库应该在服务层关闭
    }
    return user;
}
```

(5) 持久层 UserDaoMysql 的 login 方法。

```
public TUser login(String uname,String pwd) throws Exception{
    TUser user = null;
    String sql = "select * from tuser where uname = ? and pwd = ?";
    this.openConnection();
    PreparedStatement ps = this.connection.prepareStatement(sql);
    ps.setString(1,uname);
    ps.setString(2, pwd);
    ResultSet rs = ps.executeQuery();
    if(rs != null){
        while(rs.next()){
            user = new TUser();
            user.setUname(uname);
            user.setPwd(pwd);
            user.setAccount(rs.getDouble("account"));
            user.setRole(Integer.parseInt(rs.getString("role")));
            break;
        }
    }
    rs.close();
    ps.close();
    return user;
}
```

12.13.2 用户退出

用户退出,清空 session,返回书城主页。

在头文件 mhead.jsp 和 bhead.jsp 的右上角都有"退出"按钮。

用户登录成功后,可以退出登录。

(1) 新建控制器 LogoutSvl。

退出需要权限校验,必须是已登录用户才能退出,因此 URL 为/user/*。

```
@WebServlet("/user/LogoutSvl")
public class LogoutSvl extends HttpServlet {}
```

(2) 在 LogoutSvl 的 service 方法中清空 session。

为了使浏览器的地址栏发生变化,防止重复提交,此处使用重定向的方式跳转到主页。

```
public void service(HttpServletRequest request,
                    HttpServletResponse response)
                    throws ServletException, IOException {
    request.getSession().invalidate();
    String path = request.getContextPath();
    String basePath = request.getScheme() + "://" + request.getServerName() + ":"
                    + request.getServerPort() + path + "/";
    response.sendRedirect(basePath + "MainSvl");
}
```

12.13.3 用户注册

游客通过注册，可以成为注册用户，注册用户可以在线购买图书。用户注册时，要注意校验用户名的唯一性。

访问 http://localhost:8080/BookShop/RegistSvl，进入用户注册页面（见图 12-6）。

用户名：	admin	用户名冲突，请修改
密码：	•••	
确认密码：	•••	
提交	返回	

图 12-6 用户注册

用户注册时需要先校验用户名是否可用，然后才能提交注册申请。

1. 用户名校验

使用 AJAX 校验用户名是否可用，操作步骤如下所述。

（1）新建 regist.jsp，用户名输入框使用 onkeyup 事件捕获用户输入信息变化。

```
<tr>
    <td width="107" height="36">用户名：</td>
    <td width="524">
        <INPUT name="uname" id="uname" type="text"
                maxlength="16" onkeyup="unameValid()">
         <span  id="unameAlert" style="color: red; font-size: 8px"></span>
    </td>
</tr>
```

（2）编写 JS 的 unameValid 方法。

```
function unameValid(){
    var uname =  $('#uname').val();
    if(uname != ""){
        var destUrl = "<%=basePath%>UnameCheckSvl?uname=" + uname;
         $.ajax(    {
                type : "GET",
                url : destUrl,
                dataType : "text",
                timeout : 3000,
                success : function(msg) {
                    if (msg == 0) {
                        $('#unameAlert').html("用户名可用");
                    }     else if (msg == 1) {
                        $('#unameAlert').html("用户名冲突,请修改");
                    }     else if (msg == -1) {
                        $('#unameAlert').html("系统异常,请检查");
                    }else{}
```

```
                },
                error : function() {
                    alert("连接超时,请重新连接");
                }
            }   );
    }
}
```

(3) 新建控制器 UnameCheckSvl。

```
@WebServlet("/UnameCheckSvl")
public class UnameCheckSvl extends HttpServlet {}
```

(4) 控制器 UnameCheckSvl 的 service 方法。

```
protected void service(HttpServletRequest request,
                    HttpServletResponse response)
                throws ServletException, IOException {
    String uname = request.getParameter("uname");
    UserBiz biz = new UserBiz();
    PrintWriter out = response.getWriter();
    try {
        boolean bRet = biz.isHaveUserName(uname);
        if(bRet) {
            out.print("1");;        //用户名冲突
        }else {
            out.print("0");;        //用户名可用
        }
    }     catch (Exception e) {
        out.print("-1");
    }
    out.flush();
    out.close();
}
```

(5) 服务层 UserBiz 的 isHaveUserName 方法。

```
public boolean isHaveUserName(String name) throws Exception {
    if (name == null || name.trim().equals("")) {
        throw new Exception("输入用户名不能为空");
    }
    IUserDao dao = new UserDaoMysql();
    try {
            return dao.isHaveUserName(name);
    }   finally {
        dao.closeConnection();
    }
}
```

(6) 持久层 UserDaoMysql 的 isHaveUserName 方法。

```
public boolean isHaveUserName(String name) throws Exception {
```

```
        boolean bFind = false;
        String sql = "select uname from tuser where uname = ?";
        this.openConnection();
        PreparedStatement ps = this.connection.prepareStatement(sql);
        ps.setString(1,name);
        ResultSet rs = ps.executeQuery();
        while(rs.next()) {
            bFind = true;
            break;
        }
        rs.close();
        ps.close();
        return bFind;
    }
```

2. 注册申请

输入用户名,校验可用后,输入密码和密码确认,即可提交注册申请。

(1) 注册页面 regist.jsp。

```
<form action = "<% = basePath %> RegistSvl" id = "myform"
                    onsubmit = "return checkUserInfo()" method = "post">
    <table border = "0" cellpadding = "0" cellspacing = "0" align = "center">
        <tr><td height = 100 ></td></tr>
        <tr><td width = "107" height = "36">用户名: </td>
            <td width = "524"><input name = "uname" id = "uname" type = "text"
                        maxlength = "16" onkeyup = "unameValid()"/>
                <span id = "unameAlert" style = "color: red; font - size: 8px"></span>
            </td></tr>
        <tr><td width = "107" height = "36">密码: </td>
            <td width = "524"><INPUT name = "pwd" id = "pwd" type = "password"></td></tr>
        <tr><td width = "107" height = "36">确认密码: </td>
            <td width = "524"><INPUT name = "pwd2" id = "pwd2" type = "password"></td></tr>
        <tr><td colspan = 2 >      
            <input type = "submit" value = "提交">  
            <a href = "<% = basePath %> MainSvl">返回</a></td></tr>
        <tr><td colspan = "2">
             <span style = "color:red;font - size:8px"> ${msg}</span></td></tr>
        </table>
</form>
```

(2) 提交注册请求前,脚本校验用户名、密码、密码确认不能为空。

```
function checkUserInfo() {
    var uname =  $('#uname').val();
    var pwd =  $('#pwd').val();
    var pwd2 =  $('#pwd2').val();
    if (uname == "") {
        alert("用户名不能为空");
```

```
        return false;
    }
    if (pwd == "") {
        alert("密码不能为空");
        return false;
    }
    if (pwd != pwd2) {
        alert("密码与密码确认不一致");
        return false;
    }
}
```

(3) 新建控制器 RegistSvl。

```
@WebServlet("/RegistSvl")
public class RegistSvl extends HttpServlet {}
```

(4) 在控制器 RegistSvl 的 doPost 中处理注册请求。

```
public void doPost(HttpServletRequest request,
                HttpServletResponse response)
                throws ServletException, IOException {
    String uname = request.getParameter("uname");
    String pwd = request.getParameter("pwd");
    UserBiz biz = new UserBiz();
    TUser user = new TUser();
    user.setUname(uname);
    user.setPwd(pwd);
    user.setRole(IRole.CUSER);
    try {
        biz.addUser(user);
        request.setAttribute("msg", "注册成功,请重新登录");
        request.getRequestDispatcher("/WEB-INF/main/login.jsp")
                                    .forward(request, response);
    }catch(java.sql.SQLIntegrityConstraintViolationException e) {
        request.setAttribute("msg", "用户名冲突,请修改");
        request.getRequestDispatcher("/WEB-INF/main/regist.jsp")
                                    .forward(request, response);
    }   catch (Exception e) {
        Log.logger.info(e.getMessage());
        request.setAttribute("msg", "网络繁忙,请和管理员联系");
        request.getRequestDispatcher("/error.jsp").forward(request, response);
    }
}
```

(5) 服务层 UserBiz 的 addUser 方法。

```
public void addUser(TUser user) throws Exception{
    IUserDao dao = new UserDaoMysql();
```

```
        try {
            dao.addUser(user);
        }   finally {
            dao.closeConnection();
        }
    }
```

(6) 持久层 UserDaoMysql 的 addUser 方法。

addUser 方法无须返回值,没有异常即表示用户添加成功。

```
public void addUser(TUser user) throws Exception {
    String sql = "insert into tuser value(?,?,?,?)";
    this.openConnection();
    PreparedStatement ps = this.connection.prepareStatement(sql);
    ps.setString(1, user.getUname());
    ps.setString(2, user.getPwd());
    ps.setDouble(3, user.getAccount());
    ps.setInt(4,IRole.CUSER);
    ps.executeUpdate();
    ps.close();
}
```

视频讲解

12.14 购物车实现

12.14.1 购物车设计

书城系统的购物车采用 session 存储,数据结构为 Map<String,Integer>,key 为 isbn,Integer 表示图书购买数量。

购物车中没有直接存储 TBook 实体,是因为当用户数量庞大时,服务器 session 占用的空间非常大,所以不能在 session 中存储大数据对象。当需要显示购物车中的图书信息时,需要通过 isbn 直接到数据库中提取图书详细信息。

12.14.2 显示购物车

用户浏览图书时,可以把选中的图书先添加到购物车中,然后通过购物车结算。

已经登录的用户,随时可以查看购物车中的数据(见图 12-7),因为用户登录成功时,已经创建了一个购物车。购物车 URL: http://localhost:8080/BookShop/user/ShopCarSvl。

welcome you admin 购物车 退出 后台

书名	商品价格	数量	操作
三国演义	16.0	1	移除
水浒传	11.7	2	移除
红楼梦	12.0	3	移除
西游记	20.8	1	移除

结算 返回

图 12-7　购物车

显示购物车中数据的操作步骤如下所述。

(1) 新建控制器 ShopCarSvl。

```
@WebServlet("/user/ShopCarSvl")
public class ShopCarSvl extends HttpServlet {}
```

(2) 在控制器 service 中提取购物车数据。

```
public void service(HttpServletRequest request,
                   HttpServletResponse response)
                   throws ServletException, IOException {
    Object object = request.getSession().getAttribute("ShopCar");
    Map<String,Integer> isbns = (Map<String,Integer>)object;
    BookBiz biz = new BookBiz();
    try {
        List<TBook> books = biz.getBooks(isbns.keySet());
        request.setAttribute("books",books);
        request.getRequestDispatcher("/WEB-INF/main/ShopCar.jsp")
                                        .forward(request, response);
    }   catch (Exception e) {
        Log.logger.error(e.getMessage());
        request.setAttribute("msg", "网络异常,请和管理员联系");
        request.getRequestDispatcher("/error.jsp").forward(request, response);
    }
}
```

(3) 服务层 BookBiz 的 getBooks 方法。

购物车中只存储图书的主键 isbn,图书详情从数据库中提取。

```
public List<TBook> getBooks(Set<String> isbns) throws Exception{
    List<TBook> books = null;
    IBookDao dao = new BookDaoMysql();
    try {
        if(isbns.size() > 0) {
            books = dao.getBooks(isbns);
        }
    }finally{
        dao.closeConnection();
    }
    return books;
}
```

(4) 持久层 BookDaoMysql 的 getBooks 方法。

```
public List<TBook> getBooks(Set<String> isbns) throws Exception{
    List<TBook> books = null;
    String strIsbns = "";
    int ii = 0;
    for(String isbn : isbns){
        if(ii==0){
            strIsbns =  "'" + isbn + "'";
```

```
        }else{
            strIsbns = strIsbns + "," + "'" + isbn + "'";
        }
        ii++;
    }
    String sql = "select isbn,bname,press,price,pdate
                 from tbook where isbn in ( " + strIsbns + ")";
    this.openConnection();
    Statement st = this.connection.createStatement();
    ResultSet rs = st.executeQuery(sql);
    if(rs != null){
        books = new ArrayList<TBook>();
        while(rs.next()){
            TBook book = new TBook();
            book.setBname(rs.getString("bname"));
            book.setIsbn(rs.getString("isbn"));
            book.setPdate(rs.getDate("pdate"));
            book.setPress(rs.getString("press"));
            book.setPrice(rs.getDouble("price"));
            books.add(book);
        }
    }
    rs.close();
    ps.close();
    return books;
}
```

(5) 新建购物车显示页 ShopCar.jsp。

```
<form action="<% =basePath%>user/CheckoutSvl" method="post">
<table align="center" width=90%>
    <tr>
        <td align=right><jsp:include page="mhead.jsp"></jsp:include></td>
    </tr>
    <tr><td>
        <table border="1" width=100%>
        <tr><td>书名</td><td>商品价格</td><td width="5%">数量</td><td>操作</td>
        </tr>
            <c:forEach var="bk" items="${books}">
                <tr><td>${bk.bname}</td>
                <td>${bk.price}</td>
                <td><input type="text"name="${bk.isbn}" value="1" /></td>
                <td><a href="<% =basePath%>user/ShopCarRemoveSvl?isbn=${bk.isbn}">
                    移除</a></td></tr>
            </c:forEach>
        </table></td></tr>
    <tr><td align="center">
        <c:if test="${books.size()>0}">
                <input type="submit" value="结算">
            </c:if>
```

```
              <a href = "<% = basePath %> MainSvl">返回</a></td>
        </tr>
    </table>
</form>
```

12.14.3 加入商品到购物车

在图书明细页面,可以添加图书到购物车中(见图 12-8),未登录的用户则转向登录页。添加图书的 URL：http://localhost:8080/BookShop/user/ShopCarAddSvl?isbn=9787533681654。

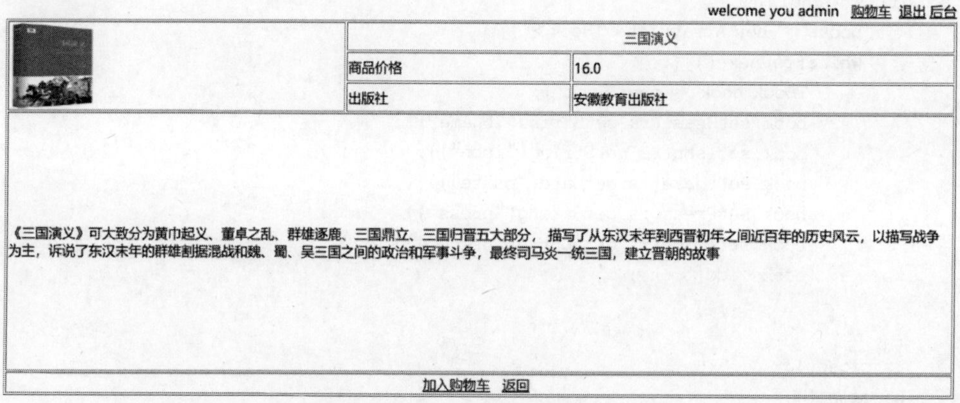

图 12-8 加入商品到购物车

添加图书的实现步骤如下。

(1) 新建控制器 ShopCarAddSvl。

```
@WebServlet("/user/ShopCarAddSvl")
public class ShopCarAddSvl extends HttpServlet {}
```

(2) 控制器 service 方法。

购物车对象在用户登录成功时已创建,此处直接读取即可。

```
public void service(HttpServletRequest request,
                    HttpServletResponse response)
                    throws ServletException, IOException {
    String isbn = request.getParameter("isbn");
    if(isbn == null){
        throw new ServletException("没找到 isbn 参数");
    }
    Object object = request.getSession().getAttribute("ShopCar");
    Map<String, Integer> shopCar = (Map<String, Integer>)object;
    shopCar.put(isbn,1);
    request.getRequestDispatcher("/user/ShopCarSvl")
                                  .forward(request, response);
}
```

(3) 图书明细中加入购物车设计。

```
<a href = "<% = basePath %> user/ShopCarAddSvl?isbn = ${book.isbn}">加入购物车</a>
```

12.14.4 移除购物车中的商品

单击购物车中的“移除”按钮,可以把购物车中的某个商品移出购物车(见图 12-7)。

商品移出购物车的 URL: http://localhost:8080/BookShop/user/ShopCarRemoveSvl?isbn=is003。

(1) 新建控制器 ShopCarRemoveSvl。

```
@WebServlet("/user/ShopCarRemoveSvl")
public class ShopCarRemoveSvl extends HttpServlet {}
```

(2) 控制器 service 方法。

```
protected void service(HttpServletRequest request,
                       HttpServletResponse response)
                       throws ServletException, IOException {
    String isbn = request.getParameter("isbn");
    Object object = request.getSession().getAttribute("ShopCar");
    Map<String,Integer> isbns = (Map<String,Integer>)object;
    isbns.remove(isbn);
    request.getRequestDispatcher("/user/ShopCarSvl").forward(request, response);
}
```

(3) 页面 ShopCar.jsp 中的移除操作。

```
<a href = "<% = basePath %> user/ShopCarRemoveSvl?isbn = ${bk.isbn}">移除</a>
```

12.15 用户付款

视频讲解

12.15.1 结算

在购物车中,填写图书购买数量,然后单击“结算”按钮(见图 12-9)。

视频讲解

welcome you admin 购物车 退出 后台

书名	商品价格	数量	操作
三国演义	16.0	1	移除
水浒传	11.7	2	移除
红楼梦	12.0	3	移除
西游记	20.8	1	移除

图 12-9 结算

结算请求的 URL: http://localhost:8080/BookShop/user/CheckoutSvl。

(1) 在购物车页面 ShopCar.jsp 中,为了控制器能接收到每本书的数量,必须要设置每个输入框的 name。每个文本框的 name 是按照 isbn 动态设置的,如 name="${bk.isbn}"。

```
<table border="1" width=100%>
    <tr>
        <td>书名</td>
        <td>商品价格</td><td width="5%">数量</td><td>操作</td>
    </tr>
    <c:forEach var="bk" items="${books}">
        <tr><td>${bk.bname}</td>
        <td>${bk.price}</td>
        <td><input type="text"name="${bk.isbn}" value="1" /></td>
        <td>
            <a href="<% = basePath%>user/removeShopcar.do?isbn = ${bk.isbn}">
            移除</a>
        </td>
        </tr>
    </c:forEach>
</table>
```

(2) 新建控制器 CheckoutSvl。

```
@WebServlet("/user/CheckoutSvl")
public class CheckoutSvl extends HttpServlet {}
```

(3) 控制器 service 方法。

如果用户输入的购买数量不是有效整数,按购买 1 本处理。

```
public void service(HttpServletRequest request,
                    HttpServletResponse response)
                    throws ServletException, IOException {
    Object object = request.getSession().getAttribute("ShopCar");
    Map<String,Integer> isbns = (Map<String,Integer>)object;
    BookBiz biz = new BookBiz();
    try {
        List<TBook> books = biz.getBooks(isbns.keySet());
        for(TBook book : books){
            String value = request.getParameter(book.getIsbn());
            int bookCount = 1;
            try {
                if(value != null && !value.trim().equals("")){
                  bookCount = Integer.parseInt(value);
                  book.setBuyCount(bookCount);
                  isbns.put(book.getIsbn(),bookCount);
                }
            } catch (Exception e) {
              Log.logger.error("购买图书的数量应该为整数:" + e.getMessage());
              book.setBuyCount(1);
              isbns.put(book.getIsbn(),1);
            }
        }
```

```
        double allMoney = 0;
        for(TBook bk : books){
            allMoney = allMoney + bk.getPrice() * bk.getBuyCount();
        }
        request.setAttribute("books", books);
        request.setAttribute("allMoney",allMoney);
        request.getRequestDispatcher("/WEB-INF/main/Checkout.jsp")
                                    .forward(request, response);
    }   catch (Exception e) {
        request.setAttribute("msg", "网络异常,请和管理员联系");
        request.getRequestDispatcher("/error.jsp").forward(request, response);
    }
}
```

session中存储的购物车,与页面显示购物车数据必须要保持一致。因此,遍历session中的购物车数据,并用输入框name对应的isbn值,即可获取所有用户上传的图书购买数量。提取到图书数量后,把购买数量存储于session中。

(4) 结算页面Checkout.jsp,显示样式见图12-10和图12-11。

```
<form action="<% =basePath%>user/PayMoneySvl" method="post">
<table align="center" width=90%>
  <tr><td align=right>
        <jsp:include page="mhead.jsp"></jsp:include>
    </td></tr>
  <tr><td>
      <table border="1" width=100%>
          <tr><td>书名</td><td>出版社</td><td>商品价格</td>
              <td width="5%">数量</td></tr>
          <c:forEach var="bk" items="${books}">
              <tr><td>${bk.bname}</td><td>${bk.press}</td>
                  <td>${bk.price}</td><td>${bk.buyCount}本</tr>
            </c:forEach>
          <tr><td colspan=4 align=center>账户余额: ¥ ${user.account}
                      商品总价: ¥
              <fmt:formatNumber value="${allMoney}" pattern="#.00" type="number"/>
              <input type="hidden"  name="allMoney" value="${allMoney}"> </td></tr>
    </table></td></tr>
   <tr><td align="center">
      <c:if test="${user.account>=allMoney}">
          <input type="submit" value="付款确认">
      </c:if>
          <a href="<% =basePath%>MainSvl">返回</a></td></tr>
   </table>
</form>
```

视频讲解

如果选定图书的总价大于用户余额,则不能显示付款按钮(见图12-10);余额充足,可以付款(见图12-11)。

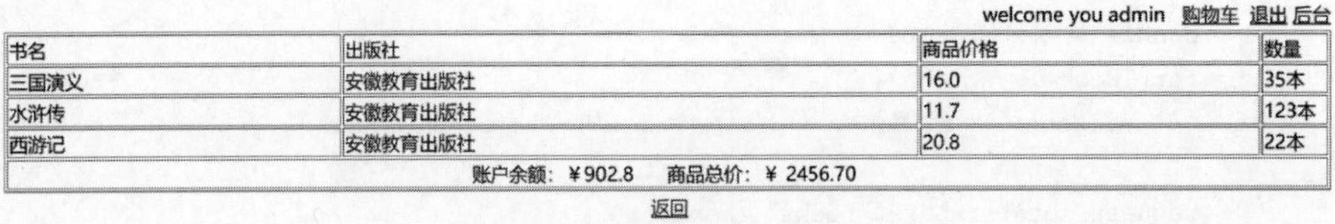

welcome you admin 购物车 退出 后台

书名	出版社	商品价格	数量
三国演义	安徽教育出版社	16.0	35本
水浒传	安徽教育出版社	11.7	123本
西游记	安徽教育出版社	20.8	22本
账户余额：￥902.8 商品总价：￥2456.70			

返回

图 12-10 付款余额不足

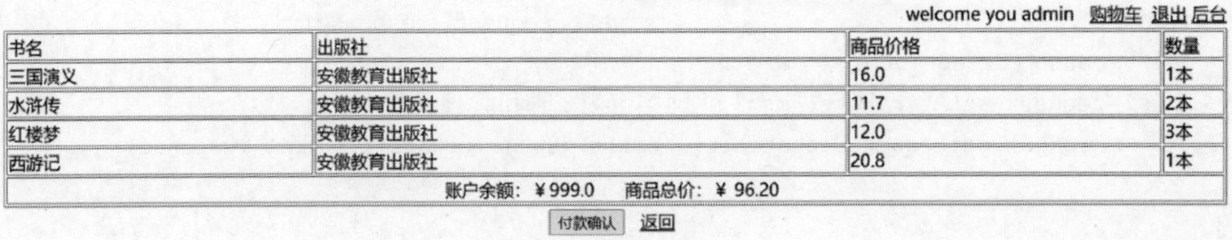

welcome you admin 购物车 退出 后台

书名	出版社	商品价格	数量
三国演义	安徽教育出版社	16.0	1本
水浒传	安徽教育出版社	11.7	2本
红楼梦	安徽教育出版社	12.0	3本
西游记	安徽教育出版社	20.8	1本
账户余额：￥999.0 商品总价：￥96.20			

付款确认 返回

图 12-11 付款

12.15.2 付款

图 12-11 是付款确认页面，提交付款确认后，会从用户的账户中自动扣款，然后生成订单。

提交付款请求的 URL：http://localhost:8080/BookShop/user/PayMoneySvl。

(1) 新建控制器 PayMoneySvl。

```
@WebServlet("/user/PayMoneySvl")
public class PayMoneySvl extends HttpServlet {}
```

(2) 控制器 PayMoneySvl 的 service 方法。

付款成功，需要清光购物车，并更新账户余额。然后重定向到付款成功页(见图 12-12)，为了防止重复提交，PayMoneySvl 必须使用重定向。

```
public void service(HttpServletRequest request,
                HttpServletResponse response)
                throws ServletException, IOException {
    TUser user = (TUser)request.getSession().getAttribute("user");
    String value = request.getParameter("allMoney");
    double allMoney = Double.parseDouble(value);
    if(user.getAccount()>= allMoney) {
        UserBiz biz = new UserBiz();
        Map<String, Integer> car =
            (Map<String, Integer>)request.getSession().getAttribute("ShopCar");
        try {
            biz.buyBooks(user.getUname(), allMoney, car);
            //付款成功,要清除购物车,还有更新 session 中用户的金额
            car.clear();
            user.setAccount(user.getAccount() - allMoney);
            String path = request.getContextPath();
            String basePath = request.getScheme() + "://" + request.getServerName()
                        + ":" + request.getServerPort() + path + "/";
            response.sendRedirect(basePath + "PayOkSvl?allMoney=" + allMoney);
```

```
        }    catch (Exception e) {
            request.setAttribute("msg", "网络异常,请和管理员联系");
            request.getRequestDispatcher("/error.jsp")
                                                    .forward(request, response);
        }
    }else {
        request.setAttribute("msg", "余额不足,请先充值");
        request.getRequestDispatcher("/error.jsp").forward(request, response);
    }
}
```

(3) 服务层 UserBiz 的 buyBooks 方法。

用户付款包括从用户账户扣款、生成订单、生成订单明细、减库存等很多操作,这些操作必须同时成功或同时失败,因此必须要使用事务(Transaction)来控制付款操作。

```
public void buyBooks(String uname, double allMoney,
            Map < String, Integer > shopCar) throws Exception {
    IUserDao dao = new UserDaoMysql();
    try {
        dao.beginTransaction();                //开始事务
        dao.updateUserAccount(uname, - allMoney);
        dao.addBuyRecord(uname, allMoney, shopCar);
        dao.commit();                          //无异常,就提交事务
    }    catch (Exception e) {
        dao.rollback();                        //有异常,回滚
        Log.logger.error(e.getMessage(),e);
        throw e;
    }    finally {
        dao.closeConnection();
    }
}
```

(4) 持久层 UserDaoMysql 的 updateUserAccount 方法,实现用户扣款。

```
public void updateUserAccount(String uname,double money) throws Exception{
    String sql = "update tuser set account = account + ? where uname = ?";
    this.openConnection();
    PreparedStatement ps = this.connection.prepareStatement(sql);
    ps.setDouble(1, money);
    ps.setString(2, uname);
    ps.executeUpdate();
    ps.close();
}
```

(5) 持久层 UserDaoMysql 的 addBuyRecord 方法,实现生成订单。

```
public void addBuyRecord(String uname,double allMoney,
            Map < String, Integer > shopCar) throws Exception{
    String orderNo = OrderUtil.createNewOrderNo();
    String sql = "insert into tbuyrecord values (?,?,?,?)";
    this.openConnection();
```

```
        PreparedStatement ps = this.connection.prepareStatement(sql);
        ps.setString(1, orderNo);
        ps.setString(2, uname);
        ps.setTimestamp(3, new Timestamp(System.currentTimeMillis()));
        ps.setDouble(4, allMoney);
        ps.executeUpdate();
        Set<String> isbns = shopCar.keySet();
        for(String isbn : isbns){
            TBuyDetail detail = new TBuyDetail();
            detail.setIsbn(isbn);
            detail.setBuycount(shopCar.get(isbn));
            detail.setBuyid(orderNo);
            addBuyDetail(detail);
        }
        ps.close();
    }
```

(6) 持久层 UserDaoMysql 的 addBuyDetail 方法,添加订单明细。

当前方法会调用 UserDaoMysql 的 updateBookCount 方法,为了保证事务完整性,UserDaoMysql 和 BookDaoMysql 对象必须使用同一个数据库 Connection。bookDao 使用的数据库连接是当前的 BookDaoMysql 对象传递过去的。

```
    private void addBuyDetail(TBuyDetail detail) throws Exception{
        String sql = "insert into tbuydetail values( (select * from (
            select IFNULL(max(autoid),0) + 1 from tbuydetail)t1),?,?,?)";
        this.openConnection();
        PreparedStatement ps = this.connection.prepareStatement(sql);
        ps.setString(1, detail.getIsbn());
        ps.setString(2,detail.getBuyid());
        ps.setInt(3,detail.getBuycount());
        ps.executeUpdate();
        ps.close();
        BookDaoMysql bookDao = new BookDaoMysql();
        bookDao.setConnection(this.getConnection());
        bookDao.updateBookCount(detail.getIsbn(), - detail.getBuycount());
    }
```

(7) 持久层 BookDaoMysql 的 updateBookCount 方法。

在订单明细方法中调用这个方法,对已经出售的图书扣库存。

```
    public void updateBookCount(String isbn,int bookCount) throws Exception{
        String sql = "update tbook set bkcount = bkcount + ? where isbn = ?";
        this.openConnection();
        PreparedStatement ps = this.connection.prepareStatement(sql);
        ps.setInt(1, bookCount);
        ps.setString(2, isbn);
        ps.executeUpdate();
        ps.close();
    }
```

(8) 转向付款成功页面。

```
@WebServlet("/PayOkSvl")
public class PayOkSvl extends HttpServlet {
    protected void doGet(HttpServletRequest request,
                    HttpServletResponse response)
                    throws ServletException, IOException {
        request.getRequestDispatcher("/WEB - INF/main/PayOk.jsp")
                                .forward(request, response);
    }
}
```

(9) 页面 PayOK.jsp 用于显示付款成功信息(见图 12-12)。

```
<table align = "center" width = 60 % >
  <tr>
      <td height = "180"></td>
      <td style = "color:black;font - size:18px">
             付款成功! 付款人: ${user.uname} <br>
             付款金额: <fmt:formatNumber value = "<% = allMoney %>"
                                pattern = "#.00" type = "number"/>
        <p style = "color:red;font - size:30px">
               我们会尽快为您进行配送
        </p>
      </td>
  </tr>
  <tr><td height = "80"></td></tr>
  <tr><td colspan = "2" align = "center">
    <a href = "<% = basePath %> MainSvl">返回主页</a></td>
  </tr>
</table>
```

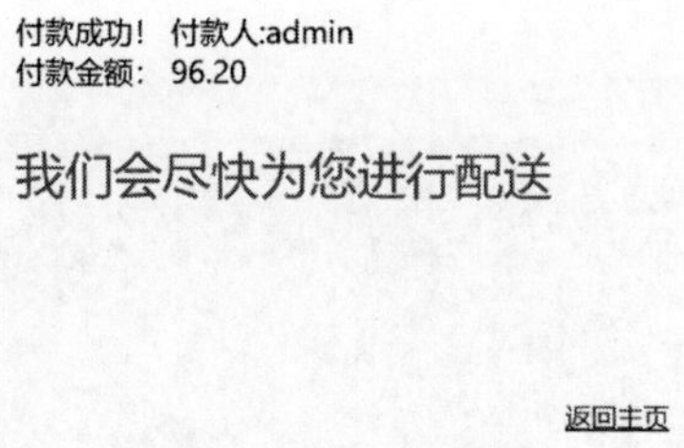

付款成功! 付款人:admin
付款金额: 96.20

我们会尽快为您进行配送

返回主页

图 12-12　付款成功

12.15.3　付款异常处理

用户付款过程,涉及用户账户扣款、生成订单、添加订单明细、扣图书库存等多步操作,任何一步操作失败,都应该触发事务的回滚,即整个付款流程的多步操作,必须同时成功或者同时失败,不能出现中间数据。

在 12.15.2 节讲解了事务控制下的完整付款操作。本节讲述当某个步骤出现异常时,事务是如何回滚的。

(1) 在 BookDaoMysql 的 updateBookCount 方法中抛出异常。

```
public void updateBookCount(String isbn, int bookCount) throws Exception{
        String sql = "update tbook set bkcount = bkcount + ? where isbn = ?";
        this.openConnection();
        PreparedStatement ps = this.connection.prepareStatement(sql);
        ps.setInt(1, bookCount);
        ps.setString(2, isbn);
        ps.executeUpdate();
        ps.close();
        throw new RuntimeException("异常测试...");
    }
```

(2) 断点跟踪整个付款流程,确保用户账户扣款、生成订单、添加订单明细等操作正确提交。当代码执行到 updateBookCount()后,主动抛出异常。

观察控制台输出的日志信息:

```
ERROR - 异常测试...
java.lang.RuntimeException: 异常测试...
    at com.icss.dao.impl.BookDaoMysql.updateBookCount(BookDaoMysql.java:198)
    at com.icss.dao.impl.UserDaoMysql.addBuyDetail(UserDaoMysql.java:123)
    at com.icss.dao.impl.UserDaoMysql.addBuyRecord(UserDaoMysql.java:106)
    at com.icss.biz.UserBiz.buyBooks(UserBiz.java:50)
    at com.icss.action.PayMoneySvl.service(PayMoneySvl.java:34)
    at javax.servlet.http.HttpServlet.service(HttpServlet.java:741)
    ...
INFO - 关闭数据库连接
```

(3) 使用 MySQL 的命令行客户端,查看用户扣款、生成订单等操作是否存在错误的中间数据(见图 12-13)。

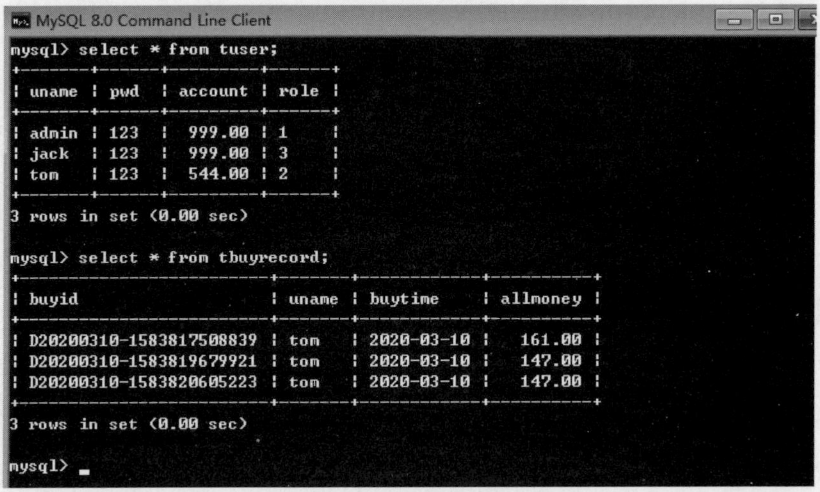

```
MySQL 8.0 Command Line Client
mysql> select * from tuser;
+-------+-----+---------+------+
| uname | pwd | account | role |
+-------+-----+---------+------+
| admin | 123 |  999.00 | 1    |
| jack  | 123 |  999.00 | 3    |
| tom   | 123 |  544.00 | 2    |
+-------+-----+---------+------+
3 rows in set (0.00 sec)

mysql> select * from tbuyrecord;
+----------------------------+-------+------------+----------+
| buyid                      | uname | buytime    | allmoney |
+----------------------------+-------+------------+----------+
| D20200310-1583817508839    | tom   | 2020-03-10 |   161.00 |
| D20200310-1583819679921    | tom   | 2020-03-10 |   147.00 |
| D20200310-1583820605223    | tom   | 2020-03-10 |   147.00 |
+----------------------------+-------+------------+----------+
3 rows in set (0.00 sec)

mysql> _
```

图 12-13 检查事务回滚

经过数据检查,确认当前代码在异常时,中间数据会被事务回滚。

12.16　新书上架

管理员登录系统后台,有权管理图书的上架和下架操作。

图书上架操作步骤如下所述。

(1) 新建页面 BookAdd.jsp,新书上架页面样式见图 12-14。

新书上架　书增加库存　书下架　用户管理　修改售价　用户购买记录

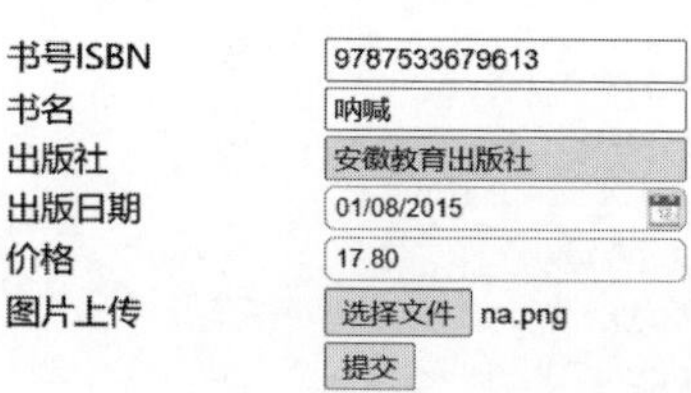

图 12-14　新书上架页面样式

表单提交实体文件,必须要设置 enctype 属性为 multipart/form-data。

```
<form action="<%=basePath%>back/BookAddSvl" method="post"
                    enctype="multipart/form-data" id="myform">
<table border="0" width=60% align="center">
  <tr><td>书号 ISBN</td>
     <td><input type="text" name="isbn" value="${isbn}"
         id="isbn" onkeyup="isbnValid()"/>
             <span id="isbnAlert" style="color:red;font-size:8px;"></span></td></tr>
  <tr><td>书名</td><td><input type="text" name="bname"
                       value="${bname}" id="bname" /></td></tr>
  <tr><td>出版社</td><td><input type="text"
                       name="press" value="${press}"/></td></tr>
  <tr><td>出版日期</td><td><input type="text"
                       name="pdate" class="easyui-datebox"/></td></tr>
  <tr><td>价格</td><td><input type="text" name="price"
           class="easyui-numberbox" value=0 precision="2"/></td></tr>
  <tr><td>图片上传</td><td><input type="file" name="pic"/></td></tr>
  <tr><td></td><td><input type="button" value=提交 onclick="tijiao()" />
       <p style="color:red;font-size:8px;">${msg}</p>
       <span id="info" style="color:red;font-size:8px;"></span></td></tr>
</table>
</form>
```

(2) 新建控制器 BookAddSvl。

限制上传图片最大为 100KB,超出时抛出异常。

```
@WebServlet("/back/BookAddSvl")
@MultipartConfig(maxFileSize=100*1024)
```

```
public class BookAddSvl extends HttpServlet {}
```

(3) GET 请求,进入新书上传页面。

```
public void doGet(HttpServletRequest request,
                  HttpServletResponse response)
                  throws ServletException, IOException {
    request.getRequestDispatcher("/WEB-INF/back/BookAdd.jsp")
                               .forward(request, response);
}
```

(4) POST 请求,把新书信息录入数据库中。

使用 Java EE 8 的 Part 方案,解析上传的字节流数据。

```
public void doPost(HttpServletRequest request,
                   HttpServletResponse response)
                   throws ServletException, IOException {
    String isbn = request.getParameter("isbn");
    String bname = request.getParameter("bname");
    String press = request.getParameter("press");
    String pdate = request.getParameter("pdate");
    String price = request.getParameter("price");
    TBook book = new TBook();
     book.setIsbn(isbn);
     book.setBname(bname);
     book.setPress(press);
     if(pdate != null && !pdate.equals("")){
     SimpleDateFormat sd = new SimpleDateFormat("MM/dd/yyyy");
     try {
        book.setPdate(sd.parse(pdate));
        }   catch (Exception e) {
            Log.logger.error(e.getMessage(),e);
        }
    }
    if(price != null  && !price.equals("")){
    try {
        book.setPrice(Double.parseDouble(price));
        }   catch (Exception e) {
            Log.logger.error(e.getMessage(),e);
        }
    }
    try {
        Part part = request.getPart("pic");
        InputStream in = part.getInputStream();
        ByteArrayOutputStream out = new ByteArrayOutputStream();
        byte[] buff = new byte[1024];
        int len;
        while((len = in.read(buff)) != -1) {
            out.write(buff, 0, len);
        }
        byte[] pic = out.toByteArray();           //把上传的文件保存成字节数组
```

```
        book.setPic(pic);
        BookBiz biz = new BookBiz();
        biz.addBook(book);
        request.setAttribute("msg",bname + "--录入成功");
        request.getRequestDispatcher("/WEB-INF/back/BookAdd.jsp")
                                    .forward(request, response);
    }   catch (Exception e) {
        Log.logger.error(e.getMessage(),e);
        request.setAttribute("msg",e.getMessage());
        request.getRequestDispatcher("/error.jsp").forward(request, response);
    }
}
```

（5）服务层 BookBiz 的 addBook 方法。

```
public void addBook(TBook book) throws Exception{
    IBookDao dao = new BookDaoMysql();
    try {
        dao.addBook(book);
    }finally{
        dao.closeConnection();
    }
}
```

（6）持久层 BookDaoMysql 的 addBook 方法。

```
public void addBook(TBook book) throws Exception{
    String sql = "insert into  tbook(isbn,bname,press,price,pdate,pic,bkcount)
              values(?,?,?,?,?,?,?)";
    this.openConnection();
    PreparedStatement ps = this.connection.prepareStatement(sql);
    ps.setString(1, book.getIsbn());
    ps.setString(2, book.getBname());
    ps.setString(3, book.getPress());
    ps.setDouble(4, book.getPrice());
    ps.setDate(5, new java.sql.Date(book.getPdate().getTime()));
    ps.setBytes(6, book.getPic());
    ps.setInt(7, 1000);
    ps.executeUpdate();
    ps.close();
}
```

12.17 查询用户购买记录

视频讲解

管理员有权在系统后台查看所有用户的购买记录，即订单和订单详情信息。

（1）查询用户购买记录样式，见图 12-15。

用户第一次进入这个页面时，没有携带任何参数。

第一次进入时的 URL：http://localhost:8080/BookShop/back/BuyRecordSvl。

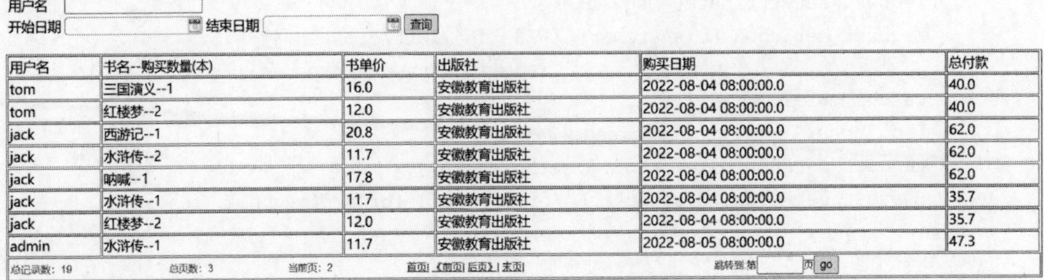
管理员: admin 退出

新书上架 书增加库存 书下架 用户管理 修改售价 用户购买记录

购买记录

用户名

开始日期 结束日期 查询

用户名	书名--购买数量(本)	书单价	出版社	购买日期	总付款
tom	三国演义--1	16.0	安徽教育出版社	2022-08-04 08:00:00.0	40.0
tom	红楼梦--2	12.0	安徽教育出版社	2022-08-04 08:00:00.0	40.0
jack	西游记--1	20.8	安徽教育出版社	2022-08-04 08:00:00.0	62.0
jack	水浒传--2	11.7	安徽教育出版社	2022-08-04 08:00:00.0	62.0
jack	呐喊--1	17.8	安徽教育出版社	2022-08-04 08:00:00.0	62.0
jack	水浒传--1	11.7	安徽教育出版社	2022-08-04 08:00:00.0	35.7
jack	红楼梦--2	12.0	安徽教育出版社	2022-08-04 08:00:00.0	35.7
admin	水浒传--1	11.7	安徽教育出版社	2022-08-05 08:00:00.0	47.3

总记录数: 19 总页数: 3 当前页: 2 首页|《前页|后页》|末页| 跳转到:第 页 go

图 12-15 购买记录

翻页查询时需要携带三个查询条件:

```
http://localhost:8080/BookShop/back/BuyRecordSvl? page = 1&uname = tom&beginDate = 03/09/
2020&endDate = 03/18/2020
```

(2) 定义控制器 BuyRecordSvl。

```
@WebServlet("/back/BuyRecordSvl")
public class BuyRecordSvl extends HttpServlet {}
```

(3) 控制器的 service 方法,接收查询参数,处理查询请求。

```
public void service(HttpServletRequest request,
                HttpServletResponse response)
                throws ServletException, IOException {
    int pageNumber = 1;             //设置页号的默认值
    String pageNum = request.getParameter("page");
    String uname = request.getParameter("uname");
    String beginDate = request.getParameter("beginDate");
    String endDate = request.getParameter("endDate");
    Date bDate = null;
    Date eDate = null;
    UserBiz biz = new UserBiz();
    try {
        SimpleDateFormat sd = new SimpleDateFormat("MM/dd/yyyy");
        if(beginDate != null && !beginDate.trim().equals("")){
            try {
                bDate = sd.parse(beginDate);
            }   catch (Exception e) {
                Log.logger.error(e.getMessage());
            }
        }
        if(endDate != null && !endDate.trim().equals("")){
            try {
                eDate = sd.parse(endDate);
            }     catch (Exception e) {
                Log.logger.error(e.getMessage());
```

```
            }
        }
        if(pageNum != null){
            try {
                pageNumber = Integer.parseInt(pageNum);
            }   catch (Exception e) {
                Log.logger.error(e.getMessage());
            }
        }
        TurnPage tp = new TurnPage();
        tp.rowsOnePage = 8;
        if(pageNumber < 1)
            pageNumber = 1;
        tp.currentPage = pageNumber;
        List<BuyRecord> records = biz.getUserBuyRecord(uname,bDate,eDate,tp);
        request.setAttribute("records", records);
        request.setAttribute("uname",uname);
        request.setAttribute("beginDate",beginDate);
        request.setAttribute("endDate",endDate);
        request.setAttribute("CurrentPageNo",tp.currentPage);
        request.setAttribute("maxPageNo", tp.allPages);
        request.setAttribute("RecordAllCount", tp.allRows);
        request.getRequestDispatcher("/WEB-INF/back/BuyRecord.jsp")
                                    .forward(request, response);
    }   catch (Exception e) {
        Log.logger.error(e.getMessage(),e);
        request.setAttribute("msg", "网络异常,请和管理员联系");
        request.getRequestDispatcher("/error.jsp").forward(request, response);
    }
}
```

(4) 服务层 UserBiz 的 getUserBuyRecord 方法。

```
public List<BuyRecord> getUserBuyRecord(String uname, Date beginDate,
                            Date endDate, TurnPage tp) throws Exception {
    IUserDao dao = new UserDaoMysql();
    try {
        return dao.getUserBuyRecord(uname, beginDate, endDate, tp);
    }   finally {
        dao.closeConnection();
    }
}
```

(5) 定义专门用于传递翻页参数的 DTO 对象 TurnPage。

```
public class TurnPage {
    //当前页号,这是入参,默认值为1
    public int currentPage = 1;
    //每页显示的记录行数,这是入参,默认值为10
    public int rowsOnePage = 10;
    //满足查询条件的记录总数,这不是入参,用于接收持久层返回信息
```

```
    public int allRows;
    //满足查询条件的总页数,这不是入参,用于接收持久层返回信息
    public int allPages;
}
```

(6) 持久层 UserDaoMysql 的 getUserBuyRecord 方法。

```
public List<BuyRecord> getUserBuyRecord(String uname,
        Date beginDate,Date endDate,TurnPage tp) throws Exception{
    List<BuyRecord> records = null;
    String sql = "select d.bcount,bk.bname,bk.isbn,bk.press,bk.price,bk.pdate"
              + ",br.allmoney,br.buytime,br.uname,br.buyid" +
              " from tbuydetail d,tbuyrecord br,tbook bk " +
              " where br.buyid = d.buyid and bk.isbn = d.isbn";
    if(uname != null && !uname.trim().equals("")){
        sql = sql + " and uname like '%" + uname + "%'";
    }
    SimpleDateFormat sd = new SimpleDateFormat("yyyy-MM-dd");
    if(beginDate != null){
        sql = sql + " and buytime>='" + sd.format(beginDate) + "'";
    }
    if(endDate != null){
        sql = sql + " and buytime<='" + sd.format(endDate) + "'";
    }
    this.openConnection();
    tp.allRows = this.getAllCount(sql);      //记录总数
    tp.allPages = (tp.allRows-1)/tp.rowsOnePage + 1;
    int iStart,iEnd;                         //记录数的起始值和结束值
    if(tp.currentPage>tp.allPages)
        tp.currentPage = tp.allPages;
    //mysql 的 limit 从 0 开始,oracle 的 rownum 从 1 开始
    iStart = (tp.currentPage-1)*tp.rowsOnePage;
    String newSql = this.getTurnPageSqlMysql(sql, iStart, tp.rowsOnePage);

    PreparedStatement ps = this.connection.prepareStatement(newSql);
    ResultSet rs = ps.executeQuery();
    if(rs != null){
        records = new ArrayList<BuyRecord>(15);
        while(rs.next()){
            BuyRecord br = new BuyRecord();
            br.setAllmoney(rs.getDouble("allmoney"));
            br.setBcount(rs.getInt("bcount"));
            br.setBname(rs.getString("bname"));
            br.setBuyid(rs.getString("buyid"));
            br.setBuytime(rs.getTimestamp("buytime"));
            br.setIsbn(rs.getString("isbn"));
            br.setPdate(rs.getDate("pdate"));
            br.setPress(rs.getString("press"));
            br.setPrice(rs.getDouble("price"));
            br.setUname(rs.getString("uname"));
```

```
                records.add(br);
            }
        }
        rs.close();
        ps.close();
        return records;
    }
```

(7) 持久层 BaseDao 的 getTurnPageSqlMysql()方法。

```
/**
     * mysql 使用 limit 进行翻页处理
     * limit m,n m 表示索引的起点,n 表示显示的记录条数
     */
    protected String getTurnPageSqlMysql(String sql, int iStart, int num) {
        String newSql = "";
        newSql = "select * from (" + sql + ") tb limit " + iStart + "," + num;
        return newSql;
    }
```

(8) 视图层 BuyRecord.jsp 代码。

注意每个翻页按钮,都必须要携带页号、用户名、开始时间、结束时间等参数。

```
<tr><td align = left >
    <table border = "1" width = 100 % >
        <tr><td>用户名</td><td>书名 -- 购买数量(本)</td><td>书单价</td>
        <td>出版社</td><td>购买日期</td><td>总付款</td></tr>
            <c:forEach var = "br" items = "${records}">
                <tr><td>${br.uname}</td><td>${br.bname} -- ${br.bcount}</td>
                    <td>${br.price}</td><td>${br.press}</td>
                    <td>${br.buytime}</td><td>${br.allmoney}</td></tr>
            </c:forEach>
    <tr>
    <td colspan = 8 >
        <table id = "tblTurnPage" width = "100 % " border = "0">
            <tr>
                <td>总记录数: ${RecordAllCount}</td>
                <td>总页数: ${maxPageNo}</td>
                <td>当前页: ${CurrentPageNo}</td>
                <td><a href = "<% = basePath %> back/BuyRecordSvl?page = 1
                    &uname = ${uname}&beginDate = ${beginDate}&endDate = ${endDate}">
                    首页|</a>
                    <a href = "<% = basePath %> back/BuyRecordSvl
                        ?page = ${CurrentPageNo - 1}&uname = ${uname}
                        &beginDate = ${beginDate}&endDate = ${endDate}">«前页|</a>
                    <a href = "<% = basePath %> back/BuyRecordSvl
                        ?page = ${CurrentPageNo + 1}&uname = ${uname}
                        &beginDate = ${beginDate}&endDate = ${endDate}">后页»|</a>
                    <a href = "<% = basePath %> back/BuyRecordSvl
                    ?page = ${maxPageNo}&uname = ${uname}&beginDate = ${beginDate}
                    &endDate = ${endDate}">末页|</a></td>
```

```
                    <td>跳转到:第<input type="text" size="3">页
                        <input type="button" value="go"></td>
                </tr>
            </table>
        </td>
    </tr>
```

12.18 中文乱码问题

在Java EE的项目开发中,经常会遇到中文乱码问题,在网上书城项目中使用如下几个步骤解决乱码问题。

(1) 所有JSP页,统一使用UTF-8编码。

```
<%@ page language="java" import="java.util.*" pageEncoding="utf-8"%>
```

(2) 使用过滤器,对HTTP的GET请求中的参数进行编码。

详细内容见7.3节的过滤器CharacterEncodingFilter设置。

(3) AJAX操作,服务器回应时,设置编码格式。

调用setCharacterEncoding()设置UTF-8编码,如果回应中包含中文,则不会乱码。

```
protected void service(HttpServletRequest request,
                       HttpServletResponse response)
                       throws ServletException, IOException {
    String uname = request.getParameter("uname");
    UserBiz biz = new UserBiz();
    PrintWriter out = response.getWriter();
    response.setCharacterEncoding("utf-8");
    try {
        boolean bRet = biz.isHaveUserName(uname);
        if(bRet) {
            out.print("用户名冲突");
        }else {
          out.print("可以使用");
        }
    }   catch (Exception e) {
         out.print("网络异常,稍后重试…");
    }
    out.flush();
    out.close();
}
```

视频讲解

12.19 数据库连接池

在企业级项目开发中,数据库连接是非常宝贵的资源,尤其是在用户并发高的业务系统中,数据库连接通常会成为系统性能的瓶颈。

为了高效地使用数据库的连接，减少频繁打开、关闭数据库连接造成的性能延时，在Java企业级开发中，都会使用数据库连接池方案（见图12-16）。

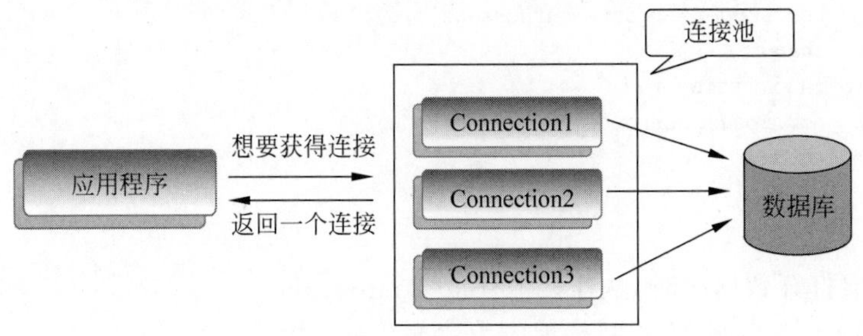

图12-16　数据库连接池

数据库连接池可以使用第三方的c3p0或dbcp。在Tomcat 9中内置了dbcp连接池的实现库，因此我们无须导包，直接使用即可。

(1) 在项目的META-INF文件夹下，新建context.xml文件。

```
<Context>
<Resource name="jdbc/bkPool" auth="Container"
          type="javax.sql.DataSource" username="root"password="123456"
          driverClassName="com.mysql.cj.jdbc.Driver"
          url="jdbc:mysql://localhost:3306/bk?useSSL=false
               &amp;serverTimezone=UTC&amp;allowPublicKeyRetrieval=true"
          maxActive="100" maxIdle="30" maxWait="10000"/>
</Context>
```

(2) 复制mysql-connector-java-8.0.11.jar到D:\apache-tomcat-9.0.30\lib下。

Tomcat需要直接访问mySql数据库，因此需要复制驱动包给Tomcat。

(3) 在web.xml中配置数据源的引用。

```
<resource-ref>
    <res-ref-name>jdbc/bkPool</res-ref-name>
    <res-type>javax.sql.DataSource</res-type>
    <res-auth>Container</res-auth>
</resource-ref>
```

(4) 在持久层的BaseDao中定义常量字符串，用于访问数据库连接池。

```
public abstract class BaseDao {
    protected static final StringdbJndi = "java:comp/env/jdbc/bkPool";
}
```

(5) 使用InitialContext的lookup找到数据源，然后从DataSource中取出数据库连接。

```
public void openConnection(String strJNDIName) throws Exception{
    try{
            InitialContext context = new InitialContext();
            strJNDIName.trim();
```

```
            DataSource ds = (DataSource)context.lookup(strJNDIName);
            connection = ds.getConnection();
        }catch (NamingException e) {
            Log.logger.error(e.getMessage(),e);
            throw e;
        }    catch (Exception e) {
            Log.logger.error(e.getMessage(),e);
            throw e;
        }
    }
```

(6) 持久层打开数据库时,从连接池获取 Connection。

以网上书城主页为例,除打开数据库方式变化外,其他代码不变。

```
public List<TBook> getAllBooks() throws Exception{
    List<TBook> books = null;
    String sql = "select isbn,bname,press,price,pdate from tbook order by isbn";
    this.openConnection(dbJndi);  //从数据库连接池取 Connection
    PreparedStatement ps = this.connection.prepareStatement(sql);
    ResultSet rs = ps.executeQuery();
    if(rs != null){
        books = new ArrayList<TBook>();
        while(rs.next()){
            TBook bk = new TBook();
            bk.setBname(rs.getString("bname"));
            bk.setIsbn(rs.getString("isbn"));
            bk.setPdate(rs.getDate("pdate"));
            bk.setPress(rs.getString("press"));
            bk.setPrice(rs.getDouble("price"));
            books.add(bk);
        }
    }
    rs.close();
    ps.close();
    return books;
}
```

第 13 章 服务器推送

CHAPTER 13

13.1 Web Socket

视频讲解

HTML 5 是下一代的浏览器 Web 开发标准，其拥有许多引人注目的新特性，如 Canvas、本地存储、多媒体编程、WebSocket 等。HTML 5 规范的具体内容参见 W3 官网。

WebSocket 是 HTML 5 规范提供的一种在单个 TCP 连接上进行全双工网络通信的交互协议，它改变了传统的浏览器和 Web 服务器的交互模式。

传统 B/S 交互模式是浏览器发出 HTTP 请求，Web 服务器收到请求后，把处理结果返回给客户端浏览器。为了优化性能，可以使用客户端异步 AJAX 和服务器异步。这是一种单向的交互模式，Web 服务器始终是被动接收请求，不能由服务器主动向浏览器发送数据。

WebSocket 与传统 B/S 模式完全不同，它是双向交互模式，允许 Web 服务器主动向浏览器推送数据，从而形成与传统 Socket 编程类似的双向交互模式。

B/S 架构都是基于 HTTP 进行网络通信的，HTTP 本身是单向请求/回应模式，那么 WebSocket 是如何双向工作的呢？

WebSocket 本身有一套专有协议，可以实现双向网络通信。但是为了解决公网的网络通信安全问题，它必须要基于 HTTP。因此 WebSocket 协议是 HTTP 的升级协议，即它是嫁接在 HTTP 之上的通信协议，这与 Web Service 通信模式基本一致。

13.1.1 WebSocket 对象

WebSocket 通信首先需要在客户端浏览器中使用 JS 脚本创建一个 WebSocket 对象，然后使用这个对象与服务器进行通信。

例如：var ws=new WebSocket(url,[protocol])，第一个参数 url 为请求的目标地址；第二个参数 protocol 是可选的，表示可接受的子协议。

WebSocket 脚本对象信息见表 13-1。

表 13-1 WebSocket 脚本对象信息

项　目	描　述
	属　性
readyState	只读属性 readyState 表示连接状态,可以是以下值: 0 表示连接尚未建立。 1 表示连接已建立,可以进行通信。 2 表示连接正在进行关闭。 3 表示连接已经关闭或者连接不能打开
bufferedAmount	表示请求已被发出,正在队列中等待传输,但是还没有发出的 UTF-8 文本字节数
	事　件
onopen	连接建立时触发事件
onmessage	客户端接收服务端数据时触发事件
onerror	通信发生错误时触发事件
onclose	连接关闭时触发事件
	方　法
send()	发送数据给服务器
close()	关闭连接

【示例 13-1】

```
<script type="text/javascript">
  function ceshi() {
    var ws = new WebSocket("ws://localhost:8080/Hello/chat/tom");
    ws.onopen = function() {
        ws.send("发送数据");
        alert("数据发送中...");
    };
    ws.onmessage = function(evt) {
        var received_msg = evt.data;
        alert("数据已接收...");
    };
    ws.onclose = function() {
        alert("连接已关闭...");
    }
  }
</script>
</head>
<body>
  <input type="button" value="测试" onclick="ceshi()">
</body>
```

13.1.2　Java EE 8 与 WebSocket

在 Java EE 8 中,定义了 Java Web 服务器如何实现 WebSocket 服务端。WebSocket 的服务端,可以使用 Java 平台实现,也可以使用其他语言平台实现。

1. Endpoint

一个逻辑 WebScoket 对象，在 Java EE 中被称为 Endpoint 实例。WebScoket 编程与传统的 Socket 编程一样，需要实现点对点通信，即在浏览器中创建一个 WebScoket 对象，与 Web 服务器中的一个 WebScoket 对象一对一通信。

以网络聊天室为例，如果同时在线 50 人聊天，就会有 50 个脚本创建的 WebScoket 客户端对象和 50 个 Endpoint 服务端实例一对一通信。

可以通过继承抽象类 Endpoint 的方式，创建 Endpoint 实例。

```
public abstract  class Endpoint {
    public abstract void onOpen(Session session,EndpointConfig config);
    public void onClose(Session session,CloseReason closeReason) {}
    public void onError(Session session,Throwable thr) {}
}
```

【示例 13-2】

```
public class EchoServer extends Endpoint {
 public void onOpen(Session session, EndpointConfig config) {
     final RemoteEndpoint.Basic remote = session.getBasicRemote();
     session.addMessageHandler(String.class, new MessageHandler.Whole<String>() {
         public void onMessage(String text) {
             try {
                 remote.sendText("Got message:" + text);
             } catch (IOException e) {
                 e.printStackTrace();
             }
         }
     });
  }
}
```

创建 WebSocket 服务端 Endpoint 实例的另外一种方式是使用注解 ServerEndpoint，这个注解只能用于注释 Class，而且这个 Class 必须要有一个 public 的无参构造函数。

属性 value 可以使用 URI 或 URI 模板，URI 格式为相对路径(相对 WebSocket 容器的根路径)，URI 必须使用“/”作为引导符。

```
@Retention(value = RUNTIME)
@Target(value = TYPE)
public @interface ServerEndpoint {
    public abstract String value;
}
```

【示例 13-3】

```
@ServerEndpoint("/hello")
public class HelloServer {
    @OnMessage
```

```
    public void processGreeting(String message, Session session) {
        System.out.println("Greeting received:" + message);
    }
}
```

2. session

在 Java WebSocket API 模型中，Endpoint 之间的点对点交互过程为一次会话，每次会话都会创建一个唯一的 Session 实例来管理这次会话。

每次会话都开始于一次 open 通知，结束于一次 close 通知，会话中会有 0 到多次的消息交互，甚至是异常通知。

javax.websocket.Session 接口定义如下：

```
public interface Session extends Closeable{
    boolean isOpen();
    String getId();
    URI getRequestURI();
    void addMessageHandler(MessageHandler handler)throws IllegalStateException;
    void close() throws IOException;
    WebSocketContainer getContainer();
    long getMaxIdleTimeout();
    void setMaxIdleTimeout(long milliseconds);
    ...
}
```

- isOpen：判断当前依赖的 WebSocket 是否为打开状态。
- getId：每次会话都有一个唯一的字符型的识别符，它由 WebSocket 容器创建。
- getRequestURI：会话状态为 open 时，返回创建 Endpoint 时的 URI 值。
- addMessageHandler：注册消息句柄，处理会话中的消息。
- close：关闭当前会话，设置为正常状态值。
- getContainer：返回当前会话依赖的 WebSocket 容器。
- setMaxIdleTimeout：在 WebSocket 容器关闭会话前，可以设置一个毫秒数值。会话是倒计时机制，即超过最大空闲值后，WebSocket 容器会主动关闭会话。如果设置为 0 或负数，则表示会话不会启动倒计时。

13.1.3 案例：网络聊天室

下面实现一个非常简单的基于浏览器的网络聊天室，Web 客户端用户可以和 Socket 服务器通信，还可以收到其他用户的登录信息(有关用户之间的通信，学员可以自行扩展)。

(1) 新建页面 chat.jsp，页面样式见图 13-1。

```
<body>
    用户名：<input type="text" id="uname">
    <input type="button" id="loginButton" value="登录" onclick="login()">
</body>
```

图 13-1　用户登录

(2) 输入用户名，脚本创建 WebSocket 对象。

用户登录成功，登录按钮 disable，不能重复登录(见图 13-2)。

```
<script type = "text/javascript">
    var ws;
    function login() {
        var uname =  $('#uname').val();
        if(uname == ""){
            alert("用户名不能为空!")
            return;
        }
        if ("WebSocket" in window) {
            var ws = new WebSocket("ws://localhost:8080/Hello/chat/" + uname);
            ws.onopen = function() {
                ws.send("大家好,我是: " + uname);
                document.getElementById("loginButton")
                                .setAttribute("disabled", true);
                document.getElementById("loginButton")
                                .style.backgroundColor = '#555555';
            };
            ws.onmessage = function(msg) {
                alert("服务器回应:" + msg.data);
            };
            ws.onclose = function() {
                alert("连接已关闭...");
            };
        }else {
            alert("您的浏览器不支持 WebSocket!");
        }
    }
</script>
```

图 13-2　登录成功

(3) 新建 WebSocket 服务器。

使用@ServerEndpoint 定义 WebSocket 服务器，URI 采用模板方式，首次访问 ChatServer 服务器，需要携带登录用户名。

```
@ServerEndpoint("/chat/{username}")
public class ChatServer {}
```

(4) 定义成员变量。clients 用于存储所有登录用户信息；session 为当前会话对象；username 为登录用户名。

```
public class ChatServer {
    private static Map< String, ChatServer > clients
            = new ConcurrentHashMap< String, ChatServer >();
    private Session session;
    private String username;
}
```

(5) 当一个新的 WebSocket 会话开启时，触发 onOpen 事件。用户登录信息，存储于 Map 集合 clients 中。用户登录后，通知所有在线用户。

```
@OnOpen
public void onOpen(@PathParam("username") String username,
        Session session) throws IOException {
    this.username = username;
    this.session = session;
    clients.put(username, this);
    String msg = username + ",连接成功.在线人数: " + clients.size();
    System.out.println(msg);
    sendMessageAll();
}
```

(6) 通知所有在线用户。

遍历 Map 集合 clients，分别调用 session，发送通知消息。

```
public void sendMessageAll() throws IOException {
    for (ChatServer user : clients.values()) {
        String msg = "hello " + user.username + ",在线人数: " + clients.size();
        user.session.getAsyncRemote().sendText(msg);
        System.out.println(msg);
    }
}
```

(7) 在 onMessage 事件中，接收客户端 WebSocket 的消息。

```
@OnMessage
public void onMessage(String message) throws IOException {
    System.out.println("接收: " + message);
}
```

(8) 关闭客户端浏览器或超时无响应，都会触发 onClose 事件。

```
@OnClose
public void onClose() throws IOException {
    clients.remove(username);
```

```
        System.out.println(username + "下线断开了…");
    }
```

（9）onError 接收错误通知。

```
@OnError
public void onError(Session session, Throwable error) {
    error.printStackTrace();
}
```

（10）每个用户登录成功，都会通知所有在线用户（见图 13-3）。

图 13-3 登录通知

总结：

WebSocket 通信是基于 HTTP 基础之上的升级点对点通信协议，参考如下登录请求的抓包信息，与 HTTP 交互模式有很大不同。

```
Request Headers:
    Host: localhost:8080
    Connection: Upgrade
    Upgrade: WebSocket
    Sec-WebSocket-Version: 13
    Sec-WebSocket-Key: MQpn5DnYuSwii+rcp0+BtQ==
    Sec-WebSocket-Extensions:permessage-deflate;client_max_window_bits=15
Response Headers:
    Connection: Upgrade
    Upgrade: WebSocket
    Sec-WebSocket-Accept: Y0hoaa6njRn6S4+50c+IL1gevjU=
    Sec-WebSocket-Extensions:permessage-deflate;client_max_window_bits=15
```

视频讲解

13.2 HTTP/2 服务器推送

13.2.1 HTTP/2 介绍

HTTP/2 是超文本传输协议的 2.0 版，它是下一代 HTTP 通信协议，是由互联网工程任务组(IETF)的 Hypertext Transfer Protocol Bis(httpbis)工作小组进行开发的。HTTP/2 是 HTTP/1.1 发布后的首个更新。在开放互联网上 HTTP/2 将只用于 https://网址，而 http://网址将继续使用 HTTP/1.1。这样的目的是在开放互联网上增加使用加密技术，以提供强有力的保护去遏制主动攻击。

HTTP/2 之前共有三个版本，它们分别是 0.9、1.0 和 1.1。第一个实际版本是 1996 年发布的 1.0，此版本很快在 1997 年升级为 1.1 版。1.0 和 1.1 的主要区别在于 Host 标头字段，HTTP/1.1 允许一台机器、一台服务器、一个 IP 地址和一个端口上可以操作多个网站。

HTTP 的早期网页主要是文本信息。之后，它包括文本、CSS、JavaScript、图像、声音、视频等多媒体数据。使用 HTTP/1.1，浏览器会在单独的 TCP 通道中依次下载这些资源，服务器或客户端可以处理的 TCP 通道数是有限的，因此，浏览器限制自己打开的 TCP 通道不能超过 5 个。这意味着浏览器在同时下载 5 个资源文件时，其他元素在队列中等待下载。如果我们的下载速度很慢，则可能会阻塞整个网页的下载。HTTP/2 采用异步多路复用技术，允许在单一的 TCP 通道中同时处理多个请求，这大大提高了资源下载的效率(见图 13-4 和图 13-5)，极大地提高了 HTTP 连接的利用率。

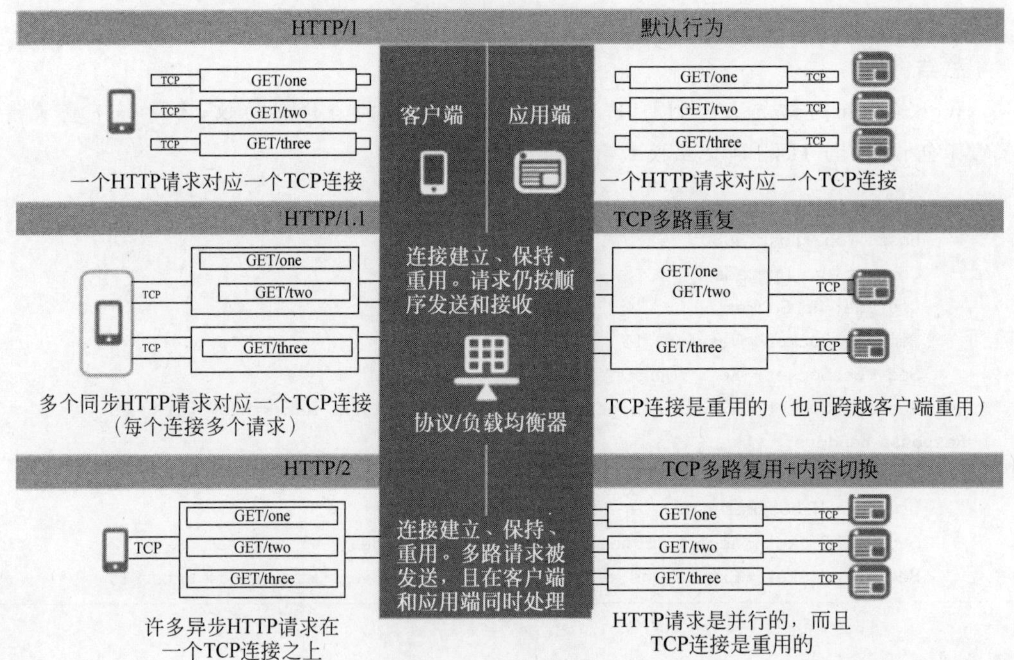

图 13-4　TCP 多路复用

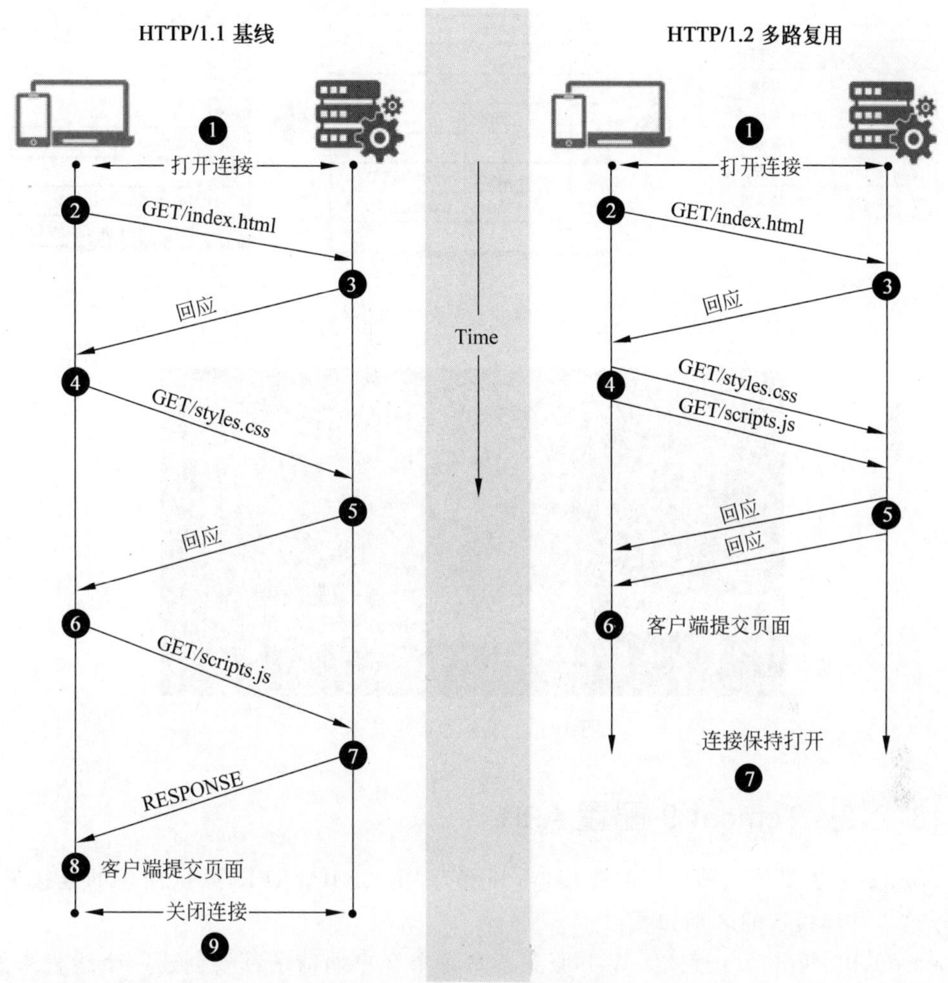

图 13-5 HTTP/1.2 多路复用

在 HTTP/1 中,HTTP 请求和响应都是由状态行、请求/响应头、消息体三部分组成。一般情况消息主体都会经过 gzip 压缩,或者本身传输的就是经过压缩的二进制文件(如图片、音频),但状态行和头部却没有经过任何压缩,直接以纯文本传输。随着 Web 功能越来越复杂,越来越多的请求导致消耗在头部的流量越来越多,尤其是每次都要传输 UserAgent、Cookie 这类不会频繁变动的内容,完全是一种浪费。

HTTP/2 采用头部压缩算法,大大减少了 HTTP 头数据传输量(见图 13-6)。

HTTP/2 还增加了服务器推送技术(见图 13-7),客户端浏览器请求 index. html,服务器收到请求后回应了 index. html 数据,同时服务器通过预判,预加载了后面可能使用的资源文件 style. css、backgroud. jpg 等。预加载的资源采用服务器推送技术,是在没有任何请求阻塞的情况下,偷偷送到客户端浏览器的,用户不会察觉到。

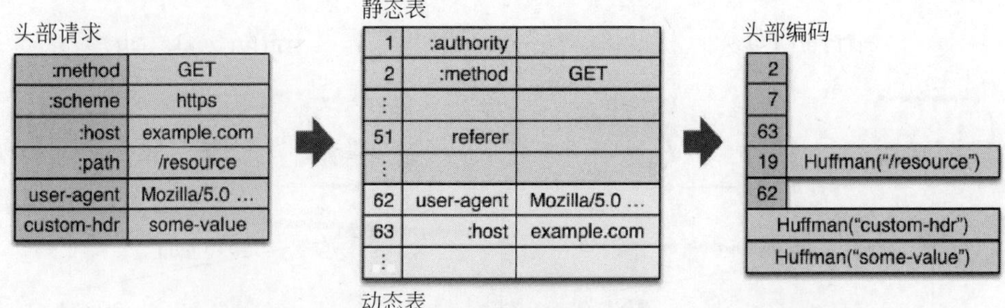

图 13-6　头部压缩

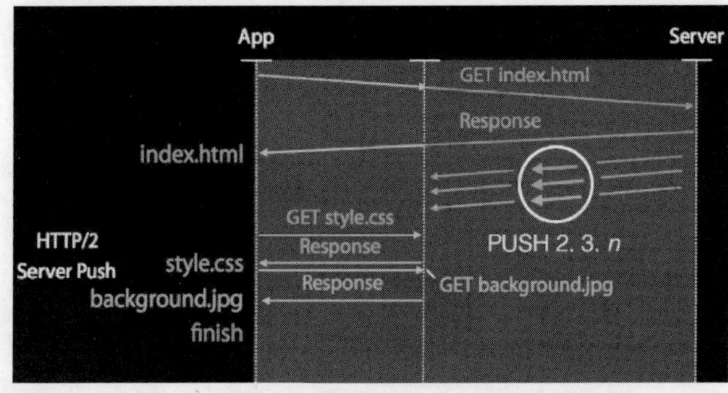

图 13-7　服务器推送技术

视频讲解

13.2.2　Tomcat 9 配置 APR

Tomcat 9 提供了三种模式的连接器，分别为 BIO、NIO、APR，默认使用的连接模式是 BIO。这三种连接器的区别如下：

- BIO，Blocking IO 模式。Web 服务器对每个客户端请求都要创建一个线程来处理，线程开销比较大，在高并发的场景下，服务器性能最低。
- NIO，非阻塞 IO 模式。这是一个基于缓冲区、异步 I/O 操作的优化模式，服务器会使用异步线程池处理请求，比传统的 bio 有更好的并发性能。
- APR(Apache Portable Run-time Libraries Apache 可移植运行库)，就是从操作系统级别解决异步 IO 问题，大幅度地提高服务器的处理和响应性能，这是 Tomcat 运行高并发应用的首选模式。

Tomcat 9 支持 HTTP/2 访问协议，需要配置 APR 模式，操作步骤如下。

(1) 从 openSSL 官网，下载 Win32OpenSSL-1_1_0L. exe 或 Win64OpenSSL-1_1_0L. exe，并安装。尽量安装在磁盘根目录中，如 C:\OpenSSL-Win32。

(2) 配置环境变量，见图 13-8。

(3) 打开 cmd 命令行窗口，执行下面几条命令，生成证书(见图 13-9)。

生成的证书保存在计算机的用户文件夹下，如 D:\Users\Domino 下。

图 13-8　openSSL 环境变量

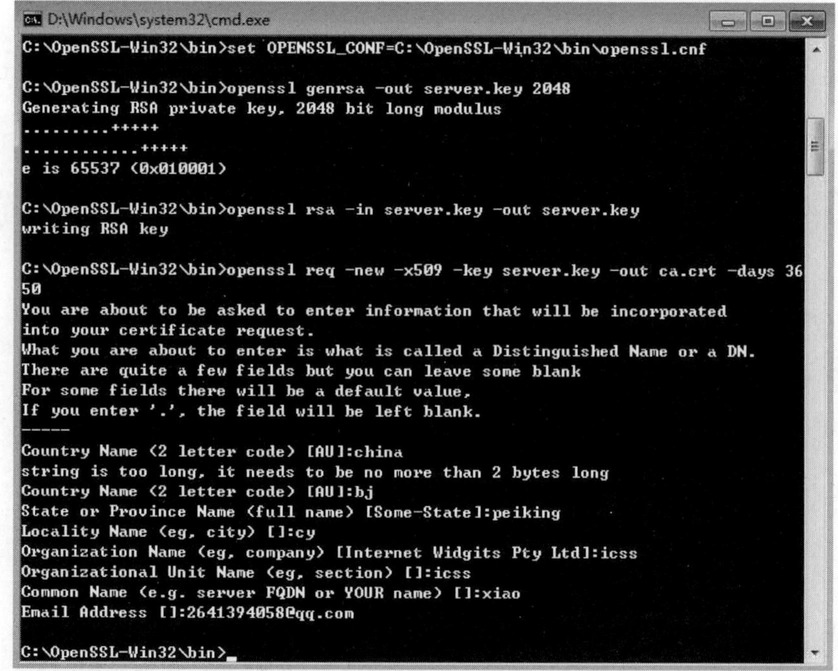

图 13-9　生成 SSL 证书

```
set OPENSSL_CONF = C:\OpenSSL - Win32\bin\openssl.cfg
openssl genrsa - out server.key 2048
openssl rsa - in server.key - out server.key
openssl req - new - x509 - key server.key - out ca.crt - days 3650
```

(4) 进入 www.apache.org 官网,下载 Tomcat 9 的安装版,如 apache-tomcat-9.0.31.exe,然后安装 Tomcat(使用 Tomcat 开发版,servlet.xml 的配置信息会被覆盖)。

(5) 在 Tomcat 9 的 conf 文件夹下,新建 apr 文件夹。

复制证书 ca.crt 和 server.key 到 apr 文件夹下。

(6) 打开 Tomcat 9 的 server.xml 文件,新增如下配置:

```
<Connector port = "8443" maxHttpHeaderSize = "8192"
           maxThread = "150"
           enableLookups = "false" disableUploadTimeout = "true"
           acceptCount = "100" scheme = "https" secure = "true"
           SSLEnabled = "true"
           SSLCertificateFile = "C:\Tomcat 9.0\conf\apr\ca.crt"
           SSLCertificateKeyFile = "C:\Tomcat 9.0\conf\apr\server.key" />
```

(7) 启动 Tomcat 9。

(8) 浏览器访问 https://localhost:8443/,显示 Tomcat 9 欢迎页(见图 13-10),即表示 Tomcat 9 的 APR 支持配置成功。注意:此时使用的是 HTTPS 安全协议,不是 HTTP。

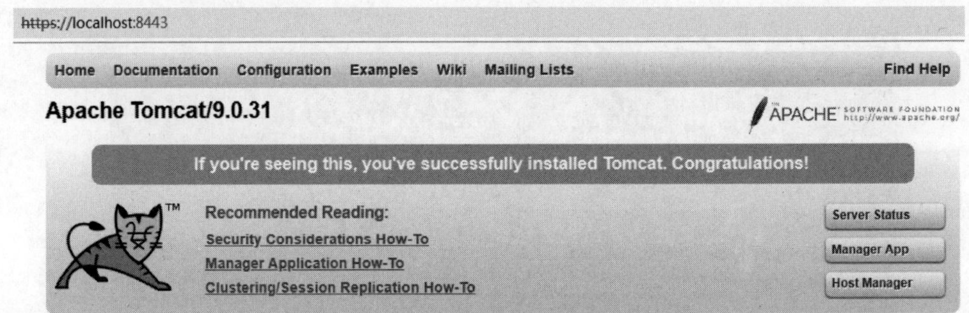

图 13-10 HTTPS 欢迎页

(9) 把 Hello 项目部署到 Tomcat 9 下。

访问 hello.jsp 的 URL: https://localhost:8443/Hello/main/hello.jsp。

13.2.3 服务器推送

在 Java EE 8 的 Servlet 4.0 规范中,支持 Web 服务器向客户端浏览器推送资源,这种工作模式下,Web 服务器和客户端浏览器,都必须支持 HTTP/2。

Web 服务器推送资源,就是服务器预测客户端浏览器会需要哪些资源,如 css 文件、js 脚本、图片等。在浏览器还没有请求这些资源的情况下,在服务器空闲阶段,把这些资源推送给客户端浏览器,浏览器收到这些资源后会缓存到本地。当浏览器访问服务器页面需要这些资源时,它先在本地的缓存中查找资源,如找到了资源,就不再重新下载。这种工作模式可以有效提高客户端浏览器的访问速度,减少 Web 服务器的压力。

Web 服务器推送资源,使用 PushBuilder 接口:

```
public interface PushBuilder {
    PushBuilder path(String path);
    void push();
    PushBuilder setHeader(String name,String value);
    PushBuilder addHeader(String name,String value);
    PushBuilder removeHeader(String name);
}
```

- path：用于设置推送资源的 URI，以"/"开头的资源为绝对路径，否则为当前 Context 请求的相对路径。path 没有默认值，在调用 push()方法前，必须设置资源的 path。
- push：基于当前 PushBuilder 对象状态，推送资源给客户端浏览器，push 方法调用后立即返回，无任何阻塞。

【示例 13-4】

(1) 在 Hello 项目中新建控制器 MainSvl。

```
@WebServlet("/MainSvl")
public class MainSvl extends HttpServlet {}
```

(2) 在 web.xml 中配置欢迎页为 MainSvl。

```
<welcome-file-list>
    <welcome-file>MainSvl</welcome-file>
</welcome-file-list>
```

(3) 复制系统需要的静态资源到 WebContent 下。

(4) 在 MainSvl 的 doGet 中推送资源。

```
protected void doGet(HttpServletRequest request,
                     HttpServletResponse response)
                     throws ServletException, IOException {
  PushBuilder pushBuilder = request.newPushBuilder();
  if(pushBuilder != null) {
    pushBuilder.path("/pic/s001.jpg").push();
    pushBuilder.path("/css/color.css").push();
    pushBuilder.path("/js/jquery-1.4.4.min.js").push();
    System.out.println("---load resource OK");
  }else {
    System.out.println("---pushBuilder is null...");
  }
  request.getRequestDispatcher("/main/hello.jsp").forward(request, response);
}
```

(5) 访问 Hello 站点，显示欢迎页后，静态资源被浏览器预加载。

Web 站点 URL：https://localhost:8443/Hello/。

13.3 本章习题

(1) 关于 WebSocket 的描述,以下选项中错误的是(　　)。

A. WebSocket 属于 HTML 5 规范

B. WebSocket 属于 Java EE 8 规范

C. Java EE 8 规范定义了在 Java 平台如何实现 WebSocket 服务端

D. WebSocket 与 Socket 属于同一个规范

(2) 关于 WebSocket 的描述,以下选项中错误的是(　　)。

A. 使用 JS 脚本,可以创建 WebSocket 对象

B. WebSocket 底层使用 HTTP,是请求/回应的交互模式

C. WebSocket 协议是 HTTP 的升级协议

D. WebSocket 协议与 HTTP 没有关系,底层使用的是 TCP

(3) 在 Java EE WebSocket API 模型中,以下选项描述错误的是(　　)。

A. WebSocket 的服务端,可以使用 Java 平台实现,也可以使用其他语言平台实现

B. 一个逻辑 WebScoket 对象,在 Java EE 中被称为 Endpoint 实例

C. Endpoint 是单例模式,多个用户共用同一个 Endpoint 对象

D. 使用@ServerEndpoint 注解,来声明一个 WebSocket 服务端

(4) (　　)事件,不属于 JS 创建的 WebSocket 对象。

A. onopen()　　B. onmessage()　　C. onerror()　　D. onready()

E. onclose()

(5) 以下选项中,不属于 HTTP/2 特点的是(　　)。

A. 连接多路复用　　B. 非阻塞 IO

C. HTTP 头压缩　　D. 服务器推送技术

(6) 以下选项中,不属于 Tomcat 9 的连接器的是(　　)。

A. BIO 连接器　　B. NIO 连接器　　C. AJP 连接器　　D. APR 连接器

(7) 关于 HTTP/2 的服务器推送,以下选项中错误的是(　　)。

A. 在 Java EE 8 的 Servlet 4.0 规范中定义了服务器推送

B. 服务器推送,需要使用 NIO 连接器

C. 在服务器空闲阶段,把资源推送给客户端浏览器,浏览器收到这些资源后会缓存到本地,从而减小了服务器的压力

D. 服务器推送不能使用 HTTP/1.1 实现,目前只能使用 HTTP/2

(8) 关于 PushBuilder 接口的描述,以下选项中错误的是(　　)。

A. PushBuilder 实例,通过 request 对象创建

B. PushBuilder 既可以推送静态资源,也可以推送动态资源

C. path 没有默认值,在调用 push()方法前,必须要设置资源的 path

D. Servlet 中调用 PushBuilder 推送资源,不会影响其他代码的执行速度

第 14 章 JSON-B 与 JSON-P

CHAPTER 14

从 Java EE 7 开始,一个专门用于处理 JSON 数据的 API 被纳入 Java EE 规范体系,这就是 Java API for JSON Processing (JSON-P,JSR-374)。在 Java EE 8 中,又在此基础上提供了 Java API for JSON Binding (JSON-B,JSR-367)。至此,与 XML 数据类似,Java EE 提供了完整的处理 JSON 数据的 API。

Java-B 规定了 JSON 数据与 Java 对象之间的序列化与反序列化规则。常见的 Java 基本类型、包装类、String 类都能够自动绑定转换。

14.1 Json 串与 Java 对象互转

视频讲解

下面使用 JSON-B 与 JSON-P,实现 Dog 实体对象与 JSON 串之间的转换。

(1) 新建 Java 项目 JsonTest。

JSON-B 与 JSON-P 可以应用于任何 Java 项目或 Java Web 项目,它们与 Tomcat 等 Servlet 容器环境无关。

(2) 导包。

从 Java EE 8 官网下载 JSON-B 和 JSON-P 的接口包:

- javax.json.bind-api-1.0.jar(JSON-B)。
- javax.json-api-1.1.jar(JSON-P)。

导入 JSR-374 实现包 org.glassfish.javax.json-1.1.4。

导入 JSR-367 实现包 org.eclipse.yasson.1.0.6。

(3) 新建实体类 Dog。

Dog 类必须要有 public 或 protected 无参构造函数。

```
public class Dog {
    private String name;
    private int age;
    public Dog() {
    }
    public Dog(String name,int age) {
        this.name = name;
```

```
        this.age = age;
    }
}
```

(4) Dog 对象与 JSON 串互转。

```
public static void main(String[] args) {
    Dog dog = new Dog("d1",3);
    Jsonb jsonb = JsonbBuilder.create();
    //java 对象转成 json 串
    String jsonString = jsonb.toJson(dog);
    System.out.println(jsonString);
    //json 串转为 Java 对象
    Dog d2 = jsonb.fromJson(jsonString,Dog.class);
    System.out.println(d2.getName() + "转换 OK");
}
```

(5) 对象集合与 JSON 串互转。

```
public static void main(String[] args) {
    Dog d1 = new Dog("d1",3);
    Dog d2 = new Dog("d2",5);
    List<Dog> dogs = new ArrayList<Dog>();
    dogs.add(d1);
    dogs.add(d2);
    Jsonb jsonb = JsonbBuilder.create();
    //java 对象集合转成 json 串
    String jsonString = jsonb.toJson(dogs);
    System.out.println(jsonString);
    //json 串转为 java 对象集合
    List<Dog> dogList = jsonb.fromJson(jsonString,ArrayList.class);
    System.out.println("dogList 元素数量: " + dogList.size());
    Dog[] dd = jsonb.fromJson(jsonString, Dog[].class);
    System.out.println("dd 元素数量:" + dd.length);
}
```

视频讲解

14.2 Jsonb 接口

接口 javax.json.bind.Jsonb 是 JSON-B API 中最为重要的一个接口，它提供了 JSON 数据绑定的基本操作抽象。

- fromJson：读取 JSON 输入信息，反序列到 Java 对象内容树。
- toJson：序列化 Java 对象内容树到 JSON 输入。

javax.json.bind.Jsonb 接口定义如下：

```
public interface Jsonb {
    String  toJson(Object object);
    <T> T fromJson(String str, Class<T> type);
    void toJson(Object object, OutputStream stream);
```

```
    <T> T fromJson(InputStream stream, Class<T> type);
    void toJson(Object object, Writer writer);
    <T> T fromJson(Reader reader, Class<T> type);
}
```

JSON 数可以直接使用字符型的 JSON 串,也可以从字节流或字符流中提取。

14.3 案例:文件反序列化

视频讲解

JSON 作为常用数据格式,经常存储于文本文件中。从文件中读取 JSON 串,反序列化为 Java 对象集合,是常见的业务操作。

【示例 14-1】

(1) 把 JSON 数据保存在 products.json 文件中。

```
[
    {"productid":"FI-SW-01","productname":"Koi"},
    {"productid":"K9-DL-01","productname":"Dalmation"},
    {"productid":"RP-SN-01","productname":"Rattlesnake"},
    {"productid":"RP-LI-02","productname":"Iguana"},
    {"productid":"FL-DSH-01","productname":"Manx"},
    {"productid":"FL-DLH-02","productname":"Persian"},
    {"productid":"AV-CB-01","productname":"Amazon Parrot"}
]
```

(2) 复制文件 products.json 到项目的 src 文件夹下。

(3) 新建实体类。

```
public class Product {
    private String productid;
    private String productname;
}
```

(4) 使用 Jsonb 接口直接读取文件中的 JSON 串。

把 JSON 串反序列化为 Java 对象数组。

```
public static void main(String[] args) {
    Jsonb jsonb = JsonbBuilder.create();
    try {
        String path = Product.class.getResource("/").getPath();
        String fname = path + "products.json";
        Product[] list = jsonb.fromJson(
                new FileReader(new File(fname)),Product[].class);
        for(Product p : list) {
            System.out.println(p.getProductid() + "," + p.getProductname());
        }
    }   catch (Exception e) {
        e.printStackTrace();
    }
}
```

视频讲解

14.4 JSON 数据格式化

当 Java 对象包含日期类型或数值类型属性数据时，Java 对象序列化为 JSON 数据，需要考虑格式化问题。在 JSON-B 中，使用@JsonbDateFormat 注解格式化日期类型的数据，使用@JsonbNumberFormat 注解格式化数值类型的数据。

当 Java 对象的某些属性名，序列化为 JSON 串时希望使用其他名字，可以使用@JsonbProperty 注解。

【示例 14-2】

(1) 新建实体类 Student。

学生入学时间 joinDate 为日期类型，学生入学成绩 scores 为 double 类型。

```
public class Student {
    private String name;
    private Date joinDate;
    public double scores;
    public Student() {
    }
    public Student(String name) {
        this.name = name;
    }
}
```

(2) @JsonbDateFormat 格式化入学时间。

```
@JsonbDateFormat("yyyy - MM - dd")
private Date joinDate;
```

或

```
@JsonbDateFormat("yyyy - MM - dd HH:mm:ss")
private Date joinDate;
```

(3) @JsonbNumberFormat 格式化入学成绩。

```
@JsonbNumberFormat("#0.0")
public double scores;
```

(4) 学生名字 name 序列化时，修改为 sname。

```
@JsonbProperty("sname")
private String name;
```

(5) JSON 数据转换测试。

```
public static void main(String[] args) {
    Student s1 = new Student("tom");
    s1.setJoinDate(new Date());
    s1.setScores(586);
    Student s2 = new Student("jack");
```

```
        s2.setJoinDate(new Date());
        s2.setScores(680.5);
        List<Student> stus = new ArrayList<>();
        stus.add(s1);
        stus.add(s2);
        Jsonb jsonb = JsonbBuilder.create();
        String jsonString = jsonb.toJson(stus);
        System.out.println(jsonString);
    }
```

(6) 输出结果：

```
[{"joinDate":"2020-03-14 04:34:36","sname":"tom","scores":"586.0"},
 {"joinDate":"2020-03-14 04:34:36","sname":"jack","scores":"680.5"}]
```

14.5 JsonbConfig

使用JsonbConfig类，可以对JSON-B的序列化与反序列化做很多项设置，如日期格式化、编码方式、国际化、二进制策略、NULL值策略等。

- withBinaryDataStrategy(String binaryDataStrategy)：指定二进制数据转换策略。有三种二进制数据处理策略，它们是BYTE、BYTE_64和BYTE_64_URL。
- withDateFormat(String dateFormat, Locale locale)：定制日期转换格式。
- withLocale(Locale locale)：定制国家、语言环境。
- withEncoding(String encoding)：定制编码方式。
- withNullValues(Boolean serializeNullValues)：定制null值是否被序列化到JSON文档，或跳过。

【示例14-3】

(1) 新建实体类Student。

```
public class Student {
    private String name;
    private Date joinDate;
    public double scores;
    public Student() {
    }
    public Student(String name) {
        this.name = name;
    }
}
```

(2) 创建学生集合。

```
Student s1 = new Student("张三");
s1.setJoinDate(new Date());
s1.setScores(586);
Student s2 = new Student("李四");
```

```
s2.setScores(680.5);
List<Student> stus = new ArrayList<>();
stus.add(s1);
stus.add(s2);
```

(3) JsonbConfig 配置序列化信息。

```
JsonbConfig config = new JsonbConfig();
config.withBinaryDataStrategy(BinaryDataStrategy.BASE_64);
config.withEncoding("utf-8");
config.withDateFormat("yyyy-MM-dd HH:mm:ss", Locale.CHINA);
config.withNullValues(false);
```

(4) 使用 JsonbConfig 创建 Jsonb 对象。

```
Jsonb jsonb = JsonbBuilder.create(config);
String jsonString = jsonb.toJson(stus);
System.out.println(jsonString);
```

(5) 输出结果:

```
[{"joinDate":"2020-03-14 06:47:03","name":"张三","scores":586.0},
{"name":"李四","scores":680.5}]
```

14.6 本章习题

(1) 以下选项中不能实现 JSON 数据与 Java 对象之间转换的是(　　)。

A. net.sf.json.JSONArray

B. javax.json.bind.Jsonb;

C. javax.json.bind.Jsonp

D. com.fasterxml.jackson.databind.ObjectMapper

(2) 使用 JSON-B 与 JSON-P,实现 JSON 数据与 Java 对象之间的转换,(　　)包不需要导入项目。

A. javax.json.bind-api-1.0.jar　　　　B. javax.json-api-1.1.jar

C. org.glassfish.javax.json-1.1.4　　　　D. jackson-core-2.6.3.jar

E. org.eclipse. yasson.1.0.6

(3) 以下方式中不能创建 javax.json.bind.Jsonb 实例的是(　　)。

A. Jsonb jsonb = JsonbBuilder.create();

B. Jsonb jsonb = JsonbBuilder.newBuilder("foo.bar.ProviderImpl).build();

C. Jsonb jsonb = new CustomJsonbBuilder().build();

D. Jsonb jsonb = new Jsonb();

(4) 以下方法中不属于 javax.json.bind.Jsonb 接口的是(　　)。

A. fromJson(String str, Class<T> type)

B. fromJson(Reader reader, Class<T> type)

C. toJson(Object object)

D. toJson(Reader reader, Class<T> type)

(5) 以下选项中不能用于 JSON 数据格式化的是(　　)。

A. @JsonbDoubleFormat　　B. @JsonbNumberFormat

C. @JsonbDateFormat　　D. @JsonbProperty

(6) 以下方法中不属于 JsonbConfig 的是(　　)。

A. withLocale(Locale locale)　　B. withDateFormat(String dateFormat)

C. withEncoding(String encoding)　　D. withLocale(Locale locale)

第 15 章 JSF入门

CHAPTER 15

JSF 是 Java Server Faces 的简称，在 Java EE 8 Web 应用技术部分，定义了 Java Server Faces 2.3 规范。参见图 1-1 的 Java EE 8 架构图，JSF 的地位不如 Servlet，它与传统的 MVC 和 AJAX 编程架构完全不同。JSF 是一种事件响应编程模型，这与 Asp. net 编程模型类似。

基于 JSF 的 B/S 编程，在国内企业应用不多。由于甲骨文公司坚持不懈地宣传，JSF 在国外还是有一定市场的。作为了解内容，本章我们对 JSF 只做简单介绍，无须花费太多时间。

客户端浏览器向 JSF 服务器发出 HTTP 请求，分为 3 种场景处理(见图 15-1)。

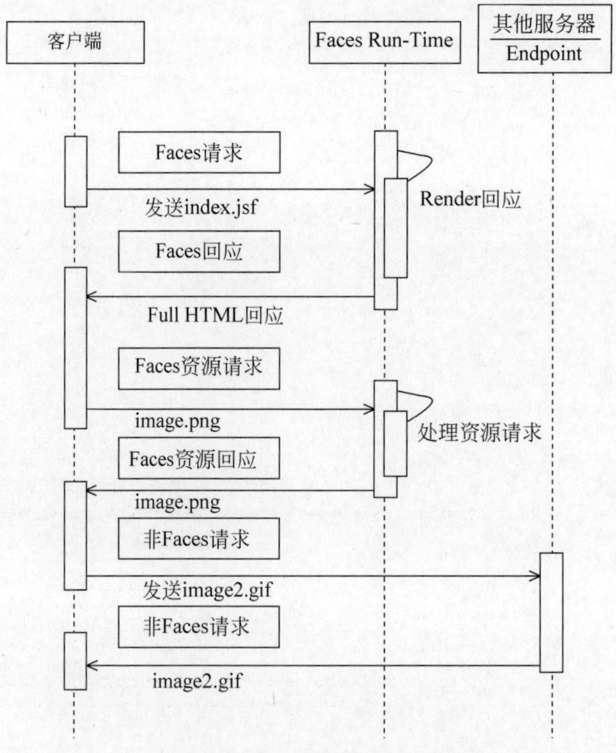

图 15-1 Faces 视图请求/回应

(1) Faces 请求,生成 Faces 回应。如图 15-1 所示,浏览器发送 index.jsf 请求。

(2) Faces 资源请求,生成非 Faces 回应。如图 15-1 所示,浏览器向 Faces 资源管理器发送 image.png 请求。

(3) 非 Faces 请求,生成非 Faces 回应。如图 15-1 所示,浏览器发送 image2.gif 请求,未经过服务器 Faces 处理。

15.1 JSF 运行机制

15.1.1 事件响应

JSF 是事件响应编程模型,客户端发出 HTTP 请求后,在 Web 服务器端的处理流程见图 15-2。

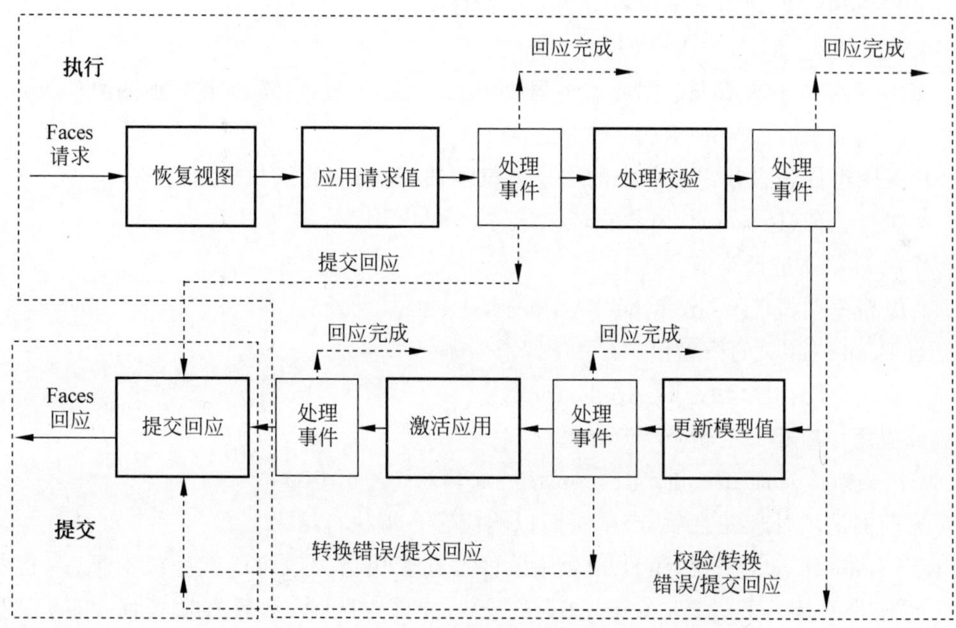

图 15-2 JSF 事件处理流程

JSF 中一共定义了 4 种事件类型:动作事件、即时事件、值改变事件、阶段事件,这些事件不是客户端的浏览器事件,是在 JSF 服务器处理的事件。

1. 动作事件

动作事件即 Action Event,任何 command 组件(button、link 等,请参见 UICommand)通过注册 actionListener 均可出发此事件侦听响应。

【示例 15-1】

如下代码没有显示注册 ActionListener,系统会使用默认方式注册监听器。

```
<h:commandButton type="submit" value="登录"
                                    action="#{loginMBean.login}"/>
```

【示例 15-2】

```
<h:commandButton value="发送" actionListener="#{user.verify}"
                                    action="#{user.outcome}"/>
```

2. 即时事件

即时事件(Immediate Events)是指 JSF 视图组件在取得请求中的值之后,立即处理指定的事件,而不再进行后续的转换器处理、验证器处理、更新模型值等流程。

在 JSF 的事件模型中之所以会有即时事件,是因为 Web 应用程序完全不同于 GUI 程序。GUI 程序是客户端响应事件,这和脚本的客户端浏览器事件相似;但是 JSF 事件是组件在服务器端响应的事件,因此,它需要按照一定的流程来依次处理。

服务器端事件处理的基本流程分为 6 个阶段:

(1) 恢复视图(Restore View)。

依据客户端传来的请求数据或服务器端上的 session 数据,重建 JSF 视图组件。

(2) 应用请求值(Apply Request Values)。

JSF 视图组件各自获得请求中的属于自己的值,包括旧的值与新的值。

(3) 执行验证(Process Validations)。

转换为对象并进行验证。

(4) 更新模型值(Update Model Values)。

更新 Bean 或相关的模型值。

(5) 唤起应用程序(Invoke Application)。

执行应用程序相关逻辑。

(6) 渲染响应页面(Render Response)。

对先前的请求处理完之后,产生页面以响应客户端执行结果。

对于 Action Event 来说,组件的动作事件是在套用请求值阶段就生成对象了,但相关的事件处理并不是马上进行,Action Event 会先被排入队列,然后必须再通过验证、更新值阶段,之后才处理队列中的事件。这样的流程对于按下按钮然后执行后端的应用程序来说不成问题,但有些事件并不需要这样的流程,例如只影响页面的事件。举个例子来说,在表单中可能有使用者名称、密码等信息,并提供有一个地区选项按钮,使用者可以在不填写名称、密码的情况下,就按下地区选项按钮,如果依照正常的流程,则会进行验证、更新模型值、唤起应用程序等流程,但是很显然,使用者名称与密码是空白的,这会引起不必要的错误。

可以设定组件的事件在套用请求值之后立即被处理,并跳过后续的阶段,直接进行页面绘制以响应请求,对于 JSF 的 input 与 command 组件,都有一个 immediate 属性可以设定,只要将其设定为 true,则指定的事件就成为即时事件。

【示例 15-3】

```
<h:commandButton value="提交" immediate="true"
                        actionListener="#{userBean.do}"/>
```

3. 值改变事件

如果使用者改变了 JSF 组件的值后提交表单，就会发生值改变事件(Value Change Event)，这会抛出一个 javax.faces.event.ValueChangeEvent 对象。使用值改变事件，直接设定 JSF 输入组件的 valueChangeListener 属性即可。

【示例 15-4】

```
<h:selectOneMenu value="#{user.locale}" onchange="this.form.submit();"
            valueChangeListener="#{user.changeLocale}">
    <f:selectItem itemValue="zh_CN" itemLabel="Chinese"/>
    <f:selectItem itemValue="en" itemLabel="English"/>
</h:selectOneMenu>
```

4. 阶段事件

JSF 控件运行大致分为 6 个阶段：恢复视图、应用请求值、执行验证、更新模型值、唤起应用程序、渲染响应页面。

在每个阶段的前后会引发 javax.faces.event.PhaseEvent，如果想尝试在每个阶段的前后捕捉这个事件，以进行一些处理，则可以实现 javax.faces.event.PhaseListener，并向 javax.faces.lifecycle.Lifecycle 登记这个监听器。

【示例 15-5】

(1) 定义监听器，实现 PhaseListener 接口。

```
public class ShowPhaseListener implements PhaseListener {
    public void beforePhase(PhaseEvent event) {
        String phaseName = event.getPhaseId().toString();
        System.out.println("Before " + phaseName);
    }
    public void afterPhase(PhaseEvent event) {
        String phaseName = event.getPhaseId().toString();
        System.out.println("After " + phaseName);
    }
    public PhaseId getPhaseId() {
        return PhaseId.ANY_PHASE;
    }
}
```

(2) 编写好 PhaseListener 后，在 faces-config.xml 中向 Lifecycle 进行注册。

```
<lifecycle>
    <phase-listener>
        com.icss.ShowPhaseListener
```

```
    </phase-listener>
</lifecycle>
```

15.1.2 Servlet 映射

在 Web 站点的 web.xml 中,需要配置一个核心控制器 FacesServlet,所有 JSF 请求都会被 FacesServlet 控制器解析。这种处理模式,与 Spring MVC 的核心控制器 DispatcherServlet 工作机制非常类似。

```
<servlet>
    <servlet-name>Faces Servlet</servlet-name>
    <servlet-class>javax.faces.webapp.FacesServlet</servlet-class>
    <load-on-startup>1</load-on-startup>
</servlet>
```

<servlet-mapping>中的<url-pattern>有两种配置方式：前缀映射模式和扩展名映射模式。

【示例 15-6】

前缀映射。

```
<servlet-mapping>
    <servlet-name>Faces Servlet</servlet-name>
    <url-pattern>/faces/*</url-pattern>
</servlet-mapping>
```

【示例 15-7】

扩展名映射。

```
<servlet-mapping>
    <servlet-name>Faces Servlet</servlet-name>
    <url-pattern>*.faces</url-pattern>
</servlet-mapping>
```

15.1.3 全局参数配置

在 web.xml 中,可以配置多项全局参数,用于 JSF 项目的开发与调试。

(1) 配置项目状态。

项目状态选项有 Development、UnitTest、SystemTest、Production。

如下示例,配置了 JSF 应用程序支持开发调试。

```
<context-param>
    <param-name>javax.faces.PROJECT_STAGE</param-name>
    <param-value>Development</param-value>
</context-param>
```

(2) 配置所有视图的默认后缀。

```
<context-param>
    <param-name>javax.faces.DEFAULT_SUFFIX</param-name>
    <param-value>.xhtml</param-value>
</context-param>
```

15.1.4 XHTML 页

为了提高性能,JSF 编程客户端页面推荐使用 XHTML(eXtensible HyperText Markup Language,可扩展超文本标记语言)。XHTML 与 HTML 类似,但是语法检查更加严格。HTML 语法要求比较松散,这样对网页编写者来说比较方便,但对于机器来说,语法越松散,处理起来就越困难,因此使用严谨的 XHTML 可以提高浏览器的解析速度。

在 XHTML 中,可以使用 JSF 标签库中的控件进行页面布局、处理请求、接收回应等操作。

【示例 15-8】

```
<!DOCTYPE html PUBLIC "-//W3C//DTD XHTML 1.0 Transitional//EN"
    "http://www.w3.org/TR/xhtml1/DTD/xhtml1-transitional.dtd">
<html xmlns="http://www.w3.org/1999/xhtml"
    xmlns:h="http://java.sun.com/jsf/html"
    xmlns:f="http://java.sun.com/jsf/core"
    xmlns:ez="http://java.sun.com/jsf/composite/ezcomp">
<h:head>
    <title>A simple example of EZComp</title>
</h:head>
<h:body>
    <h:form>
        <ez:loginPanel id="loginPanel">
            <f:actionListener for="loginEvent"
                binding="#{bean.loginEventListener}" />
            </ez:loginPanel>
        </h:form>
    </h:body>
</html>
```

15.1.5 JSF HTML 标签库

在 XHTML 页中,使用最多的就是 JSF HTML 标签(Standard HTML RenderKit Tag Library)。标签库的 URI: http://java.sun.com/jsf/html。在 javax.faces 库文件的 META-INF 文件夹下,可以看到 html_basic.tld,这是 JSF HTML 标签库的声明文件。

在 JSF HTML 标签库中,定义了如下标签,见表 15-1。所有标签必须指定 getComponentType() 和 getRendererType()类型。每个标签的属性信息可参考 JSF API 文档,这里不再列举。

表 15-1 JSF HTML 标签

getComponentType()	getRendererType()	标签名字
javax. faces. Column	null	column
javax. faces. HtmlCommand Button	javax. faces. Button	commandButton
javax. faces. HtmlCommand Link	javax. faces. Link	commandLink
javax. faces. HtmlDataTable	javax. faces. Table	dataTable
javax. faces. HtmlForm	javax. faces. Form	form
javax. faces. HtmlGraphicImage	javax. faces. Image	graphicImage
javax. faces. HtmlInputHidden	javax. faces. Hidden	inputHidden
javax. faces. HtmlInputSecret	javax. faces. Secret	inputSecret
javax. faces. HtmlInputText	javax. faces. Text	inputText
javax. faces. HtmlInputTextarea	javax. faces. Textarea	inputTextarea
javax. faces. HtmlMessage	javax. faces. Message	message
javax. faces. HtmlMessages	javax. faces. Messages	messages
javax. faces. HtmlOutputFormat	javax. faces. Format	outputFormat
javax. faces. HtmlOutputLabel	javax. faces. Label	outputLabel
javax. faces. HtmlOutputLink	javax. faces. Link	outputLink
javax. faces. Output	javax. faces. Body	body
javax. faces. Output	javax. faces. Head	head
javax. faces. Output	javax. faces. resource. Script	outputScript
javax. faces. Output	javax. faces. resource. Stylesheet	outputStylesheet
javax. faces. HtmlOutputText	javax. faces. Text	outputText
javax. faces. HtmlPanelGrid	javax. faces. Grid	panelGrid
javax. faces. HtmlPanelGroup	javax. faces. Group	panelGroup
javax. faces. HtmlSelectBooleanCheckbox	javax. faces. Checkbox	selectBooleanCheckbox
javax. faces. HtmlSelectManyCheckbox	javax. faces. Checkbox	selectManyCheckbox
javax. faces. HtmlSelectManyListbox	javax. faces. Listbox	selectManyListbox
javax. faces. HtmlSelectManyMenu	javax. faces. Menu	selectManyMenu
javax. faces. HtmlSelectOneListbox	javax. faces. Listbox	selectOneListbox
javax. faces. HtmlSelectOneMenu	javax. faces. Menu	selectOneMenu
javax. faces. HtmlSelectOneRadio	javax. faces. Radio	selectOneRadio

15.1.6 Managed Bean

JSF 中的控件，通常与 MBean 对象属性或方法绑定，如：

```
<h:inputText id="account"  value="#{loginMBean.account}"/>
```

```
<h:commandButton value="登录" action="#{loginMBean.login}"/>
```

参见图 1-1 的 Java EE 8 架构，在 Java EE 平台定义了多种类型的 bean，它们分别是 Java Bean、Managed Bean、Enterprise Bean（消息 bean、会话 bean、实体 bean）。

Managed Bean 简称 MBean，它是 Web 容器托管对象。MBean 属于轻量级组件，它支持一些基本服务，如资源注入、生命期回调、拦截器等。

一个 Managed Bean 是个普通 Java 类，可以使用@ManagedBean 注解来显示声明一个 MBean。CDI（Contexts And Dependency Injection）容器对 MBean 定义有如下要求：

➢ 不能是非静态内部类。
➢ 它是一个有形（concrete）的、实在的类。
➢ 它不是 EJB 的 Bean。
➢ 需要有一个无参构造函数，或@Inject 注释。

@ManagedBean 注解定义如下：

```
@Retention(value = RUNTIME)
@Target(value = TYPE)
@Inherited
    public @interface ManagedBean {
    public abstract java.lang.String name;
    public abstract boolean eager;
}
```

CDI 容器在处理请求之前，扫描@ManagedBean 注解，然后创建组件对象，注册为 Managed Bean。属性 name 是 MBean 的名字，如果没有设置名字，CDI 容器会自动分配一个名字给这个组件，如当前类的名字是 com.foo.Bean，则 MBean 的名字为 bean。

Managed Bean 的名字非常重要，在 XHTML 页面中的 JSF 控件，通过 EL 表达式调用 MBean 的属性和方法时，使用的就是 MBean 对象的名字，如：#{*loginMBean.account*}。

Managed Bean 组件生命期由 CDI 容器控制，可以使用如下几个范围域设置 MBean 组件，分别为 NoneScoped、RequestScoped、ViewScoped、SessionScoped、ApplicationScoped 或 CustomScoped。如果没有设置范围，默认范围是 RequestScoped，即每个 HTTP 请求都会创建一个相应的 MBean 对象，请求结束就释放这个组件。

如果 eager 属性值为 true，而且范围设置为“application”，当 Web 应用启动时立即创建当前 MBean 实例。eager 的默认值是 false。

【示例 15-9】

```
@ManagedBean(name = "loginMBean")
@RequestScoped
public class LoginMBean {}
```

Managed Bean 也可以使用 XML 配置，如在 Web 站点的 META-INF 下新建 managed-bean.xml 文件，然后配置 MBean 信息。

【示例 15-10】

```
<managed-bean>
    <description>
        A customer bean will be created as needed
    </description>
    <managed-bean-name>customer</managed-bean-name>
    <managed-bean-class>
        com.mycompany.mybeans.CustomerBean
    </managed-bean-class>
    <managed-bean-scope>request</managed-bean-scope>
    <managed-property>
        <property-name>mailingAddress</property-name>
        <value>#{addressBean}</value>
    </managed-property>
    <managed-property>
        <property-name>shippingAddress</property-name>
        <value>#{addressBean}</value>
    </managed-property>
    <managed-property>
        <property-name>customerType</property-name>
        <value>New</value>
    </managed-property>
</managed-bean>
```

15.1.7 JSF 表达式

EL 表达式有多种形式,常见的有 JSP EL 表达式、JSF EL 表达式、Spring EL 表达式等。JSF 表达式使用"#{表达式}",格式与 JSP 的 EL 表达式"${表达式}不同。

JSF 表达式通常在 JSF 控件的属性中调用,通过 JSF EL 可以调用 MBean 的属性,也可以调用 MBean 的方法。

1. 值表达式

支持绑定对象属性值,动态计算结果。

调用 ValueExpression 的 getValue()方法,动态计算结果信息。

【示例 15-11】

当页面被提交给客户端时,通过 customer 关键字找到 MBean 对象,然后获取对象属性名。

```
<h:outputText value="#{customer.name}"/>
```

【示例 15-12】

动态计算 user 对象的 manager 属性,返回布尔值。根据返回值,决定是否显示员工的工资。

```
<h:outputText rendered="#{user.manager}" value="#{employee.salary}"/>
```

【示例 15-13】

JSF 表达式有个强大的功能，就是数据类型的自动转换，这个功能依赖于 JavaBean 的 PropertyEditor 功能实现类型转换。该示例的 employee 对象的 number 为数值型，会自动转换为字符型，输出到 inputText 组件中。

```
<h:inputText value="#{employee.number}"/>
```

2. 方法表达式

方法表达式与值表达式非常类似，方法表达式支持动态调用 get 方法获取属性值，还可以调用 set 方法给属性赋值。

【示例 15-14】

通过方法表达式，动态调用 loginMBean 对象的 login 方法。

```
<h:commandButton type="submit" value="登录" action="#{loginMBean.login}"/>
```

15.1.8 FacesContext

javax.faces.context.FacesContext 实例代表了 JSF 目前的执行环境对象。FacesContext 包含与单一 JavaServer Faces 请求处理相关的所有请求状态信息。

获取当前请求相关的 FacesContext 实例，可以调用 FacesContextFactory 的 getFacesContext()方法。常用 FacesContext 中的静态方法 getCurrentInstance()，返回与当前线程处理的请求相关的 FacesContext 对象。

```
FacesContext context = FacesContext.getCurrentInstance();
```

【示例 15-15】

读取 MBean 的某个属性。

```
FacesContext context = FacesContext.getCurrentInstance();
ValueBinding binding = context.getApplication().createValueBinding("#{user.name}");
String name = (String) binding.getValue(context);
```

【示例 15-16】

获取 MBean 对象。

```
FacesContext context = FacesContext.getCurrentInstance();
ValueBinding binding = context.getApplication().createValueBinding("#{user}");
UserBean user = (UserBean) binding.getValue(context);
```

【示例 15-17】

获取 request 对象。

```
FacesContext fc = FacesContext.getCurrentInstance();
HttpServletRequest request = (HttpServletRequest)fc.getExternalContext().getRequest();
```

【示例 15-18】

读取 scope 为 session 的 MBean 的属性。

```
FacesContext fc = FacesContext.getCurrentInstance();
UserInfo ub = (UserInfo)fc.getExternalContext().getSessionMap().get("userInfo");
```

【示例 15-19】

读取 application 中的数据。

scope 为 applicatoin 的 MBean 的实例保存在 ServletContext 中。

```
FacesContext fc = FacesContext.getCurrentInstance();
UserInfo ui = (serInfo)fc.getExternalContext().getApplicationMap().get("user");
```

【示例 15-20】

读取 cookie 数据。

```
FacesContext fc = FacesContext.getCurrentInstance();
Map cookieMap = fc.getExternalContext().getCookieMap();
Cookie cookie = (Cookie) cookieMap.get("cookieName");
```

视频讲解

15.2 案例：用户管理系统

下面使用 JSF 开发一个 B/S 模式的用户管理系统，包含用户注册、用户登录、用户退出等简单功能。

15.2.1 JSF 项目向导

使用 Eclipse 搭建 JSF 项目，操作步骤如下所述。

(1) 选择菜单 File→New→Dynamic Web Project(见图 15-3)。

(2) 单击图 15-3 中的 Modify 按钮，进入图 15-4 所示页面。

选择 JavaServer Faces v2.2 Project 配置项，单击 OK 按钮即可。

勾选 JavaServer Faces 2.2 配置项后，单击 Save As 按钮也可以。

(3) 在图 15-5 所示页面中，输入项目名，单击 Next。

(4) 在图 15-6 所示页面中，勾选 Generate web.xml…生成 web.xml 文件。

(5) JSF 的库文件直接从官网下载导入，此处选择 Disable Library Configuration 即可(见图 15-7)，其他配置信息使用图 15-7 中的默认值。

(6) 项目生成后如图 15-8 所示。库文件 javax.faces-2.2.20.jar 需要自己从官网下载。

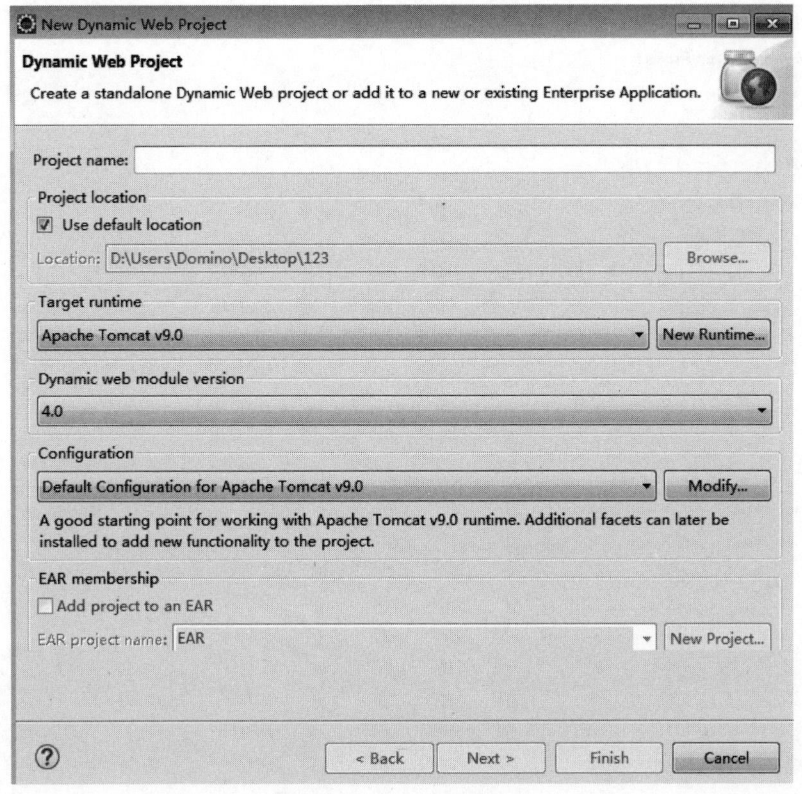

图 15-3 动态 Web 项目

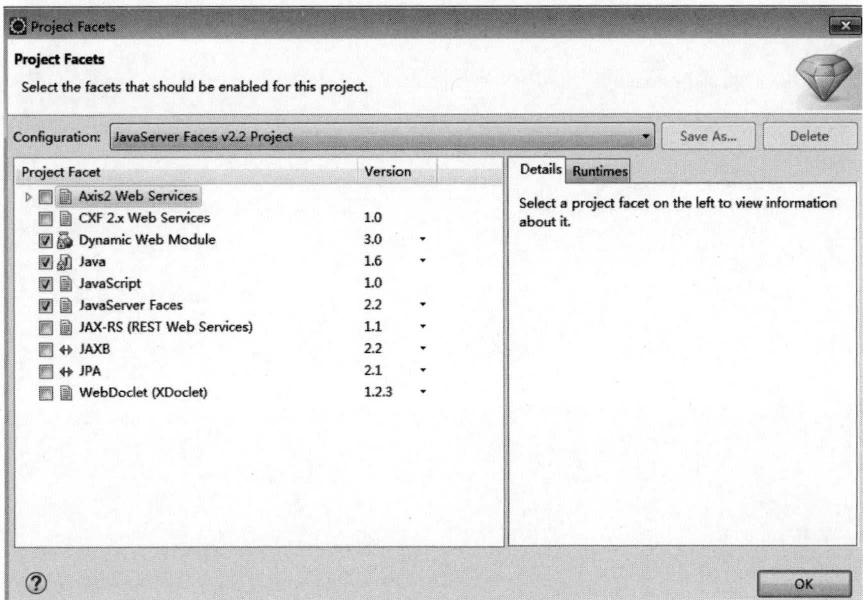

图 15-4 配置 JSF 环境

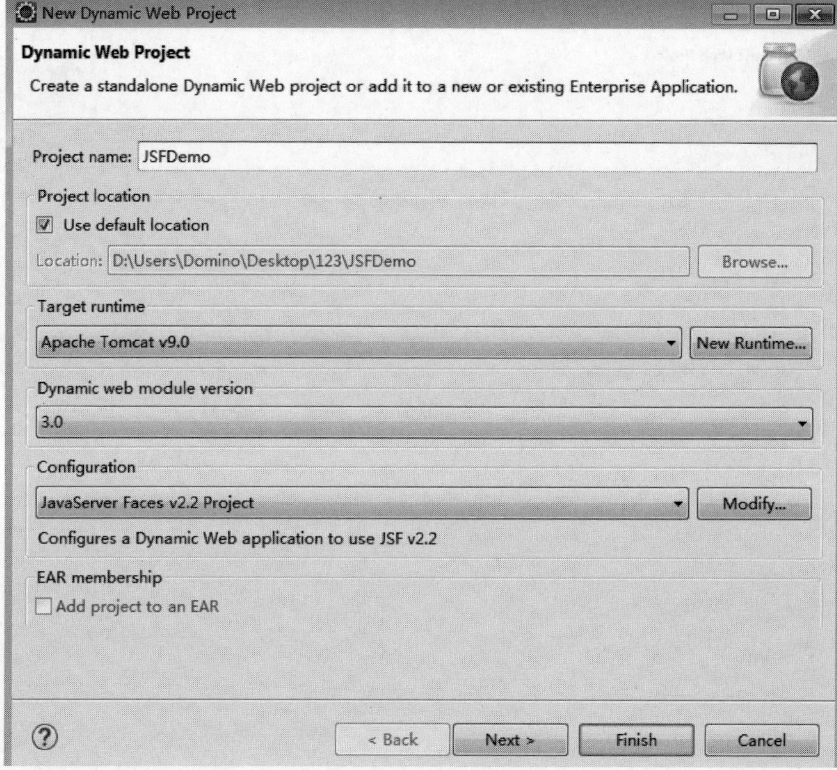

图 15-5　JSF 配置

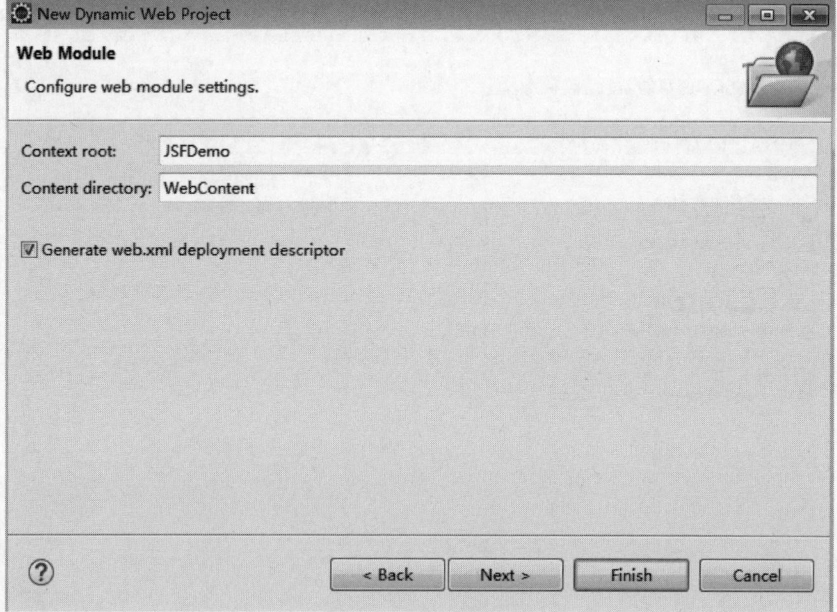

图 15-6　增加 web. xml

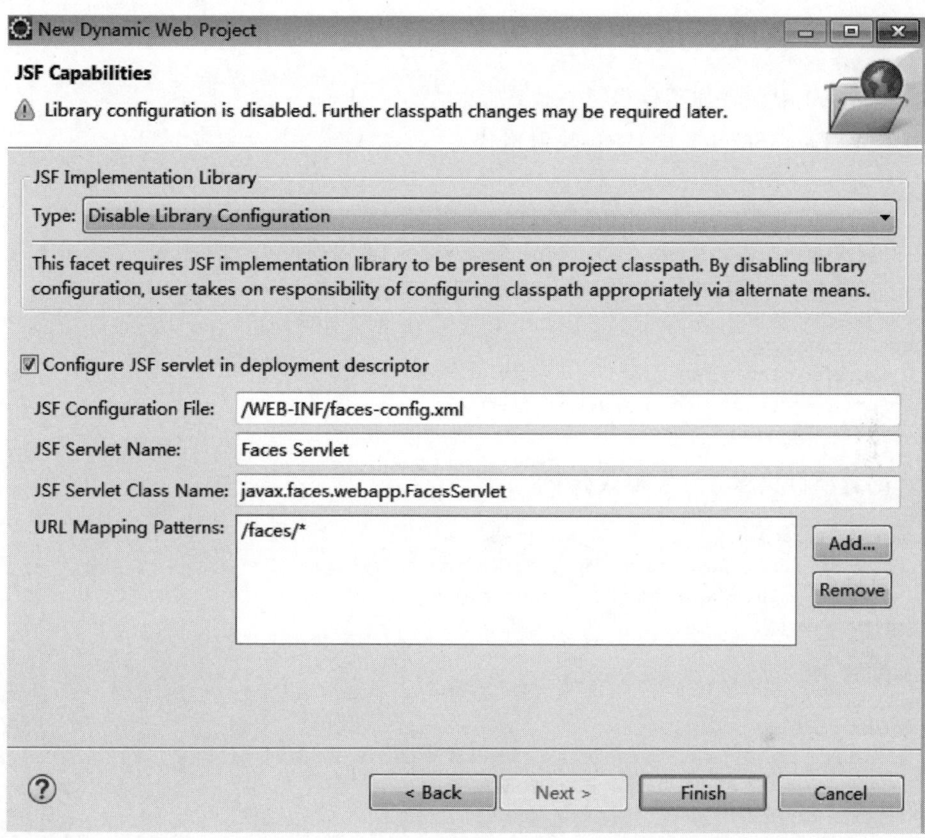

图 15-7 导入 JSF 包

```
Project Explorer
JSFDemo
  Deployment Descriptor: JSFDemo
  JAX-WS Web Services
  Java Resources
    src
    Libraries
      Apache Tomcat v9.0 [Apache Tomcat v9
      JRE System Library [jdk1.8.0_65]
      Web App Libraries
  JavaScript Resources
  build
  WebContent
    META-INF
    WEB-INF
      lib
        javax.faces-2.2.20.jar
      faces-config.xml
      web.xml
Servers2
```

```xml
<?xml version="1.0" encoding="UTF-8"?>
<web-app xmlns:xsi="http://www.w3.org/2001/XMLSchema-instance" xmlns
  <display-name>JSFDemo</display-name>
  <welcome-file-list>
    <welcome-file>index.html</welcome-file>
    <welcome-file>index.htm</welcome-file>
    <welcome-file>index.jsp</welcome-file>
    <welcome-file>default.html</welcome-file>
    <welcome-file>default.htm</welcome-file>
    <welcome-file>default.jsp</welcome-file>
  </welcome-file-list>
  <servlet>
    <servlet-name>Faces Servlet</servlet-name>
    <servlet-class>javax.faces.webapp.FacesServlet</servlet-class>
    <load-on-startup>1</load-on-startup>
  </servlet>
  <servlet-mapping>
    <servlet-name>Faces Servlet</servlet-name>
    <url-pattern>/faces/*</url-pattern>
  </servlet-mapping>
</web-app>
```

图 15-8 JSF 项目

15.2.2 系统配置文件

在 web. xml 中配置如下信息。

(1) 配置 FacesServlet 和 URL 映射格式。

```
<servlet>
    <servlet-name>Faces Servlet</servlet-name>
    <servlet-class>javax.faces.webapp.FacesServlet</servlet-class>
    <load-on-startup>1</load-on-startup>
</servlet>
<servlet-mapping>
    <servlet-name>Faces Servlet</servlet-name>
    <url-pattern>*.faces</url-pattern>
</servlet-mapping>
```

(2) 配置项目状态为开发模式。

```
<context-param>
    <param-name>javax.faces.PROJECT_STAGE</param-name>
    <param-value>Development</param-value>
</context-param>
```

(3) 配置 JSF 默认后缀为. xhtml。

```
<context-param>
    <param-name>javax.faces.DEFAULT_SUFFIX</param-name>
    <param-value>.xhtml</param-value>
</context-param>
```

(4) 配置欢迎页,指向 login. xhtml。

```
<welcome-file-list>
    <welcome-file>faces/login.faces</welcome-file>
</welcome-file-list>
```

15.2.3 用户登录

实现用户登录功能(服务层和持久层代码请参考项目源代码)。

(1) 新建视图 login. xhtml,引入标签库。

```
<html xmlns="http://www.w3.org/1999/xhtml"
    xmlns:c="http://java.sun.com/jsp/jstl/core"
    xmlns:h="http://java.sun.com/jsf/html"
    xmlns:f="http://java.sun.com/jsf/core">
</html>
```

(2) 使用 HTML 标签和 JSF 控件布局登录样式(见图 15-9)。

```
<h:body><f:view>
    <h:form id="form1">
        <table align="center">
```

```
            <tr><td colspan="2">
                <img src="#{resourceMBean.basePath}/images/man.jpg"></img></td>
            </tr>
            <tr>
              <td>用户名</td>
              <td><h:inputText id="account" value="#{loginMBean.account}"/></td>
            </tr>
            <tr>
                <td>密码</td>
                <td><h:inputSecret id="pwd"   value="#{loginMBean.pwd}"/></td>
            </tr>
            <tr>
              <td>角色</td>
              <td>
                  <h:selectOneMenu value="#{loginMBean.roleSelectItem}">
                      <f:selectItems value="#{loginMBean.roleList}"/>
                  </h:selectOneMenu>
              </td>
            </tr>
            <tr>
                <td><h:commandButton id="submitButton" type="submit"
                        value="登录" action="#{loginMBean.login}"/></td>
                <td align="center"><h:commandLink id="registLink"
                        action="#{registMBean.registGet}">注册</h:commandLink>
                </td>
            </tr>
            <tr><td colspan="2"><h:message for="form1"></h:message></td></tr>
        </table>
    </h:form>
</f:view></h:body>
```

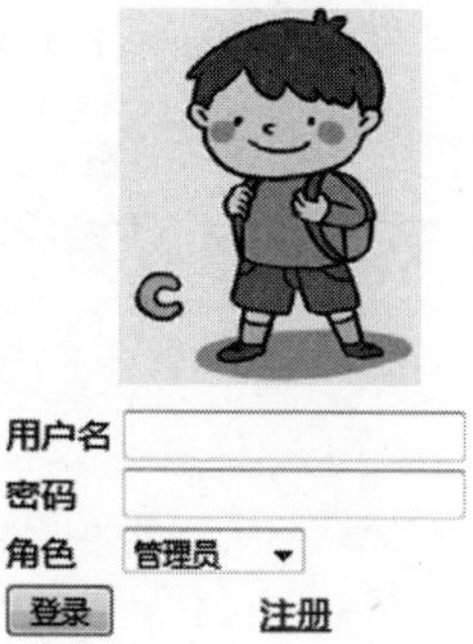

图 15-9 用户登录

(3) 新建 MBean 类 LoginMBean。

每次请求,创建一个新的 LoginMBean 对象。

```
@ManagedBean(name = "loginMBean")
@RequestScoped
    public class LoginMBean {
    private String account;
    private String pwd;
    private List<SelectItem> roleList;
    private int roleSelectItem;
}
```

(4) 在 LoginMBean 的构造函数中,读取所有角色信息。

```
public LoginMBean() {
    System.out.println("LoginMBean...new");
    UserBiz biz = new UserBiz();
```

```
    try {
        List<Role> rts = biz.getAllRole();
        if (rts != null) {
            roleList = new ArrayList<SelectItem>(rts.size());
            for (Role r : rts) {
                SelectItem it1 = new SelectItem(r.getId(), r.getRname());
                roleList.add(it1);
            }
        }
    }   catch (Exception e) {
        e.printStackTrace();
    }
}
```

(5) 在 login.xhtml 页,提交登录信息时,调用 LoginMBean 的 login 方法。

```
public String login() {
    String result = "/faces/error.xhtml";
    UserBiz biz = new UserBiz();
    try {
        User user = biz.login(account, pwd, roleSelectItem);
        FacesContext fc = FacesContext.getCurrentInstance();
        if (user != null) {
            ExternalContext ec = fc.getExternalContext();
            HttpServletRequest request
                    = (HttpServletRequest) ec.getRequest();
            request.getSession().setAttribute("user", user);
            result = "/faces/main.xhtml";
        }   else {
            fc.addMessage("form1", new FacesMessage(
                FacesMessage.SEVERITY_FATAL, "登录失败", "用户名或密码错误"));
            result = "/faces/login.xhtml";
        }
    }   catch (Exception e) {
        e.printStackTrace();
    }
    return result;
}
```

15.2.4 用户注册

实现简单的用户注册功能。

(1) 新建页面 regist.xhtml。

```
<html xmlns="http://www.w3.org/1999/xhtml"
    xmlns:c="http://java.sun.com/jsp/jstl/core"
    xmlns:h="http://java.sun.com/jsf/html"
    xmlns:f="http://java.sun.com/jsf/core">
</html>
```

(2) 使用JSF控件布局,页面样式见图15-10。

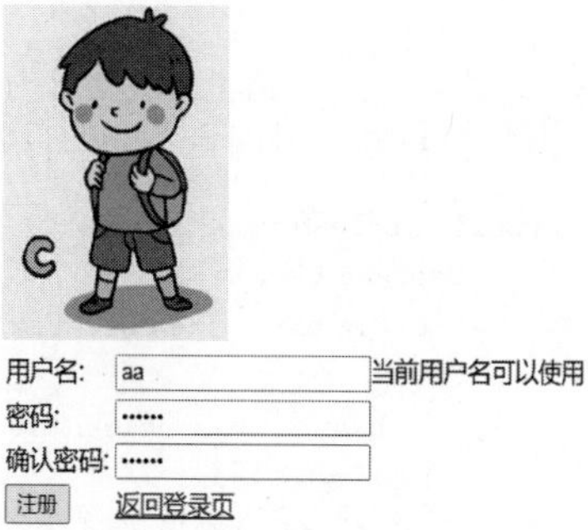

```
<h:body><f:view>
 <img src = "#{resourceMBean.basePath}/images/man.jpg">
</img>
 <h:form id = "form1" >
 <h:panelGrid columns = "2">
     <h:column>
         <h:outputLabel><h:outputText value = "用户名:" /></h:outputLabel>
     </h:column>
     <h:column>
          <h:inputText id = "account1"  value = "#{registMBean.ruser.account}">
             <f:ajax event = "blur" execute = "account1"  render = "show"
                     listener = "#{registMBean.checkAccount}"></f:ajax>
       </h:inputText>
        <h:outputText id = "show"
                value = "#{registMBean.ca_msg}"></h:outputText>
     </h:column>
     <h:column>
            <h:outputLabel><h:outputText value = "密码:" /></h:outputLabel>
     </h:column>
     <h:column><h:inputSecret id = "pwd"  value = "#{registMBean.ruser.pwd}"/>
     </h:column>
     <h:column>
         <h:outputLabel><h:outputText value = "确认密码:" /></h:outputLabel>
     </h:column>
     <h:column><h:inputSecret id = "pwd1"/></h:column>
     <h:column>
         <h:commandButton id = "submitButton" type = "submit"
                 value = "注册" action = "#{registMBean.regist}"/>
     </h:column>
     <h:column>
         <h:commandLink action = "#{registMBean.loginGet}">
             返回登录页</h:commandLink>
     </h:column>
</h:panelGrid>
</h:form>
</f:view></h:body>
```

用户名: aa 当前用户名可以使用
密码: ••••••
确认密码: ••••••
注册 返回登录页

图15-10 用户注册

(3) 新建MBean类RegistMBean。

```
@ManagedBean(name = "registMBean")
@RequestScoped
   public class RegistMBean {
   private User ruser = new User();          //注册的用户
   private String ca_msg;                    //用户名是否存在的提示信息
   public String checkAccount;
   public RegistMBean() {
       System.out.println("RegistMBean...new");
```

```
    }
}
```

(4) <f:ajax>控件,校验用户名是否可用,对应 RegistMBean 的 checkAccount 方法。

```
public boolean checkAccount() {
    boolean bRet = false;
    UserBiz biz = new UserBiz();
    try {
        bRet = biz.checkAccount(ruser.getAccount());
        if (bRet) {
            ca_msg = "用户名已经存在";
        }  else {
            ca_msg = "当前用户名可以使用";
        }
    }  catch (Exception e) {
        e.printStackTrace();
    }
    return bRet;
}
```

(5) 提交用户注册信息,对应 RegistMBean 的 regist 方法。

```
public String regist() {
    String result = "/faces/error.xhtml";
    UserBiz biz = new UserBiz();
    if(!checkAccount()){
        try {
            ruser.setRole(2);
            ruser.setBirthday(new Date());
            ruser.setName("xiaohp");
            biz.regist(ruser);
            result = "/faces/login.xhtml";
        }   catch (Exception e) {
            e.printStackTrace();
        }
    }else{
        ca_msg = "用户名已经存在";
        result = "/faces/regist.xhtml";
    }
    return result;
}
```

15.2.5 主页显示

用户登录成功,显示项目主页。

(1) 新建主页 main.xhtml。

```
<html xmlns = "http://www.w3.org/1999/xhtml"
    xmlns:c = "http://java.sun.com/jsp/jstl/core"
```

```
    xmlns:h = "http://java.sun.com/jsf/html"
    xmlns:f = "http://java.sun.com/jsf/core">
</html>
```

(2) 使用 JSF 控件做页面布局，显示样式见图 15-11。

```
<f:view>
    <h:form>
        <h:commandLink id = "logout1" action =
"#{logoutMBean.logout}">
            用户退出</h:commandLink>
    </h:form>
    <h:dataTable value = "#{mainMBean.roomList}" var =
"room" border = "1">
        <h:column>
            <f:facet name = "header">
                <h:outputText value = "房间编号"></h:outputText>
            </f:facet>
            <h:outputText value = "#{room.roomid}"></h:outputText>
        </h:column>
        <h:column>
            <f:facet name = "header">
                <h:outputText value = "房间名称"></h:outputText>
            </f:facet>
            <h:outputText value = "#{room.roomname}"></h:outputText>
        </h:column>
        <h:column>
            <f:facet name = "header">
                <h:outputText value = "房间面积"></h:outputText>
            </f:facet>
            <h:outputText value = "#{room.roomarea}"></h:outputText>
        </h:column>
        <h:column>
            <f:facet name = "header">
                <h:outputText value = "房间价钱"></h:outputText>
            </f:facet>
            <h:outputText value = "#{room.roomprice}"></h:outputText>
        </h:column>
    </h:dataTable>
</f:view>
```

用户退出

房间编号	房间名称	房间面积	房间价钱
r001	玫瑰园	35.8	500.0
r002	望潮宫	25.3	320.0
r003	曼哈顿	18.8	280.0

图 15-11 主页显示样式

(3) 新建 MBean 类 MainMBean。

```
@ManagedBean(name = "mainMBean")
@RequestScoped
public class MainMBean {
    private List<Room> roomList;
}
```

(4) 在 MainMBean 的构造函数中读取业务数据。

```
public MainMBean() {
```

```
        System.out.println("MainMBean...new");
        if (roomList == null) {
            UserBiz biz = new UserBiz();
            try {
                roomList = biz.queryRoomList();
            } catch (Exception e) {
                e.printStackTrace();
            }
        }
    }
```

(5) 用户登录成功,转向主页。

```
String result = "/faces/main.xhtml";
```

15.2.6 用户退出

(1) 用户登录成功后,把用户信息存储于 session 中。

参见 LoginMBean 的 login 方法:

```
User user = biz.login(account, pwd, roleSelectItem);
FacesContext fc = FacesContext.getCurrentInstance();
if (user != null) {
    ExternalContext ec = fc.getExternalContext();
    HttpServletRequest request = (HttpServletRequest) ec.getRequest();
    request.getSession().setAttribute("user", user);
    result = "/faces/main.xhtml";
}
```

(2) 在 main.xhtml 中有用户退出,单击图 15-11 中的"用户退出"即可实现。

```
<h:form>
    <h:commandLink id="logout1" action="#{logoutMBean.logout}">
            用户退出</h:commandLink>
</h:form>
```

(3) 新建 MBean 类 LogoutMBean。

```
@ManagedBean(name = "logoutMBean")
@RequestScoped
    public class LogoutMBean {
    public LogoutMBean() {
        System.out.println("LogoutMBean...new");
    }
}
```

(4) 在 LogoutMBean 的 logout 方法中,清空 session,转向登录页。

```
public String logout(){
    FacesContext fc = FacesContext.getCurrentInstance();
    HttpServletRequest request =
            (HttpServletRequest)fc.getExternalContext().getRequest();
```

```
    request.getSession().invalidate();
    return "/faces/login.xhtml";
}
```

15.3 本章习题

(1) JSF 的编程模型是(　　)。

A. 软件三层架构模型　　B. MVC 架构模型

C. AJAX 架构模型　　D. 事件响应模型

(2) 以下选项中不是 JSF 事件类型的是(　　)。

A. 动作事件　　B. 即时事件　　C. 应用请求事件　　D. 值改变事件

E. 阶段事件

(3) 如下(　　)是 JSF 需要在 Web 站点的 web.xml 中配置的一个核心控制器。

A. DispatcherServlet　　B. FacesServlet

C. JsfServlet　　D. JavaxServlet

(4) JSF 开发,推荐使用的视图是(　　)。

A. html　　B. JSP　　C. xhtml　　D. xml

(5) 在 JSF 项目中配置项目状态,以下选项不可以的是(　　)。

A. Development　　B. Deployment　　C. UnitTest　　D. SystemTest

E. Production

(6) 以下对 HTML 4 与 XHTML 区别的描述中不正确的是(　　)。

A. XHTML 中的标签必须成对匹配,HTML 有些标签不需要

B. XHTML 中,所有的元素必须正确地嵌套,HTML 对不嵌套的标签可以容错解释

C. XHTML 语法严谨,几乎所有的浏览器都支持,如手机浏览器。HTML 4 很多浏览器支持性不好

D. XHTML 与 XML 一样,可以按自己的需要扩展,HTML 不允许自行扩展

E. HTML 标签不区分大小写,XHTML 所有标签都必须小写

(7) 以下选项中不属于 JSF HTML 标签库中控件的是(　　)。

A. <h:inputText>　　B. <h:submit>

C. <h:commandButton>　　D. <h:outputText>

E. <h:form>

(8) 关于 Managed Bean 的描述中不正确的是(　　)。

A. Managed Bean 是普通 Java 类,可以使用@ManagedBean 来显示声明它

B. Managed Bean 是 Web 容器的托管对象

C. Managed Bean 可以是静态内部类

D. Managed Bean 必须要有一个无参构造函数

(9) 以下选项中不属于 Managed Bean 组件生命期的是(　　)。

A. NoneScoped　B. RequestScoped　C. Singleton　D. ViewScoped
E. SessionScoped　F. ApplicationScoped

(10) 关于 JSF 表达式的描述中不正确的是(　　)。

A. JSF 表达式使用#{表达式}格式
B. 通过 JSF 表达式可以调用 MBean 的属性
C. 通过 JSF 表达式可以调用 request 域对象中的属性数据
D. 通过 JSF 表达式可以调用 MBean 的方法

(11) 关于 FacesContext 的描述中不正确的是(　　)。

A. FacesContext 实例代表了 JSF 目前的执行环境对象
B. 通过 FacesContext,可以调用 MBean 的属性
C. FacesContext 对象是单例模式,多用户共享同一个 FacesContext 实例
D. 通过 FacesContext,可以调用 request 域对象

第 16 章 JDBC 访问数据库

CHAPTER 16

JDBC 是 Java Database Connectivity(Java 数据库连接)的简称,JDBC 的用途是使用 Java 语言,采用可编程方式调用 JDBC API 访问 DBMS(关系型数据库系统),如 Oracle、MySQL、SQL-Server 等。

JDBC API 属于 Java 平台的一部分,在 Java EE 8 中,参考 JSR221 相关规范。JDBC API 4.3 被分为 java.sql 和 javax.sql 两个包。java.sql 包用于访问和处理存储在关系数据源中的数据;javax.sql 包用于服务器端数据源的访问和处理。

JDBC 3.0 支持 SQL 99 标准,JDBC 4.3 支持 SQL 2003 标准。

JDBC 三层模型如图 16-1 所示,在应用服务器的持久层代码中调用 JDBC API,通过 JDBC 驱动访问数据源。注意,JDBC API 主要为接口和抽象类定义,具体的实现类在 JDBC

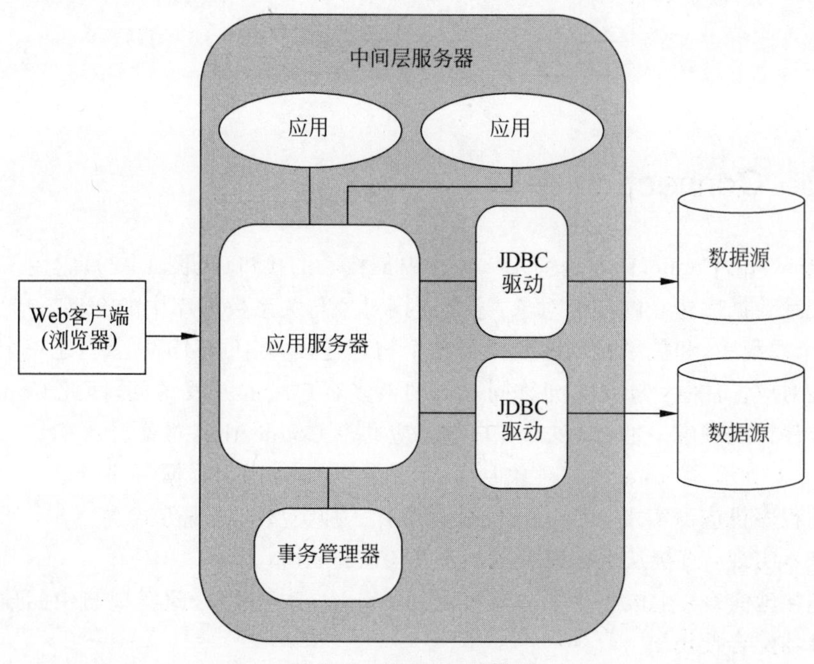

图 16-1 JDBC 三层模型

驱动包中。JDBC 为了同时兼容多种 DBMS,具体的驱动由 DBMS 厂商提供。如 MySQL 厂商会根据数据库版本的变化提供不同版本的 MySQL 驱动,这些驱动包需要到各个 DBMS 厂商的官网下载。

视频讲解

16.1 JDBC API 介绍

核心的 JDBC API 操作都包含在 java.sql 包中,主要的类与接口的关系如图 16-2 所示。

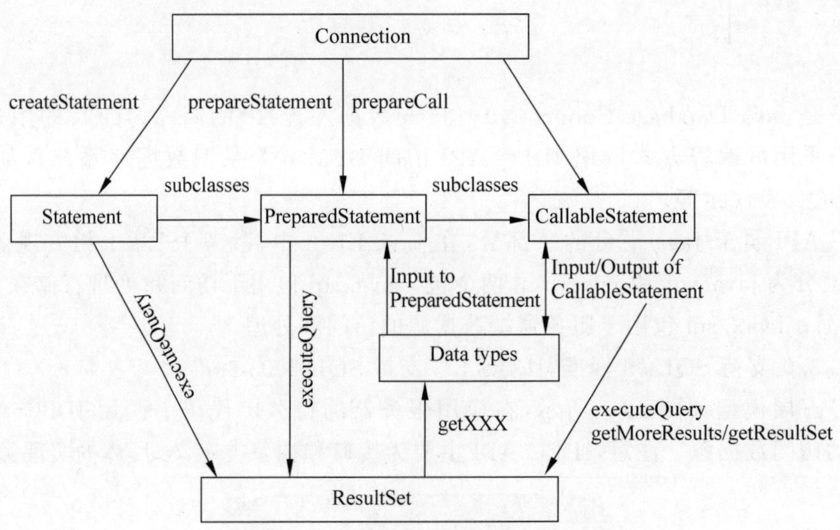

图 16-2 java.sql 包中主要类和接口关系

16.2 Connection 接口

接口 java.sql.Connection 是 JDBC API 中最核心的接口(见图 16-2),它用于表示 Java 客户端与关系数据库建立的连接对象,这个连接对象与关系数据库中的会话对应,即一个客户端,在一个线程中,和关系数据库建立了一个物理连接,在 DBMS 中会创建一个会话与这个物理连接对应。注意:DBMS 允许同一时刻很多客户端的并发访问,因此 Connection 对象使用时应保持线程唯一性,即多个客户端不应共享 Connection 对象。

如图 16-3 所示,Connection 对象从 java.sql.DataSource 数据源中获得。DataSource 接口由驱动程序供应商实现。Connection 对象有三种类型的实现方式。

- 基本实现:直接从数据源获取标准的 Connection 对象。
- 连接池实现:生成自动参与连接池的 Connection 对象,此实现与中间层连接池管理器配合使用。
- 分布式事务实现:生成可用于分布式事务的 Connection 对象,并且几乎总是参与

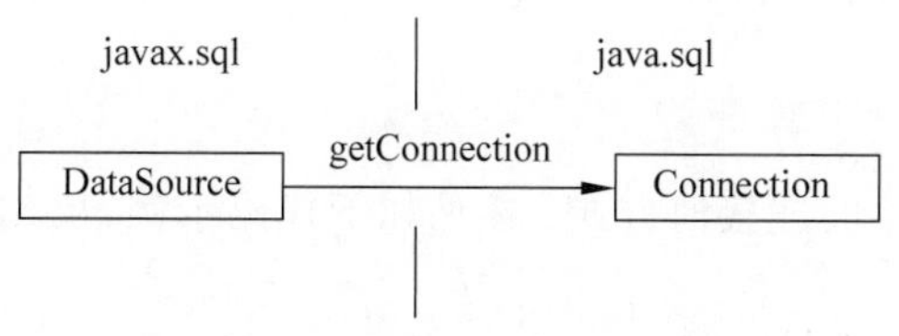

图 16-3 创建 Connection 对象

连接池。此实现与中间层事务管理器一起工作，并且几乎总是使用连接池管理器。

获取 Connection 对象的基本实现：工具类 java.sql.DriverManager 用于管理 JDBC 驱动程序，调用 Class.forName()加载数据库驱动后，调用 DriverManager 的 getConnection()方法可以获取 Connection 对象。

参见如下代码示例，在抽象类 BaseDao 中包装了获取 Connection 的方法，在实际项目中，持久层类继承 BaseDao 后就拥有了数据库的操作能力。

```
public abstract class BaseDao {
    protected Connection conn;                           //数据库连接对象
    public void openConnection() throws Exception {
        Class.forName("com.mysql.cj.jdbc.Driver");     //加载数据库驱动
        String url = "jdbc:mysql://localhost:3306/aa?useSSL = false
                &serverTimezone = Asia/Shanghai&allowPublicKeyRetrieval = true";
        this.conn = DriverManager.getConnection(url,"root", "123456");
        Log.logger.info(Thread.currentThread().getId() + "--打开数据库新连接");
    }
}
```

为了保证 Connection 对象的线程唯一性，可以把 DriverManager 返回的 Connection 对象存储在 ThreadLocal 中，这样每个数据库的客户端都会使用当前线程中的 Connection，从而避免了共享 Connection 对象的情况。

```
public class DbFactory {
    private static ThreadLocal<Connection> tlocal = new ThreadLocal<>();
    public static Connection openConnection() throws
                                    ClassNotFoundException,SQLException{
        Connection conn = tlocal.get();
        if (conn == null || conn.isClosed()) {
            Class.forName("com.mysql.cj.jdbc.Driver");
            String url = "jdbc:mysql://localhost:3306/aa?useSSL = false
                &serverTimezone = Asia/Shanghai&allowPublicKeyRetrieval = true";
            conn = DriverManager.getConnection(url,"root","123456");
            tlocal.set(conn);    //第一次生成的 Connection 对象，存入 ThreadLocal
            Log.logger.info(Thread.currentThread().getId()
                            + "--生成一个数据库新连接");
        }else {
            Log.logger.info(Thread.currentThread().getId()
                            + "--使用原有数据库连接");
        }
```

```
        return conn;
    }
}
```

获取 Connection 对象的连接池方式：参见如下代码示例，从 dbcp 数据库连接池中可以获取 Connection 对象。

```
public static Connection openConnection(String jndiName)
                                    throws Exception {
    InitialContext context = new InitialContext();
    jndiName.trim();
    DataSource ds = (DataSource)context.lookup(jndiName);
    return  ds.getConnection();
}
```

参见如下代码示例，从 c3p0 数据库连接池中也可以获取数据库连接 Connection 对象。

```
public static Connection openConnection() throws Exception {
    ComboPooledDataSource datasource = new ComboPooledDataSource();
    return  datasource.getConnection();
}
```

16.3 Statement 接口

java.sql.Statement 对象用于执行静态 SQL 语句，并返回结果。如图 16-2 所示，调用 Connection 对象的 createStatement()方法，可以获得 Java.sql.Statement 对象。

参见图 16-2，调用 java.sql.Statement 接口的 executeQuery()方法，返回 ResultSet 结果集。默认情况下，每个 Statement 对象只能有一个 ResultSet 对象对应。因此，如果一个 ResultSet 对象的读取与另一个 ResultSet 对象的读取交错，则 ResultSet 对象必须由不同的 Statement 对象生成。

参见如下用户登录的代码示例，使用 Statement 执行登录请求：

```
public User login(String uname,String pwd) throws Exception{
    User user = null;
    String sql = "select * from tuser where uname = '" + uname
                 + "' and pwd = '" + pwd + "'";
    this.openConnection();
    Statement st = this.conn.createStatement();
    ResultSet rs = st.executeQuery(sql);
    while (rs.next()) {
        user = new User();
        user.setUname(uname);
        user.setPwd(pwd);
        user.setRole(rs.getInt("role"));
        user.setTel(rs.getString("tel"));
    }
    rs.close();
```

```
        st.close();              //关闭数据库连接前释放 Statement 对象
        this.closeConnection();
        return user;
    }
```

调用 java. sql. Statement 接口的 executeUpdate()方法，还可以执行 insert、update、delete 等 SQL 操作，返回的结果为受影响的记录行数。参见如下代码示例：

```
Statement stmt = conn.createStatement();
int rows = stmt.executeUpdate("update STOCK set ORDER = 'Y' "
                              + "where SUPPLY = 0");
if (rows > 0) {
    ...
}
```

16.4 PreparedStatement 接口

java. sql. PreparedStatement 对象用于执行动态 SQL，SQL 语句已经预编译并存储在 PreparedStatement 对象中。这种操作模式既可以有效防止 SQL 注入攻击，而且执行效率又高于 Statement 对象，因此，在项目开发中优先使用 PreparedStatement 执行 SQL 命令。

PreparedStatement 接口继承了 Statement 接口，因此使用 PreparedStatement 既可以执行动态 SQL，也可以执行静态 SQL 命令。

public interface PreparedStatement extends Statement

参见图 16-2，调用 Connection 对象的 prepareStatement() 方法，可以获得 Java. sql . PreparedStatement 对象。参见如下用户登录示例，此处使用的是动态 SQL 命令，SQL 语句会被预编译，用户名和密码两个参数则可以动态替换。

```
public User login(String uname, String pwd) throws Exception{
    User user = null;
    String sql = "select * from tuser where uname = ? and pwd = ?";
    this.openConnection();
    PreparedStatement ps = this.conn.prepareStatement(sql);
    ps.setString(1, uname);
    ps.setString(2, pwd);
    ResultSet rs = ps.executeQuery();
    while (rs.next()) {
        user = new User();
        user.setUname(uname);
        user.setPwd(pwd);
        user.setRole(rs.getInt("role"));
        user.setTel(rs.getString("tel"));
    }
    rs.close();
    ps.close();          //关闭数据库连接前释放 PreparedStatement 对象
    this.closeConnection();
```

```
    return user;
}
```

16.5 CallableStatement 接口

接口 java. sql. CallableStatement 用于执行 SQL 存储过程。JDBC API 提供了存储过程 SQL 转义语法,允许以标准方式调用所有关系型数据库的存储过程。

CallableStatement 接口继承了 PreparedStatement 接口,参见如下接口定义:

```
public interface CallableStatement extends PreparedStatement
```

参见图 16-2,调用 CallableStatement 接口的 executeQuery()方法,可以返回结果集 ResultSet,参见如下示例:

```
CallableStatement cstmt = conn.prepareCall("{CALL GETINFO(?)}");
cstmt.setLong(1, 1309944422);
ResultSet rs = cstmt.executeQuery();
```

调用 CallableStatement 接口的 executeUpdate()方法,进行数据更新操作,可以返回受影响的记录数,参见如下示例:

```
CallableStatement cstmt = conn.prepareCall("{call GETCOUNT(?)}");
cstmt.setString(1, "Smith");
int count = cstmt.executeUpdate();
cstmt.close();
```

对于存储过程的 out 参数的调用方式,参见如下示例:

```
CallableStatement cstmt = conn.prepareCall(
                        "{CALL GET_NAME_AND_NUMBER(?, ?)}");
cstmt.registerOutParameter(1, java.sql.Types.STRING);
cstmt.registerOutParameter(2, java.sql.Types.FLOAT);
cstmt.execute();
//接收 out 参数,即存储过程的返回值
String name = cstmt.getString(1);
float number = cstmt.getFloat(2);
```

16.6 ResultSet 接口

java. sql. ResultSet 接口表示数据库的结果集。调用 Statement 和 PreparedStatement 对象的 executeQuery()方法,都可以返回 SQL 查询语句的结果集。

ResultSet 对象保持一个光标指向查询结果的数据行。最初,光标位于第一行之前,next 方法将光标移动到下一行,并且由于在 ResultSet 对象中没有更多行时,返回 false,因此可以在 while 循环中使用循环遍历结果集。

读取图书列表的代码示例如下:

```
public List<Book> getBookList(String cid) throws Exception {
    List<Book> bkList = null;
    String sql = "select * from tbook b,TCategory c where  b.cid = c.cid and b.cid = ?";
    this.openConnection();
    PreparedStatement ps = this.conn.prepareStatement(sql);
    ps.setString(1, cid);
    ResultSet rs = ps.executeQuery();
    bkList = new ArrayList<Book>();
    while (rs.next()) {
        Book bk = new Book();
        bk.setAuthor(rs.getString("author"));
        bk.setBname(rs.getString("bname"));
        bk.setCid(cid);
        bk.setCname(rs.getString("cname"));
        bk.setInfo(rs.getString("info"));
        bk.setIsbn(rs.getString("isbn"));
        bk.setPdate(rs.getDate("pdate"));
        bk.setPic(rs.getString("pic"));
        bk.setPress(rs.getString("press"));
        bk.setPrice(rs.getDouble("price"));
        bkList.add(bk);
    }
    rs.close();       //关闭 ResultSet 对象
    ps.close();
    this.closeConnection();
    return bkList;
}
```

16.7 本章习题

(1) 使用 Connection 的(　　)方法可以创建 PreparedStatement 接口对象。

A. createPrepareStatement()　　B. prepareStatement()

C. createPreparedStatement()　　D. preparedStatement()

(2) 如下关于 Statement 接口操作中描述错误的是(　　)。

A. Statement 的 executeQuery()方法返回一个结果集

B. Statement 的 executeUpdate()方法返回是否更新成功的 boolean 值

C. Statement 的 execute()方法返回 boolean 值,表示是否返回结果集

D. Statement 的 executeUpdate()方法返回值是 int 类型,指操作影响的记录数

(3) 如下关于 ResultSet 接口描述错误的是(　　)。

A. ResultSet 是查询结果集对象,如果 JDBC 执行查询语句没有查询到数据,那么 ResultSet 将会是 null 值

B. 判断 ResultSet 是否存在查询结果集,可以调用它的 next()方法

C. 如果 Connection 对象关闭,那么 ResultSet 也无法使用

D. 调用 Statement 的 executeQuery()方法返回 ResultSet

(4) JDBC 执行 SQL 语句“SELECT name，rank，serialNo FROM employee”，得到 rs 的第一列数据的代码是(　　)。

A. rs. getString(0)；　　B. rs. getString("name")；

C. rs. getString(1)；　　D. rs. getString("ename")；

(5) JDBC 可以执行的 SQL 语句是(　　)。

A. DDL　　B. DCL　　C. DML　　D. DQL

附　录　A

本书主要参考了如下资料：

JavaEE8_Platform_Spec. pdf	甲骨文官方文档
javaee-api-8. 0-javadoc. jar	甲骨文官方文档
javax. servlet-api-4. 0. 0-b01-javadoc. jar	甲骨文官方文档
servlet-4_0_PR. pdf	甲骨文官方文档
websocket-1. 1-maintenance-release-final. pdf	甲骨文官方文档
javax. websocket-api-1. 1-javadoc. zip	甲骨文官方文档
jstl-1_2-mr-api. zip	甲骨文官方文档
jstl-1_2-mr-spec. pdf	甲骨文官方文档
javax. json-api-1. 1-javadoc. jar	甲骨文官方文档
javax. json. bind-api-1. 0-javadoc. jar	甲骨文官方文档
javax. faces-api-2. 3-javadoc. jar	甲骨文官方文档
JSP2. 3MR. pdf	甲骨文官方文档
apache-tomcat-9. 0. 31-fulldocs	Apache 官方文档

图书资源支持

感谢您一直以来对清华大学出版社图书的支持和爱护。为了配合本书的使用，本书提供配套的资源，有需求的读者请扫描下方的“书圈”微信公众号二维码，在图书专区下载，也可以拨打电话或发送电子邮件咨询。

如果您在使用本书的过程中遇到了什么问题，或者有相关图书出版计划，也请您发邮件告诉我们，以便我们更好地为您服务。

我们的联系方式：

地　　址：北京市海淀区双清路学研大厦 A 座 714

邮　　编：100084

电　　话：010-83470236　010-83470237

资源下载：http://www.tup.com.cn

客服邮箱：tupjsj@vip.163.com

QQ：2301891038（请写明您的单位和姓名）

教学资源・教学样书・新书信息

人工智能科学与技术
人工智能|电子通信|自动控制

资料下载・样书申请

书圈

用微信扫一扫右边的二维码，即可关注清华大学出版社公众号。